# 竖排元素周期表

| 族 \ 周期和电子层 | 1 (K) | 2 (KL) | 3 (KLM) | 4 (KLMN) | 5 (KLMNO) | 6 (KLMNOP) | 7 (KLMNOPQ) |
|---|---|---|---|---|---|---|---|
| 1 (1A) | 1 氢 H 1.008 $1s^1$ | 3 锂 Li 6.941 $2s^1$ | 11 钠 Na 22.99 $3s^1$ | 19 钾 K 39.10 $4s^1$ | 37 铷 Rb 85.47 $5s^1$ | 55 铯 Cs 132.9 $6s^1$ | 87 钫 Fr [223] $7s^1$ |
| 2 (2A) | | 4 铍 Be 9.012 $2s^2$ | 12 镁 Mg 24.31 $3s^2$ | 20 钙 Ca 40.08 $4s^2$ | 38 锶 Sr 87.62 $5s^2$ | 56 钡 Ba 137.3 $6s^2$ | 88 镭 Ra [226] $7s^2$ |
| 3 (3B) | | | | 21 钪 Sc 44.96 $3d^14s^2$ | 39 钇 Y 88.91 $4d^15s^2$ | 57~71 La－Lu | 89~103 Ac－Lr |
| 4 (4B) | | | | 22 钛 Ti 47.87 $3d^24s^2$ | 40 锆 Zr 91.22 $4d^25s^2$ | 72 铪 Hf 178.5 $5d^26s^2$ | 104 鑪 Rf [267] $6d^27s^2$ |
| 5 (5B) | | | | 23 钒 V 50.94 $3d^34s^2$ | 41 铌 Nb 92.91 $4d^45s^1$ | 73 钽 Ta 180.9 $5d^36s^2$ | 105 𨧀 Db [268] $6d^37s^2$ |
| 6 (6B) | | | | 24 铬 Cr 52.00 $3d^54s^1$ | 42 钼 Mo 95.96 $4d^55s^1$ | 74 钨 W 183.8 $5d^46s^2$ | 106 𨭆 Sg [271] $6d^47s^2$ |
| 7 (7B) | | | | 25 锰 Mn 54.94 $3d^54s^2$ | 43 锝 Tc [98] $4d^55s^2$ | 75 铼 Re 186.2 $5d^56s^2$ | 107 𨨏 Bh [270] $6d^57s^2$ |
| 8 (8B) | | | | 26 铁 Fe 55.85 $3d^64s^2$ | 44 钌 Ru 101.1 $4d^75s^1$ | 76 锇 Os 190.2 $5d^66s^2$ | 108 𨭎 Hs [277] $6d^67s^2$ |
| 9 (8B) | | | | 27 钴 Co 58.93 $3d^74s^2$ | 45 铑 Rh 102.9 $4d^85s^1$ | 77 铱 Ir 192.2 $5d^76s^2$ | 109 鿏 Mt [276] $6d^77s^2$ |
| 10 (8B) | | | | 28 镍 Ni 58.69 $3d^84s^2$ | 46 钯 Pd 106.4 $4d^{10}$ | 78 铂 Pt 195.1 $5d^96s^1$ | 110 𫟼 Ds [281] $6d^87s^2$ |
| 11 (1B) | | | | 29 铜 Cu 63.55 $3d^{10}4s^1$ | 47 银 Ag 107.9 $4d^{10}5s^1$ | 79 金 Au 197.0 $5d^{10}6s^1$ | 111 𬬭 Rg [282] $6d^{10}7s^1$ |
| 12 (2B) | | | | 30 锌 Zn 65.38 $3d^{10}4s^2$ | 48 镉 Cd 112.4 $4d^{10}5s^2$ | 80 汞 Hg 200.6 $5d^{10}6s^2$ | 112 鿔 Cn [285] $6d^{10}7s^2$ |
| 13 (3A) | | 5 硼 B 10.81 $2s^22p^1$ | 13 铝 Al 26.98 $3s^23p^1$ | 31 镓 Ga 69.72 $4s^24p^1$ | 49 铟 In 114.8 $5s^25p^1$ | 81 铊 Tl 204.4 $6s^26p^1$ | 113 鿭 Nh [285] $7s^27p^1$ |
| 14 (4A) | | 6 碳 C 12.01 $2s^22p^2$ | 14 硅 Si 28.09 $3s^23p^2$ | 32 锗 Ge 72.63 $4s^24p^2$ | 50 锡 Sn 118.7 $5s^25p^2$ | 82 铅 Pb 207.2 $6s^26p^2$ | 114 𫓧 Fl [289] $7s^27p^2$ |
| 15 (5A) | | 7 氮 N 14.01 $2s^22p^3$ | 15 磷 P 30.97 $3s^23p^3$ | 33 砷 As 74.92 $4s^24p^3$ | 51 锑 Sb 121.8 $5s^25p^3$ | 83 铋 Bi 209.0 $6s^26p^3$ | 115 镆 Mc [289] $7s^27p^3$ |
| 16 (6A) | | 8 氧 O 16.00 $2s^22p^4$ | 16 硫 S 32.06 $3s^23p^4$ | 34 硒 Se 78.96 $4s^24p^4$ | 52 碲 Te 127.6 $5s^25p^4$ | 84 钋 Po [209] $6s^26p^4$ | 116 𫟷 Lv [293] $7s^27p^4$ |
| 17 (7A) | | 9 氟 F 19.00 $2s^22p^5$ | 17 氯 Cl 35.45 $3s^23p^5$ | 35 溴 Br 79.90 $4s^24p^5$ | 53 碘 I 126.9 $5s^25p^5$ | 85 砹 At [210] $6s^26p^5$ | 117 鿬 Ts [294] $7s^27p^5$ |
| 18 (8A) | 2 氦 He 4.003 $1s^2$ | 10 氖 Ne 20.18 $2s^22p^6$ | 18 氩 Ar 39.95 $3s^23p^6$ | 36 氪 Kr 83.80 $4s^24p^6$ | 54 氙 Xe 131.3 $5s^25p^6$ | 86 氡 Rn [222] $6s^26p^6$ | 118 鿫 Og [294] $7s^27p^6$ |

## 镧系 / 锕系

| 57~71 镧系 | 89~103 锕系 |
|---|---|
| 57 镧 La 138.9 $5d^16s^2$ | 89 锕 Ac [227] $6d^17s^2$ |
| 58 铈 Ce 140.1 $4f^15d^16s^2$ | 90 钍 Th 232.0 $6d^27s^2$ |
| 59 镨 Pr 140.9 $4f^36s^2$ | 91 镤 Pa 231.0 $5f^26d^17s^2$ |
| 60 钕 Nd 144.2 $4f^46s^2$ | 92 铀 U 238.0 $5f^36d^17s^2$ |
| 61 钷 Pm [145] $4f^56s^2$ | 93 镎 Np [237] $5f^46d^17s^2$ |
| 62 钐 Sm 150.4 $4f^66s^2$ | 94 钚 Pu [244] $5f^67s^2$ |
| 63 铕 Eu 152.0 $4f^76s^2$ | 95 镅 Am [243] $5f^77s^2$ |
| 64 钆 Gd 157.3 $4f^75d^16s^2$ | 96 锔 Cm [247] $5f^76d^17s^2$ |
| 65 铽 Tb 158.9 $4f^96s^2$ | 97 锫 Bk [247] $5f^97s^2$ |
| 66 镝 Dy 162.5 $4f^{10}6s^2$ | 98 锎 Cf [251] $5f^{10}7s^2$ |
| 67 钬 Ho 164.9 $4f^{11}6s^2$ | 99 锿 Es [252] $5f^{11}7s^2$ |
| 68 铒 Er 167.3 $4f^{12}6s^2$ | 100 镄 Fm [257] $5f^{12}7s^2$ |
| 69 铥 Tm 168.9 $4f^{13}6s^2$ | 101 钔 Md [258] $5f^{13}7s^2$ |
| 70 镱 Yb 173.1 $4f^{14}6s^2$ | 102 锘 No [259] $5f^{14}7s^2$ |
| 71 镥 Lu 175.0 $4f^{14}5d^16s^2$ | 103 铹 Lr [262] $5f^{14}6d^17s^2$ |

图例说明：
- 原子序数
- 中文名称
- 元素符号
- 标准原子量 [ ]中为半衰期最长的同位素质量数
- 价电子组态

示例：19 钾 K  39.10  $4s^1$

s 区
d 区
ds 区
p 区
f 区

- s 区元素
- p 区元素
- d 区元素
- ds 区元素
- f 区元素

# 化学元素知识
## 精编

佘煊彦  袁婉清  编著

HUAXUE YUANSU
ZHISHI JINGBIAN

化学工业出版社
·北京·

本书主要以化学元素为主线，对各种元素进行了全面、生动的介绍。本书的最大特点是全面铺开和重点突出：一是对迄今发现的所有元素进行顺序介绍，二是对重点元素从基本物性参数表、发现故事、制备方法、理化性质、用途和分布、生物作用和危害性等方面进行详细介绍。

本书适合广大青少年、化学爱好者、化学等相关专业师生阅读。

**图书在版编目(CIP)数据**

化学元素知识精编/佘煊彦，袁婉清编著. —北京：化学工业出版社，2018.3（2022.10重印）
ISBN 978-7-122-31309-6

Ⅰ.①化⋯　Ⅱ.①佘⋯ ②袁⋯　Ⅲ.①化学元素-基本知识　Ⅳ.①O611

中国版本图书馆 CIP 数据核字（2018）第 001522 号

责任编辑：张　艳　刘　军　　　　　文字编辑：孙凤英
责任校对：边　涛　　　　　　　　　装帧设计：王晓宇

出版发行：化学工业出版社（北京市东城区青年湖南街 13 号　邮政编码 100011）
印　　装：北京盛通数码印刷有限公司
710mm×1000mm　1/16　印张 15¼　彩插 1　字数 322 千字　2022 年 10 月北京第 1 版第 7 次印刷

购书咨询：010-64518888　　　　　　　售后服务：010-64518899
网　　址：http://www.cip.com.cn
凡购买本书，如有缺损质量问题，本社销售中心负责调换。

定　　价：36.00 元　　　　　　　　　　　　　　　　版权所有　违者必究

化学元素无处不在，它们组成了世界上已知的所有物质，我们知道的大多数物质都是由其中几种元素组成的。

　　迄今为止，人类共发现了118种元素，其中有一些是我们很熟悉的，比如氢元素、氧元素、氮元素，由它们组成的氮气、氧气是空气的主要组成部分，组成的水是生命不可或缺的重要物质。有一些可能我们没那么熟悉、甚至一点都不了解，比如镧、铟，它们都是如何被发现的？能构成什么物质？都有哪些用途？这些问题会不时萦绕在我们的脑海里，引导我们进一步去探索元素的奥秘。深入了解元素是一件很有趣的事情，也是很有意义的，因为只有了解了元素，我们才能充分利用元素；只有真正理解了化学元素的科学本质，从中发现其奥秘，才可以更好地指导实际的应用和进一步的科学研究。

　　笔者编写这本书时怀着一个美好的愿望，希望本书可以作为一个引子，使每一位读到这本书的大朋友和小朋友在了解更多关于元素的知识的同时能够增加一些探究元素奥妙的兴趣，如果能达到这个小小的目的，笔者将会深感宽慰！

编著者
2018 年 1 月

# 目 录
CONTENTS

# 1 氢

氢是最轻的元素。它是到目前为止宇宙中最丰富的元素，氢在宇宙中（以质量计算）的丰度是 90%。

作为水的组成元素，氢元素对生命是必不可少的。氢元素还存在于所有的有机化合物中。氢气是最轻的气体。氢气在交通工具上被用作热气球的载气，但是其易燃性（如"兴登堡事件"）会造成很大的危险。氢气在空气中燃烧生成水。如果可以大量把氢气而不是化石燃料用作燃料，那么就可能拉动氢的经济。

## 1.1 发现史

波义耳（1627—1691，英国化学家和物理学家）在 1671 年发表了一篇名为《关于火焰与空气的反应的新试验》的论文。在论文中，他描述了铁屑与稀酸之间的反应，称为"火星的易挥发的硫"。这个反应生成了氢气。

然而很久以后，卡文迪许（1731—1810，英国化学家和物理学家，亦曾独立发现氮元素）才在 1766 年确认氢是一种元素。卡文迪许在水银液面上收集氢气，并称之为"从金属中来的可燃空气"。他精确地描述了氢的特征，但是却错误地认为这种气体来自于金属而不是酸。拉瓦锡把这种新元素命名为"氢"。

在 1839 年，英国科学家格罗夫爵士完成了电解实验。他用电解的方法把水分解为氢气和氧气。他认为，可以进行电解反应的逆反应，并可以在氧气和氢气的反应中产生电流。他把铂电极封装在密封容器中。两个容器中分别放入氢气和氧气。当容器浸入稀硫酸时，两个容器中间产生了持续的电流，同时在容器内产生了水。他把这样的一些装置串联起来，以便增加气体电池的输出电压。此后，化学家蒙德和兰格以"燃料电池"称呼这种装置。

在 1932 年，英国剑桥大学的培根博士在蒙德和查尔斯的基础上进行了进一步的研究。他用较便宜的镀镍电极取代铂电极，并且用碱性氢氧化钾替代硫酸做电解液。这是实质上的第一个碱性燃料电池（AFC），并被称作"培根碱性电池"。培根又花了 27 年，用以改进这套装置，以便能够提供 5kW 的动力，足以满足一个电焊机所需的动力。大约在同时，第一辆电力车辆也已试车。

美国国家航空和宇宙航行局（NASA）在 20 世纪 60 年代的阿波罗计划中使用了燃料电池。现在，已有超过 100 项 NASA 的宇航工程使用了燃料电池。燃料电池也可用于潜艇中。

# 1.2　用途

- 工业固氮。以空气中的氮气为原料和氢制作氮肥，例如哈伯的氨合成法。
- 脂肪和植物油的加氢作用。
- 甲醇生产中，用于加氢脱烷基化、氢化裂解和氢化脱硫。
- 火箭燃料。
- 焊接。
- 生产盐酸。
- 还原金属矿石。
- 用作热气球的载气。氢气比空气要轻得多，但是非常易燃、易爆。
- 液态氢单质在低温研究和超导研究中十分重要，这是因为其熔点仅仅略微高于热力学零度。
- 氢的一种同位素氚（$^3$H）有放射性。它可通过核反应制备，可用于生产氢弹。它也被用于制造磷光漆时的放射源和用作示踪同位素。

# 1.3　制备方法

在实验室中，可以用氢化钙和水的反应制备少量的氢气：

$$CaH_2 + 2H_2O \longrightarrow Ca(OH)_2 + 2H_2$$

因为其中 50% 的氢来自水中，所以这个反应的效率很高。另一种十分方便的实验室制备方法则以早年波义耳的方法为基础，即用铁屑和稀硫酸反应：

$$Fe + H_2SO_4 \longrightarrow FeSO_4 + H_2$$

在工业上也有很多制备氢气的方法，应该根据所需的量和可用的原料，因地制宜地选择具体的生产方法。其中有两种常用的方法：一种是把水蒸气通过炽热的焦炭上方进行水煤气交换反应；另一种是把诸如甲烷等碳氢化合物与水蒸气反应而产生氢气。

$$C(焦炭) + H_2O \xrightarrow{1000℃} CO + H_2$$

$$CH_4 + H_2O \xrightarrow{1100℃} CO + 3H_2$$

除此之外，还可用一氧化碳与水蒸气在热（超过 400℃）的氧化铁或氧化钴表面上的反应来制备氢气。

$$CO + H_2O \xrightarrow{400℃} CO_2 + H_2$$

# 1.4　生物作用和危险性

在地球的大气中，氢气的含量非常少，但是它以化合物［如水（$H_2O$）］的形式大量存在。水是许多矿物的组成成分。

太阳和其他恒星的主要成分都是氢。太阳的燃烧靠的是种类繁多的核反应，但是主要的反应是通过核聚变把氢核变成为氦核。

氢是行星木星的主要成分。在这颗行星的内部，压力可能已经大得足以把固态分子氢转化为固态金属氢。

水是维持生命的必需物质，其分子的三个原子中有两个是氢原子，氢也存在于所有的有机化合物中。把水中的两个氢原子替换为氘原子，所得的产物被称作"重水"，重水对哺乳动物有毒。现在已知氢分子参与了一些细菌的代谢过程。氢气是无毒的，但是当与空气或氧气混合时有引发火灾和爆炸的危险。此外，氢气可以通过使人体与氧气相互隔离而使人窒息。

# 1.5 化学性质

（1）氢与空气的反应

氢气（$H_2$）是无色、轻于空气的气体。除非有火焰或电火花引燃，空气和氢气的混和物并不会发生反应。空气与氢气的反应会导致燃烧或爆炸；火焰的颜色是独特的红色，而其产物则是水。

$$2H_2(g) + O_2(g) \longrightarrow 2H_2O(l)$$

（2）氢与水的反应

氢气与水并不发生反应。在1个标准大气压和297K的温度下，氢气在水中的溶解度大约是1.60mg/kg。

（3）氢与卤素单质的反应

氢气与氟气的反应可在暗处发生，并生成氟化氢。

$$H_2(g) + F_2(g) \longrightarrow 2HF(g)$$

氢气与氯气或溴蒸气的反应可在光照处发生，其中与溴蒸气的反应需要用铂石棉催化。在氯气或溴蒸气中点燃氢气也可以发生反应，产物是氯化氢或溴化氢。

$$H_2(g) + Cl_2(g) \longrightarrow 2HCl(g)$$
$$H_2(g) + Br_2(l) \longrightarrow 2HBr(g)$$

氢气与碘的反应需要加热、用铂进行催化。反应是可逆的，产物是碘化氢。

$$H_2(g) + I_2(g) \underset{}{\overset{500℃}{\rightleftharpoons}} 2HI(g)$$

（4）其他

氢气不与稀酸和稀碱反应。

# 2　氦

　　氦是一种所谓的"稀有气体"。氦气是化学惰性、无色无味的单原子气体。市售的氦气，通常装在加压储气罐中。

　　氦是除了氢以外宇宙中最丰富的元素。α粒子是氦的正二价离子 $He^{2+}$。

　　因为氦气不会燃烧，且比氢气要安全得多，所以虽然氦气比氢气要重一些，也还可用于填充气球。在呼吸含氦气较高的空气之后，说话的声音会变得吱吱作响（不要随意尝试！）。

## 2.1　发现史

　　法国天文学家詹森（1824—1907）首先得到了氦元素存在的证据。他在1868年印度的一次日食中发现，在太阳的光谱中有一条新的黄色谱线（587.49nm）。这条新谱线非常接近钠的黄色谱线 D 线，而在实验室中并不可能产生这样的一条谱线。英国天文学家洛克耶爵士（1836－1920）发现当时已知的元素中没有一种能够产生这样的谱线，便把这种新元素命名为"helium"，意思是"太阳"。

　　此后多年，氦被认为是一种可能只存在于太阳上的元素，而不存在于地球上。那时的光谱学家对关于氦的观测结果存在怀疑。但无论如何，这项发现引发了在地球上寻找这种新元素的活动。在1895年，拉姆塞用矿物酸处理钇铀矿时发现了氦气，而后把气体样品送给克鲁克斯爵士和洛克耶爵士加以鉴别。几乎在同时，克利夫和兰利也独立地在钇铀矿中发现了氦气。

## 2.2　用途

- 填充气球（软式小型飞船）。氦气是一种远比氢气安全的气体。
- 在氦气比氩气便宜的国家中，广泛作为保护电弧焊的惰性气体。
- 在硅和锗晶体的结晶过程以及生产钛和锆时用作保护气体。
- 核反应堆的冷却介质。
- 80%的氦气和20%氧气的混合气体可用作人工大气，供潜水员和其他在高压环境下工作的人们使用。
- 低温应用。

- 超声波风洞的气体。
- 半导体材料的保护气体。
- 给使用液体燃料的火箭加压。

# 2.3　制备方法

在地球上只有很少量的氦。因为氦很轻，所以几乎所有地球形成以来产生的氦都散失了。几乎所有留在地球上的氦都是通过核衰变产生的。在大气中也有一些氦，但一般来说，把它用液化和分馏空气的方法从大气中分离出来，这种方法并不经济。这是因为从某些特定地区出产的天然气中分离氦气会更简单，成本也更低。氦气在美国出产的天然气中可以富集到 7%。除此之外，波兰的天然气也是不错的氦源。从这些天然气中，可以通过液化和分馏的方法获得氦气。在实验室中，这么做是不可行的，一般是直接使用被加压储藏在圆柱形储气罐中的氦气。

# 2.4　生物作用和危险性

氦气在大气中的含量大约是 $5 \times 10^{-6}$（体积分数）。在美国，氦气是天然气中的重要组成成分。这些气体中氦气的来源是岩石中放射性元素的衰变。有些矿物中也附着了氦，加热后可释放氦。有些岩石由含有铀和钾的矿物组成，这些矿物可以衰变出氦和氩，所以可以通过分析这些气体判断岩层的年龄。西方国家使用的大多数的氦来自美国。

氦是宇宙中丰度居第二位的元素，常见于温度较高的恒星中。它在质子与质子的核反应中以及恒星的碳循环中都扮演着重要的角色。

氦没有生物作用。氦气是无毒的，但它可以通过与氧气隔绝而使人窒息。

# 2.5　化学性质

（1）氦与空气的反应
即使在极端条件下，氦气也不与空气反应。大气中含有痕量的氦。

（2）氦与水的反应
氦气并不与水反应。它微溶于水，在 20℃时的溶解度约为 8.61mL/kg。

（3）其他
氦气不与卤素、酸、碱反应。

# 3 锂

锂是第ⅠA族元素，只有一个价电子（$1s^2 2s^1$），该族元素被称作"碱金属元素"。锂的密度大约只有水的一半，是密度最低的金属。锂的新鲜切面是银色的，但会迅速失去光泽，变成灰色。锂在化学上明显体现出失去一个电子形成 $Li^+$ 的趋势。它是第二周期的第一种元素。

锂可与铝或镁混合（合金）在一起形成轻质合金。除此之外，锂还可用于生产电池、油脂、玻璃和医药。

因为金属锂具有很高的反应活性，在自然界中不存在锂的单质。含锂的矿物在全球都很常见。它是几乎所有火成岩的微量成分，也存在于很多天然盐水中。

## 3.1  发现史

巴西科学家安德拉达-席尔瓦于 18 世纪末访问瑞典时发现了含锂的透锂长石。阿尔弗德森在 1817 年发现了锂，那时他正在分析产于瑞典于特岛的透锂长石的矿石标本。现在已知，这种矿石的化学成分是 $LiAl(Si_2O_5)_2$。阿尔弗德森后来发现锂存在于矿物锂辉石和锂云母中。甘默林在 1818 年发现，锂盐的焰色反应是红色的。不论是甘默林还是阿尔弗德森都没能从锂盐中获得锂的单质，例如试图用加热铁或碳的方法还原氧化锂。

此后，布莱德和戴维爵士首次成功地得到了锂的单质。在 1855 年，本森和马汀森通过电解氯化锂获得了更多的金属锂。

冈茨在 1893 年首先提出，可以用电解氯化锂和氯化钾的熔融混合物的方法工业化生产金属锂。这个方法于 1923 年由德国金属公司最先应用。

## 3.2  用途

· 硬脂酸锂与油脂混合后可以制造多用途和耐高温的润滑剂。

· 在航天器中，可用氢氧化锂吸收二氧化碳。

· 锂与铝、铜、镁和镉的合金可用于制造高性能的航空器材。

· 轴承合金包含 0.04% 的锂、0.7% 的钙和 0.6% 的钠，这种合金比纯的金属铅要硬，在德国曾用于有轨电车的轴承材料。

- 包括四氢合铝（Ⅲ）酸锂（四氢铝锂，$LiAlH_4$）和有机锂试剂（如甲基锂 LiMe、芳基锂 LiPh 等）在内的一些化合物是非常重要的有机化学试剂。
- 金属锂在所有的固体单质中具有最高的比热容，故可用作传热介质。
- 不同的核反应。
- 用作电池的阳极材料（很高的电化学势能）。在干电池和蓄电池中也会用到锂化合物。
- 制造特殊高强度的玻璃和陶器。
- 有时诸如碳酸锂（$Li_2CO_3$）等含锂化合物作为药物，用于治疗躁狂抑郁症。

# 3.3 制备方法

因为锂可实现工业化生产，所以通常无需在实验室中制备它。给电负性很低的锂离子 $Li^+$ 增加一个电子是十分困难的，所以，所有分离锂的方法都需要经过电解。

锂辉石 $LiAl(SiO_3)_2$ 是工业上的最重要的含锂矿石。加热 $\alpha$ 型至 1100℃ 可以转化为较软的 $\beta$ 型。小心混合锂辉石与热硫酸，再用水萃取，便可以得到硫酸锂（$Li_2SO_4$）溶液。将硫酸锂和碳酸钠（$Na_2CO_3$）溶液混合，可以生成溶解度较小的碳酸锂沉淀。

$$Li_2SO_4 + Na_2CO_3 \longrightarrow Na_2SO_4 + Li_2CO_3 \downarrow$$

碳酸锂与盐酸的反应可以生成氯化锂 LiCl。

$$Li_2CO_3 + 2HCl \longrightarrow 2LiCl + CO_2 + H_2O$$

氯化锂的熔点很高（$>600℃$），这意味着它难于熔化以进行电解。然而 LiCl（55%）和 KCl（45%）的混合物的熔点只有大约 430℃。电解这样的混合物所需要的能源和成本就少得多了。

阴极：$Li^+(l) + e^- \longrightarrow Li(l)$

阳极：$\quad Cl^-(l) \longrightarrow \dfrac{1}{2}Cl_2(g) + e^-$

# 3.4 生物作用和危险性

因为金属锂具有很高的反应活性，在自然界中不存在游离形式的锂，含锂的矿物很常见。它是几乎所有火成岩的微量成分，也存在于很多天然盐水中。在美国的加利福尼亚州和内华达州，有一些大型沉积岩层，含有几种锂矿石（特别是锂辉石）。锂的主要矿物有四种，分别是锂辉石、锂云母、透锂长石和锂磷铝石。

**锂辉石：**$LiAlSi_2O_6$。这是最重要和储量最丰富的锂矿石，主要沉积在北美洲、非洲以及巴西、苏联、西班牙、阿根廷的部分地区。从锂辉石中提炼锂的方法是，首先在 1100℃ 下把 $\alpha$-锂辉石（天然存在的形式）转化为 $\beta$-锂辉石（储量较小的矿藏），然后加入硫酸，加热至 250℃。最后用水萃取，得到硫酸锂 $Li_2SO_4$ 的溶液，以便于进行后续操作。

**锂云母**：$K_2Li_3Al_4Si_7O_{21}(OH，F)_3$。这种矿物主要产自加拿大和非洲的部分地区，有时其中会夹杂着一些铯和铷。可以用与处理锂辉石相似的方法萃取锂云母中的锂。

**透锂长石**：$LiAlSi_4O_{10}$。这种矿物主要产自非洲的部分地区和瑞典。

**锂磷铝石**：$LiAl(F，OH)PO_4$。锂磷铝石仅存在于一些次要矿藏中。

锂也可以从湖水或山谷中获得。用日光曝晒盐水的方法可以把锂分离出来。如果有必要的话，可以先把碱土金属元素沉淀下来，再用向热盐水中加入碳酸钠的方法把锂沉淀为碳酸锂。

锂好像没有明显的生物作用，但是如果吞食了锂化合物之后确实会对身体有影响。锂化合物有轻微的毒性。有时以碳酸锂等锂化合物为主要成分的药物被用来治疗躁狂抑郁症，剂量是每天 $0.5\sim2g$，现在已知这种治疗有一些副作用。摄取大剂量的锂会导致嗜睡、说话含糊、呕吐和其他症状，过量的锂会损害中枢神经系统。

# 3.5　化学性质

(1) 锂与空气的反应

金属锂质软，可以用一把小刀很轻易地切割锂。金属锂的新鲜切面有光泽，但是随后不久就会与氧气以及空气中的水蒸气反应而失去光泽，主要的产物是白色的氧化物氧化锂（$Li_2O$）。现已制备出过氧化锂，它的颜色也是白色的。

$$4Li(s) + O_2(g) \longrightarrow 2Li_2O(s)$$
$$2Li(s) + O_2(g) \longrightarrow Li_2O_2(s)$$

锂也与氮气发生反应生成氮化锂（$Li_3N$）。锂的这种性质在第ⅠA族元素中相当特别，却与第ⅡA族元素镁相似，后者也形成氮化物。

$$6Li(s) + N_2(g) \longrightarrow 2Li_3N(s)$$

(2) 锂与水的反应

金属锂与水缓慢反应，生成氢氧化锂（$LiOH$）的无色碱性溶液和氢气。因为氢氧化锂的溶解，所得的溶液是碱性的。反应是放热的，但比钠（在周期表中紧靠在锂的下面）的相似反应要慢。

$$2Li(s) + 2H_2O(l) \longrightarrow 2LiOH(aq) + H_2(g)$$

(3) 锂与卤素单质的反应

金属锂同所有的卤素单质的反应都很迅速，生成卤化锂。锂同氟气（$F_2$）、氯气（$Cl_2$）、溴单质（$Br_2$）和碘单质（$I_2$）反应，分别生成氟化锂（Ⅰ）($LiF$)、氯化锂（Ⅰ）($LiCl$)、溴化锂（Ⅰ）($LiBr$)和碘化锂（Ⅰ）($LiI$)。

$$2Li(s) + F_2(g) \longrightarrow 2LiF(s)$$
$$2Li(s) + Cl_2(g) \longrightarrow 2LiCl(s)$$
$$2Li(s) + Br_2(g) \longrightarrow 2LiBr(s)$$

$$2Li(s) + I_2(g) \longrightarrow 2LiI(s)$$

（4）锂与酸的反应

金属锂能迅速溶解在稀硫酸中，形成氢气和含有水合 Li(Ⅰ) 离子的溶液。

$$2Li(s) + 2H^+(aq) \longrightarrow 2Li^+(aq) + H_2(g)$$

（5）锂与碱的反应

金属锂与水迅速反应，生成氢氧化锂（LiOH）的无色碱性溶液和氢气。因为氢氧化锂的溶解，反应生成的溶液是碱性的。然而即使当溶液变成碱性之后，反应仍会继续进行。这个反应是放热的，但比钠（在周期表中紧靠在锂的下面）的相似反应要慢。随着反应进行，氢氧化锂的浓度会持续增加。

$$2Li(s) + 2H_2O \longrightarrow 2LiOH(aq) + H_2(g)$$

## 4 铍

铍是第ⅡA族元素。它是一种高熔点的金属。在室温下，铍在空气中难于被氧化。铍的化合物毒性很高。铍能够刻画玻璃，这可能是因为在铍的表面形成了一层很薄的氧化物。祖母绿和翡翠是矿物绿宝石 $[Be_3Al_2(SiO_3)_6]$ 的稀有品种。

铍在化学上明显体现出失去两个电子形成 $Be^{2+}$ 的趋势。这个离子的体积很小，所以高度极化，它的化合物在很大程度上体现出了更多的共价性。该离子的体积意味着其配位体的构型更多的会是四面体，而不是八面体。

## 4.1 发现史

古埃及人已经发现了祖母绿和翡翠，但是人们到了 18 世纪末才发现它们其实是一种矿物。现在绿宝石被命名为（三）硅酸（二）铝（三）铍。元素铍是 1798 年由沃奎林在翡翠和祖母绿中发现的，但是在很久以后的 1828 年，才首先由沃勒尔通过在铂坩埚中用钾作用于 $BeCl_2$，分离出了铍的单质。布西也独立分离出了金属铍。

## 4.2 用途

• X 射线的透视窗。X 射线对铍的穿透性要比铝好 17 倍。

- 在镍中掺入 2% 的铍，可以用来制造弹簧、电极和无火花的工具。
- 在铜中掺入 2% 的铍，可以形成具有高耐磨性的硬质合金。这种合金可用来制造陀螺仪、计算机配件和其他（要求质轻、高硬度的环境中使用的）工具。
- 铍合金可以用作高性能航天器、导弹、宇宙飞船和通信卫星的结构金属。
- 制陶业。
- 核反应中的缓冲剂。铍是高效的中子缓冲剂和反射体。
- 核工业中会用到氧化铍。

# 4.3　制备方法

因为金属铍可实现工业化生产，所以通常无需在实验室中制备铍。从矿石中提取铍的过程是很复杂的。矿物绿宝石 $[Be_3Al_2(SiO_3)_6]$ 是铍的最主要来源。把绿宝石同氟硅酸钠 $Na_2SiF_6$ 在 700℃ 下一起烘烤，生成氟化铍；把溶液的 pH 值调到 12，铍就可以以氢氧化铍 $Be(OH)_2$ 的形式沉淀出来。

纯净的铍可以用电解含有少量氯化钠（NaCl）的氯化铍（$BeCl_2$）来制备。加入氯化钠是因为熔融的氯化铍的导电性很差。除此之外的一种制备铍的方法是在 1300℃ 下用 Mg 还原 $BeF_2$。

$$BeF_2 + Mg \xrightarrow{1300℃} MgF_2 + Be$$

# 4.4　生物作用和危险性

很多矿物中都含有铍，最重要的铍矿是绿宝石 $[Be_3Al_2(SiO_3)_6]$ 和羟硅铍石 $[4BeO \cdot 2SiO_2 \cdot H_2O]$。前者经常以六棱柱状的晶体出现。祖母绿和翡翠是矿物绿宝石 $[Be_3Al_2(SiO_3)_6]$ 的稀有形式。

铍没有生物作用。事实上，含有铍的化合物都是有毒的。

铍的金属粉尘会导致肺病。铍盐有很大的毒性。含铍的化合物毒性很大，所以实验或生产时只能由专业人员在可控条件下操作。铍进入生物圈的途径是工业废气。某些型号的露营灯气罩中似乎含有铍，这可能会导致危险。

# 4.5　化学性质

(1) 铍与空气的反应

铍是一种银白色金属。铍的表面覆盖了一层很薄的氧化物，这使得铍不会被空气继续氧化。在空气中，铍甚至在 600℃ 时都不会发生氧化反应。然而，铍粉却会在空气中燃烧，并且生成白色的氧化铍（BeO）和氮化铍（$Be_3N_2$）的混合物。氧化铍一般用加热碳酸铍的方法制备。

$$2Be(s) + O_2(g) \longrightarrow 2BeO(s)$$

$$3Be(s) + N_2(g) \longrightarrow Be_3N_2(s)$$

（2）铍与水的反应

即使加热甚至红热，金属铍也不与水或水蒸气发生反应。

（3）铍与卤素单质的反应

金属铍与氯气和溴单质反应，分别生成二卤化物氯化铍（Ⅱ）（$BeCl_2$）和溴化铍（Ⅱ）（$BeBr_2$）。

$$Be(s) + Cl_2(g) \longrightarrow BeCl_2(s)$$
$$Be(s) + Br_2(g) \longrightarrow BeBr_2(s)$$

（4）铍与酸的反应

铍的表面覆盖了一层很薄的氧化物，这使得铍可以避免被酸腐蚀。但是铍粉在诸如硫酸（$H_2SO_4$）、盐酸（HCl）或硝酸（$HNO_3$）之类的稀酸中会迅速溶解，生成含水合铍（Ⅱ）离子的溶液，并同时生成氢气（与稀硝酸生成 NO）。

$$Be(s) + 2H^+(aq) \longrightarrow Be^{2+}(aq) + H_2(g)$$

（5）铍与碱的反应

金属铍可以在诸如氢氧化钠（NaOH）的稀碱溶液中迅速溶解，生成铍（Ⅱ）的配合物和氢气。镁（在周期表中紧靠在铍的下方）并没有类似的反应。

# 5 硼

硼是第ⅢA族元素。硼在周期表中的位置介于金属和非金属之间（半金属）。它是一种半导体而不是金属导体。它的化学性质更接近于硅而不是铝、镓、铟和铊。

硼晶体的化学性质不活泼，不与沸腾的氢氟酸或盐酸反应。硼的粉末可以与热的浓硝酸缓慢反应。

## 5.1 发现史

数千年以前，人们就已经发现了硼的化合物。但是直到 1808 年，戴维爵士、盖-吕萨克（1778—1850）和泰纳尔（1777—1857）才通过用钾还原硼酸的方法得到了硼的单质。

## 5.2　用途

- 无定形硼可以用于烟火（独特的绿色）和火箭（引燃）。
- 硼酸或含硼的酸可用于无毒的防腐剂。
- 硼砂（$Na_2B_4O_7 \cdot 10H_2O$）是焊接中的清洗剂。
- 硼砂（$Na_2B_4O_7 \cdot 10H_2O$）是洗涤剂中的水软化剂。
- 含硼化合物可以用于生产珐琅。这些珐琅用于包裹电冰箱、洗衣机等电器中的钢材。
- 硼化合物广泛应用于生产珐琅和硼硅酸盐玻璃。
- 硼化合物可用于治疗关节炎。
- $^{10}B$ 可以用作核反应堆的控制装置。硼可以用于核放射物的保护装置和探测中子的仪器。
- 氮化硼的硬度与金刚石相当。它是电的绝缘体，但是导电性却像金属一样。同时它还有类似石墨的润滑性。
- 硼氢化物可以用作火箭燃料。
- 硼纤维是一种高强度、低密度的材料，可用作高级航空结构材料（低密度的硼化合物也可）。
- 硼纤维可用于纤维光学的研究。
- 在北美洲，经常使用硼酸杀灭蟑螂、蠹虫、蚂蚁和其他昆虫。

## 5.3　制备方法

因为硼单质可实现工业化生产，所以通常无需在实验室中制备它，而是从市场上购买。最常见的硼矿是电气石、硼砂 [$Na_2B_4O_5(OH)_4 \cdot 8H_2O$] 和四水硼砂 [$Na_2B_4O_5(OH)_4 \cdot 2H_2O$]。生产纯净的硼比较困难：先用硼砂制备硼酸 [$B(OH)_3$]，再用熔融硼酸 [$B(OH)_3$] 制备氧化硼，最后用镁还原氧化硼，便可得到硼的单质。

$$B_2O_3 + 3Mg \longrightarrow 2B + 3MgO$$

也可以通过一些化合物的热分解反应获得少量高纯度的硼，例如可以将三溴化硼（$BBr_3$）和氢气通过加热的钽丝来制备硼；当钽丝的温度超过 1000℃ 时，该反应的收率会比较高。

## 5.4　生物作用和危险性

在自然界中不存在硼单质。它通常以硼酸的形式出现在一些矿泉水中，或以硼酸盐的形式出现在硼砂和硬硼酸钙石中。钠硼解石是天然的光学材料，受到了人们广泛的关注。

　　人类在饮食中可能并不需要硼，但硼也许是一种重要的"超痕量"元素。硼是绿藻和高等植物的必需元素。

　　大剂量的硼化合物有毒，硼的化合物可能会致癌。

# 5.5　化学性质

　　（1）硼与空气的反应

　　硼在空气中的化学性质取决于它的晶型、温度、颗粒的大小和纯度。大块的硼在室温下并不与空气反应。在较高的温度下，硼会发生燃烧，并形成三氧化二硼（$B_2O_3$）。

$$4B + 3O_2(g) \longrightarrow 2B_2O_3(s)$$

　　（2）硼与卤素单质的反应

　　硼与卤素单质氟气、氯气和溴单质剧烈反应，分别生成三卤化物氟化硼（Ⅲ）$BF_3$、氯化硼（Ⅲ）$BCl_3$ 和溴化硼（Ⅲ）$BBr_3$。

$$2B(s) + 3F_2(g) \longrightarrow 2BF_3(g)$$
$$2B(s) + 3Cl_2(g) \longrightarrow 2BCl_3(g)$$
$$2B(s) + 3Br_2(g) \longrightarrow 2BBr_3(l)$$

　　（3）硼与酸的反应

　　晶态硼不与沸腾的盐酸（HCl）或氢氟酸（HF）反应。加热粉末状的氧化硼，可以与浓硝酸缓慢地反应。

　　（4）其他

　　在通常条件下，硼不与水和稀碱发生反应但有氧化剂存在时，硼与强碱共溶而得到偏硼酸盐。

# 6　碳

　　碳是第ⅣA族元素。碳在自然界中的分布十分广泛。碳在恒星、彗星和多数行星的大气中的丰度都比较高。在地球大气中，碳以二氧化碳的形式存在，并溶解在所有自然水体中。碳也以钙（石灰石）、镁和铁的碳酸盐形式存在于岩石中。火星的大气中包含 96％的 $CO_2$。

煤、石油和天然气的主要成分是碳氢化合物。碳能够形成种类繁多的化合物，这在所有元素中都是独一无二的。有机化学是研究碳和它的化合物的学科。虽然它所研究的元素种类只是无机化学的 1/112，但碳能够形成的化合物的种类是所有元素中最多的。虽然硅可以替代碳的位置形成一系列相似的化合物，但硅通常不能像碳那样形成长链，并由此形成稳定的化合物。

在 1961 年，国际纯粹和应用化学联合会（IUPAC）采纳了以同位素 $^{12}C$ 作为测定原子量的基准。碳 13（$^{13}C$）在同位素标记研究中有很重要的用途，它是一种非放射性的同位素，且其核自旋为 $I=1/2$，所以它非常适于用作核磁共振分析。碳 14（$^{14}C$）是碳的一种放射性同位素，其半衰期是 5730 年，它被用作测定诸如木头、考古标本等材料的年份。

# 6.1　发现史

从史前时代开始，人们就已经开始接触到以木炭、烟灰和煤的形式存在的碳。同时，人们很久以前也就已经发现了金刚石。这些都是碳在自然界中的存在形式。碳以木炭（无定形碳）、石墨（碳的另一种形式）和金刚石等形式存在。

英国谢菲尔德大学的毕业生克瑞托在 20 世纪 80 年代发现了富勒烯。它是碳的第四种同素异形体，分子式是 $C_{60}$。它的结构使人想起英式足球的缝合线。现在它引起了广泛的关注。

# 6.2　用途

碳的化合物在石化工业的很多领域都很重要。碳也是煤和石油等很多燃料的主要成分。

以石墨形式存在的碳是很好的润滑剂。

碳可以与一些金属形成碳化物，如碳化钨。碳化钨非常硬，并且耐磨，这使得它可被用作钻头等切割工具的锋刃。以钻石的形式存在的碳是一种很硬的材料，是最好的研磨料。

铅笔芯中不含有铅，而是石墨和黏土的混合物。

活性炭是一种加工过的碳，多孔性极高，表面积很大，可用于物理吸收或化学反应。吸收氮气的实验结果表明，仅 1g 活性炭的表面积就超过 $500m^2$。活性炭一般来自木炭，但也可来自其他碳质材料，如坚果壳、泥炭、木材、椰壳、褐煤、煤和石油沥青。活性炭过滤被大量应用于空气过滤（包括防毒面罩）或清洁，有助于去除污染物，如臭氧、氯或其他卤族化合物。

木炭本身可用于艺术领域，也可用作烧烤燃料。

炭黑是非常细的碳粉，是黑色印刷油墨和墨汁中的主要成分，也可用于激光打印机的硒鼓。炭黑还可用于生产橡胶制品，如汽车轮胎。

碳 14 是一种放射性同位素，在大气层高层由氮和宇宙射线作用而成，但其存量很少。它会发生 β-衰变。生命有机体会代谢碳，所以在我们的一生中体内都会含有一些碳 14。碳 14 在大气和生命有机体中的丰度是大致恒定的，仅取决于太阳周期。生命体死后，尸体中的碳 14 会以 5730 年的半衰期减少，这意味着可以通过测定尸体样本中的碳 14 含量确定死亡年份。这种原理的碳定年法适用于测定约 10 个半衰期，亦即约 5 万年以内的样本，其测定结果被认为是合理可靠的。

# 6.3 制备方法

碳在自然界中以石墨和金刚石（储量大大少于前者！）的形式存在。人造石墨是通过焦炭和二氧化硅的反应制造的。

$$SiO_2 + 3C \xrightarrow{2500℃} SiC + 2CO$$

$$SiC \longrightarrow Si(g) + C(石墨)$$

人造金刚石的生产方法是使石墨在高温高压（$>125kbar$，$1bar = 1 \times 10^5 Pa$，下同）下用铁、铬或铂等催化剂作用下进行反应。反应的过程可能是金属在碳的表面熔化，石墨溶解于金属，而溶解度较低的金刚石则沉淀出来。当金刚石含有氮杂质时略带黄色，而含有硼杂质时则略带蓝色。

富勒烯是通过用激光处理石墨而获得的，现在已经实现了小批量的工业化生产。

# 6.4 生物作用和危险性

在自然界中，碳有三种同素异形体：无定形碳、石墨和金刚石。石墨和金刚石分别是目前已知最软的和最硬的材料。在某些陨石上存在细微的金刚石。天然钻石一般发现于南非等地的古代火山口附近的角砾云橄岩，在好望角附近的海底也发现有钻石。

碳也以碳酸钙（石灰石）的形式存在于岩石中。煤、石油和天然气的主要成分是碳氢化合物。在大气中，碳以二氧化碳的形式存在，并溶解在所有自然水体中。火星的大气中包含 $96\%$ 的 $CO_2$。碳在恒星、彗星和多数行星的大气中的丰度都比较高。

碳是生命的关键，而且根据定义也出现在所有的有机化合物中。对生命的研究属于生物化学的研究范畴。例如乙烯气体（$C_2H_4$）可以催熟西红柿。

含碳化合物的毒性差异很大。CO（出现在汽车尾气中）和 $CN^-$（有时出现在采矿业的污染物中）等是对于哺乳动物的剧毒物。其他的碳化合物是无毒的，而且为生命所需。诸如甲烷（$CH_4$）、乙烯（$H_2C=CH_2$）和乙炔（$HC\equiv CH$）等气态有机物与空气混合后会非常危险，极有可能引起火灾和爆炸。

## 6.5　化学性质

（1）碳与空气的反应

碳的单质石墨可以燃烧生成氧化碳（Ⅳ）（二氧化碳）$CO_2$。金刚石是碳的另一种同素异形体，当加热至 $600\sim800℃$ 时也会燃烧，这是制备二氧化碳的一种十分昂贵的方法。

$$C(s) + O_2(g) \longrightarrow CO_2(g)$$

当空气或氧气不足的时候，碳会发生不完全燃烧生成一氧化碳（CO）。

$$2C(s) + O_2(g) \longrightarrow 2CO(g)$$

碳的不完全氧化反应十分重要。在工业上，空气从热的焦炭上方吹过，所制得的气体被称作"煤制气"。它是一氧化碳（25%）、二氧化碳（4%）、氮气（70%）和痕量氢气、甲烷、空气的混合物。

（2）碳与水的反应

在常温常压下，不论是石墨还是金刚石都不与水发生反应。在更加极端的条件下，它们之间的反应则变得十分重要。在工业上，当水蒸气从热的焦炭上方吹过时，所生成的气体被称作"水煤气"。这是一种混合物，其成分为氢气（$H_2$，50%）、一氧化碳（CO，40%）、二氧化碳（$CO_2$，5%）、氮气和甲烷（$N_2 + CH_4$，5%）。

$$C + H_2O \longrightarrow CO + H_2$$

这是一个吸热反应 [$\Delta H^{\ominus} = +131.3\text{kJ/mol}$；$\Delta S^{\ominus} = +133.7\text{J/(K·mol)}$]，意味着在反应中焦炭会逐步冷却下来。为了解决这个问题，应把吹过焦炭表面的气流换成空气，以便于重新加热焦炭使得反应能够持续进行下去。

（3）碳与卤素单质的反应

石墨同氟气在高温下反应，可以生成一种混合物。其主要成分是四氟化碳，同时还夹杂着一些全氟乙烷和全氟戊烷。

$$8C(s) + 11F_2(g，过量) \longrightarrow CF_4(g) + C_2F_6 + C_5F_{12}$$

在室温下，碳同氟的反应是比较复杂的，得到产物是"氟化石墨"。这是一种非化学计量比的产物，其化学式可以用 $CF_x(0.68 < x < 1)$ 表示。当 $x$ 的数值比较小的时候，产物的颜色是黑色。当 $x = 0.9$ 时，产物是银白色的；当 $x$ 大约等于 1 的时候，生成的产物就是无色的了。

其他的卤素一般与石墨不发生反应。

（4）碳与酸的反应

石墨同氧化性酸——热的浓硝酸反应，生成苯六甲酸。
反应方程式为：

$$12C + 18HNO_3(浓) \longrightarrow (CCOOH)_6 + 18NO_2\uparrow + 6H_2O$$

（5）其他

碳不与碱反应。

# 6.6 碳的同素异形体

纯净的碳有多种形式（同素异形体），碳的两种最常见同素异形体的原子排列方式见图 6-1。纯碳最常见的形式是 α-石墨，这也是热力学上最稳定的碳的同素异形体。金刚石是碳的第二种存在形式，但比石墨要少得多。其他的碳的同素异形体包括富勒烯。与金刚石和石墨具有无限延伸的共价键的结构不同，诸如 $C_{60}$ 之类的富勒烯是以独立的分子形式存在的。无定形碳，如煤烟和灯黑，是由很小的石墨颗粒组成的。

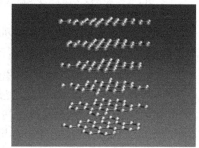

(a) α-石墨　　　　　　　　　　(b) β-石墨

图 6-1 碳的两种最常见同素异形体的原子排列方式

绝大多数石墨是 α-石墨。它具有一种层状结构，其中每一个碳原子都以键长为 141.5pm（$1pm=1\times10^{-12}$ m）的共价键同其他三个碳原子直接相连。在石墨中存在很明显的共轭效应。C—C 键的键长平均化了，并且明显比正常的 C—C 键长（应为 154pm）要短。石墨层与层之间的距离是 335.4pm。在 α-石墨中，层与层之间是以 ABABAB……的形式重复排列；但在 β-石墨（菱形碳）中，堆积的方式却是 ABCABCABC……的形式。在 β-石墨中，碳与碳间的键长和层距保持不变。α-石墨和 β-石墨间的热熔差少于 1kJ/mol［$(0.59\pm0.17)$kJ/mol］。现在尚未发现同族中较重元素形成的与石墨类似的同素异形体。硅、锗和灰锡的结构与金刚石［图 6-2 (a)］的结构更为接近。

金刚石有一种更紧密的结构，所以它的密度比石墨的密度要大一些。金刚石具有十分美观的外观。众所周知，它也是最硬的物质。与石墨一样，它的化学性质也不很活泼，但金刚石在 600～800℃ 下会在空气中燃烧。每一个碳原子以键长 154.45pm 的共价键同相邻的另外四个碳原子相连，形成一种四面体结构，所以每一块金刚石晶体都是一个单一的巨大分子。在理论上（和实际中），可以在高温高压的情况下把石墨转化为金刚石。几乎所有的金刚石的晶胞都是立方体型的，其棱长 $a=356.68$pm。但有极少量与纤维锌矿共生的金刚石是六方结构，这种金刚石被称作郎斯代尔型金刚石［图 6-2（b）］。

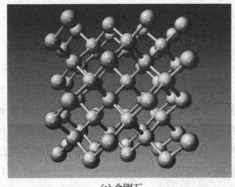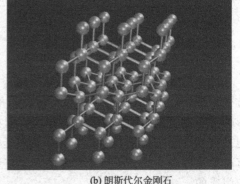

(a) 金刚石　　　　　　　　　　　　　　　(b) 朗斯代尔金刚石

图 6-2　金刚石（a）和朗斯代尔金刚石（b）的晶体结构示意图

20 世纪 80 年代发现了碳的另外一种同素异形体——富勒烯。与金刚石和石墨具有无限延伸的原子间共价键的结构不同，富勒烯是以独立的分子（$C_{60}$）存在的（图 6-3）。$C_{60}$ 分子是由 12 个五边形和 20 个六边形组成的网格包裹而成的一个球状分子。这与把 12 片五边形和 20 片六边形的皮革拼合在一起，缝合而成的一个足球很相似。"富勒烯"的名字显示了其结构与富勒的"网格球顶图样"的关系。现已实现了富勒烯的工业化生产。此外，在星际空间和尘埃中也发现了它的踪迹。

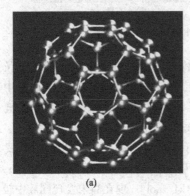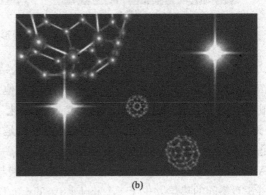

(a)　　　　　　　　　　　　　　　(b)

图 6-3　富勒烯 $C_{60}$

现在也已发现了诸如 $C_{70}$ 和 $C_{84}$ 之类的其他富勒烯（闭合碳笼），并且也已实现工业化生产。最小的富勒烯可能是十二面体的 $C_{20}$，它包括 12 个五边形，而没有六边形。纳米管与富勒烯有些类似，它们是用石墨制成的，外观像是卷曲了的石墨。不同的是，纳米管的结构是开放的末端，而富勒烯是闭合的结构。$C_{70}$ 和纳米管结构图见图 6-4。

一个与富勒烯相关的热门方向是，它们能够把一些原子（如钾等碱金属元素的原子）包裹起来形成笼状结构的配合物。

K 与 $C_{60}$ 的配合物，是一个富勒烯笼状配合离子的实例，其结构如图 6-5 所示。

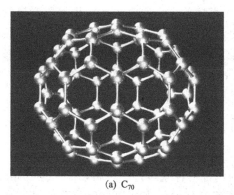

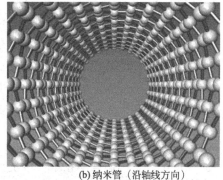

(a) C<sub>70</sub>    (b) 纳米管（沿轴线方向）

图 6-4　C<sub>70</sub>（a）和纳米管（b）结构图

图 6-5　K 与 C$_{60}$ 配合物的结构

# 7 氮

　　氮是第Ⅴ A 族元素。氮气在大气中的体积分数是 78％，但在火星大气中却不到 3％。因为这种元素的化学性质不活泼，所以拉瓦锡把它命名为"azote"，意思是"无生命的"。但是，氮的化合物却是食品、肥料和爆炸物的必备成分。氮气是无色无味的气体，在一般情况下化学性质不活泼。液氮也是无色无味的。

在加热状态下，氮气可以与镁、锂或钙直接化合。用电火花引燃氮气和氧气的混合物，会生成一氧化氮（NO）和二氧化氮（$NO_2$）。在高温高压和适当的催化剂作用下，氮气同氢气可以生成氨气（哈伯法）。有些植物，如三叶草，其根部的细菌可以把大气中的氮"固定"下来，所以三叶草在"轮作制"中有很重要的作用。

# 7.1  发现史

在 18 世纪时，人们认为在空气中至少包含两种气体：一种可以维持生命活动，而另一种却不能。氮元素是 1772 年由卢瑟福发现的。卢瑟福把氮气称为"有毒空气"。但是大约在同一时间，舍勒、卡文迪许、普里斯特利等人则把去除了氧气之后的空气称作"燃烧后的"或"脱燃素的"空气。

# 7.2  用途

- 用于合成氨（哈伯法）中，这是氮气最重要的用途。氨也被用来生产肥料和硝酸（奥斯瓦尔德法）。
- 在电子工业中，用作生产晶体管和二极管等配件时的保护气氛。
- 用于不锈钢退火和其他钢材的轧制成品。
- 可用做制冷剂，包括食品的沉浸冻结和运输。
- 液氮在石油工业中可以用于给油井加压，使得原油能够向上涌出。
- 用做陆基飞机和舰载飞机的爆炸性液体储藏罐内的保护性气体。

# 7.3  制备方法

在实验室中，从来无需自行制备氮气。氮气极易通过工业化途径或室内空气液化装置生产。此外，还可以通过氮化钠和重铬酸铵的分解反应制备氮气。这两种反应都必须由专业人员在可控的条件下进行。

$$2NaN_3 \xrightarrow{300℃} 2Na + 3N_2$$

$$(NH_4)_2Cr_2O_7 \longrightarrow N_2 + Cr_2O_3 + 4H_2O$$

氮气可以通过液化并分馏液态空气的方法大量制备。这样就可以把氮气同氧气以及其他气体分离开，用这种方法可以获得高纯度的氮气。

# 7.4  生物作用和危险性

氮气在大气中的体积分数是 78%，但在火星大气中却不到 3%。若干种矿物中都含有氮，硝石矿（硝酸钠）是其中最重要的化合物。

氮是蛋白质（由氨基酸聚合而来）和核酸等生物分子中的关键成分。氮循环在自然界中是十分重要的。

氮气是无毒的。我们呼吸的空气中含有约78%的氮气。然而，在原则上，纯氮可以通过使人体同氧气隔绝而导致窒息。含氮化合物，如高浓度的氨气（$NH_3$），是有毒的。还有一些含氮化合物有剧毒，如氰化物（$CN^-$）。氮是肥料中的组成成分，但是含有肥料的水进入水系是导致水污染的主要原因。由燃烧产生的氮氧化物有毒，并且会导致酸雨。

# 7.5 化学性质

（1）氮与水的反应

氮气不与水发生反应。在20℃（293K）和1atm（1atm＝$1.01325×10^5$Pa，下同）下，氮气在水中的溶解度是0.154g/kg 水。

（2）其他

在通常状态下，氮气不与空气、卤素、酸、碱发生反应。

氧是第ⅥA族元素。在地球的大气中，氧气的含量大约是1/5；而在火星的大气中，却只有0.15%是氧气。氧元素是太阳上丰度位列第三的元素。它参与了碳-氮循环，后者是这颗恒星的部分能量来源。激发态的氧在极光中会产生亮红色和黄绿色。人体质量的大约2/3以及水中的大约90%，都是氧元素。氧气是无色无臭的，并且也是无味的。液态和固态的氧是淡蓝色的。因为其中含有不成对电子，所以它具有很强的顺磁性。

氧气的化学性质非常活泼，大多数元素都有已知的氧化物。所有动植物的生存和各种类型的燃烧反应都需要氧气。

氧存在两种同素异形体，双氧分子和三氧分子（臭氧）。双氧，也就是氧气（$O_2$），是一种无色的双原子氧化性气体。冷凝后的液氧是淡蓝色的。因为具有未成对电子，氧气是顺磁性的。氧气分子中的两个未成对电子占据了两个 $\pi^*$ 轨道。大气中的氧气含量大约是1/5。

　　臭氧（$O_3$）是一种活泼的蓝色气体，有刺激性的"电"味。"臭氧"之名便来自希腊语"ozein"，含义是"闻"。臭氧分子内，以单键相连。气态的臭氧分子会呈现出117°的键角。臭氧会凝结为蓝黑色的液体（沸点$-111.9℃$），进一步冷却会形成深黑紫色的固体（熔点$-192.5℃$）。可通过放电或紫外线作用以氧气（$O_2$）获得臭氧。

$$2O_3(g) \longrightarrow 3O_2(g)$$

　　大气中臭氧的含量远远低于氧气（$O_2$），但却是大气中的一种重要成分。在大气中的臭氧的总含量大约相当于在常温常压下平均3mm厚的一层气体。臭氧可以吸收波长在220～290nm之间的紫外线，避免这些波长范围内的有害射线到达地球表面，所以它是大气层高层的关键成分。近年来，多种因素都在消耗着臭氧层。在北极和南极上空形成了臭氧空洞，这引起了广泛的忧虑。

　　臭氧在热力学上不稳定，会变为双氧分子，但只有在催化剂的作用下才会缓慢转变为氧气（$O_2$）。

# 8.1　发现史

　　达·芬奇认为空气中至少包括两种气体。在那之前，空气本身被认为是单一的元素。达·芬奇还认为，这些气体中的一种可以维持燃烧及生命活动。在1772年之前，已有几位学者制取了氧气，但是他们都没有把它当成一种新的元素。一般认为，是普里斯特里发现了氧气，他通过加热铅或汞的氧化物得到了氧气。同时卡尔·舍勒也独立发现了氧气。

　　氧气和氮气是空气的主要成分。对它们的研究使人们放弃了燃素论。燃素论影响了化学家大约一个世纪，并且在多年间妨碍了人们对空气本性的理解。

# 8.2　用途

- 氧炔焰气焊。
- 在医院中经常用于治疗呼吸疾病。
- 制造甲醇和环氧乙烷。
- 火箭燃料氧化剂。
- 钢铁工业。
- 大气中的臭氧可以保护生命免受太阳紫外线的伤害。
- 供人与动物等呼吸。

# 8.3　制备方法

　　工业化生产或使用室内空气液化装置都是制备氧气的常用方法，从不需要在实验室中自行制备氧气。然而，氯酸钾和高锰酸钾的分解反应却都是制备氧气的方法。另外，用镍电极电解氢氧化钾可得纯净的氧气。

$$2KClO_3 \xrightarrow{400℃} 2KCl + 3O_2$$

$$2KMnO_4 \xrightarrow{214℃} K_2MnO_4 + MnO_2 + O_2$$

氧气可以通过液化空气和分馏液态空气的方法大量制备。这样就可以把氧气同氮气（主要产品）及其他气体分离开。

臭氧（$O_3$）是氧的另一种同素异形体。在一个低温系统内，对其中的氧气无声放电，就可以得到臭氧，这可以得到含量约10％的臭氧。所得的臭氧可以经过分馏液态空气而得到纯化，但这十分危险！

# 8.4　生物作用和危险性

氧气（$O_2$）在空气中的体积分数是21％。氧是地球地壳中丰度最高的元素，其次为硅。在几乎所有种类的矿物中都含有氧。以质量分数计，水中的绝大部分都是氧元素。氧元素是太阳上丰度位列第三的元素，它参与了碳-氮循环，后者是这颗恒星的部分能量来源。火星的大气中包含大约0.15％的氧气。

为所有生命所需的水，分子中含有氧原子。很多的有机化合物中都含氧。多数有机体需要呼吸氧气。虽然氧气（$O_2$）对生命是必要的，但是臭氧（$O_3$）却有很高的毒性。另外，臭氧是大气中（臭氧层）的重要组分，它有助于保护我们免受有害的太阳紫外线的伤害。

高分压的氧气会导致抽搐、肺部病变和致畸（胎）效应。含有氧元素的臭氧、过氧化物和超氧化物有很高的毒性。氧气过少会导致人体窒息，氧气浓度过高的空气则会大大增加可燃物的燃烧率，有引发火灾的危险。

# 8.5　化学性质

（1）氧气与空气的反应

在通常条件下，氧气并不与自身或氮气反应。但是在紫外线的作用下，氧气可以形成臭氧（$O_3$）。臭氧的颜色是蓝色的，它是氧的第二种同素异形体。一种制备臭氧的方法是在氧气中放电，这可以生成浓度为10％的臭氧。

（2）氧气与水的反应

氧气并不与水反应。在常温常压下，氧气微溶于水。

（3）氧气与卤素单质的反应

在低温（77～90K）下照射氧气（$O_2$）和氟气（$F_2$）的低压（10～20mmHg，1mmHg＝133.32Pa，下同）混合物，可以得到二氟化二氧（$O_2F_2$）。

$$O_2(g) + F_2(g) \longrightarrow F_2O_2(g)$$

（4）其他

在通常条件下，氧气不与大多数的酸和碱发生反应。

氟是第ⅦA族元素。氟（fluorine）的电负性和非金属性在所有元素中是最强的。氟的单质是一种淡黄色的腐蚀性气体，几乎能与所有的有机物和无机物发生反应。细金属粉、玻璃制品、陶器、碳，甚至是水都可以在氟气中燃烧，呈现出明亮的火焰。

直到第二次世界大战时，才实现了氟的工业化生产。制造原子弹的计划和核能的应用都必须使用大量的氟气。铀的同位素分离技术需要以 $UF_6$ 气体的扩散为基础。

人们现已开发了相对安全的处理氟的技术，所以一个人就可以转运数以吨计的液氟。目前已知稀有气体也有含氟化合物，如氙、氡和氪的氟化物。氟气和大量聚集氟离子的毒性都很高。

## 9.1　发现史

在 1670 年，人们开始使用一个含有波希米亚（今捷克西部）绿宝石（现在已知该物为氟化钙，$CaF_2$）的方法来刻蚀玻璃。戈尔通过电解似乎得到了少量的氟气，但是当氟气与从另外一个电极产生的氢气发生反应的时候，他的设备爆炸了。在 1886 年，穆瓦桑终于分离出了氟的单质，他使用的设备是用铂制成的，他因此获得了 1906 年的诺贝尔化学奖。

## 9.2　用途

- 氟和它的化合物（如 $UF_6$）用于分离铀的同位素。
- 氟化合物可用于商业，包括很多重要的高温塑料。
- 氢氟酸广泛应用于刻蚀电灯泡玻璃等方面。
- 氟氯烃广泛应用于空调和冰箱的制冷剂。
- 含少量氟化物的水可预防龋齿。出于同样原因，牙膏中也有同样的成分。

饮用水中的可溶性氟化物（2μg/kg）可使儿童的恒牙珐琅出现斑点。

# 9.3 制备方法

氟气可实现工业化生产，并装在储气罐中，所以通常无需在实验室内制备它。处理氟的单质非常困难，可通过电解氟化钾和氟化氢（1：2）的熔融混合物制备氟气。因为氟气是具有很高反应活性的腐蚀性淡黄色气体，所以这个过程很难进行。电解液和产物都是具有腐蚀性的物质。必须仔细清理油脂，因为这可能会引起火灾。氟气会同大多数材料发生反应，所以它难于存储。钢和蒙乃尔铜-镍合金的表面可以形成氟化物薄层，不与氟气发生进一步的反应，故而可以用来存储氟气。

# 9.4 生物作用和危险性

在自然界中并不存在游离的氟气，而总是以氟化物的形式出现。氟主要出现在氟石（或萤石、氟化钙，$CaF_2$）、冰晶石（$Na_3AlF_6$）和许多其他的矿物中。

氟是人类和一些软体动物的必需元素，如氟化物（$F^-$）。含有低浓度氟离子的饮用水非常有益。氟离子可以替换 $Ca_5(PO_4)_3OH$ 的氢氧根，所以有一些地区会在饮用水中添加低浓度的氟离子，以减少细菌对牙齿上珐琅层的侵害。尽管如此，因为一些激进维权分子的抗议，在其他地区却没有这样做，他们反对在水中添加任何物质。

氟气有极大的腐蚀性和毒性。氟的单质有一种独特的刺激性气味，当其浓度只有 $20\mu L/m^3$ 时，就可以探测到它的存在，这个浓度在安全的工作水平之下。人体暴露在低浓度的氟气中，会使眼睛和肺部受到刺激。金属氟化物的毒性很大。有机氟化物的毒性一般较低，而且通常是无害的。

# 9.5 化学性质

（1）氟气与空气的反应

氟气（$F_2$）并不会明显与氧气（$O_2$）或氮气（$N_2$）发生反应。氟气可以与空气中的水蒸气反应生成氧气。

$$2F_2(g) + 2H_2O(g) \longrightarrow O_2(g) + 4HF(g)$$

（2）氟气与水的反应

氟气同水反应，生成氧气（$O_2$）或臭氧（$O_3$）。

$$2F_2(g) + 2H_2O(l) \longrightarrow O_2(g) + 4HF(aq)$$
$$3F_2(g) + 3H_2O(l) \longrightarrow O_3(g) + 6HF(aq)$$

（3）氟气与卤素单质的反应

氟气（$F_2$）同氯气（$Cl_2$）在225℃时发生反应，生成卤素间化合物 ClF。这个反应中也会生成三氟化物氟化氯（Ⅲ），但反应不完全。

$$Cl_2(g) + F_2(g) \longrightarrow 2ClF(g)$$

$$Cl_2(g) + 3F_2(g) \longrightarrow 2ClF_3(g)$$

在更加剧烈的条件下，过量的氟气会与氯气在 350℃ 和 225atm 下反应，生成卤素间化合物 $ClF_5$。

$$Cl_2(g) + 5F_2(g) \xrightarrow{350℃,\ 225atm} 2ClF_5(g)$$

氟气同溴蒸气（$Br_2$）之间的反应可以形成卤素间化合物 BrF。它在室温下会不成比例地分解为溴单质和三氟化溴、五氟化溴，所以难于纯化。

$$Br_2(g) + F_2(g) \longrightarrow 2BrF(g)$$

$$3BrF(g) \longrightarrow Br_2(l) + BrF_3(l)$$

$$5BrF(g) \longrightarrow 2Br_2(l) + BrF_5(l)$$

在更加剧烈的条件下，过量的氟气会与溴单质在 150℃ 下反应，生成卤素间化合物 $BrF_5$。

$$Br_2(l) + 5F_2(g) \longrightarrow 2BrF_5(l)$$

在 −45℃ 下的溶剂 $CCl_3F$ 中，氟气和碘单质反应生成卤素间化合物 IF。它在室温下会不成比例地分解为碘单质（$I_2$）和五氟化碘（$IF_5$），所以难于纯化。

$$I_2(g) + F_2(g) \longrightarrow 2IF(g)$$

$$5IF(g) \longrightarrow 2I_2(s) + IF_5(l)$$

（4）氟与酸的反应

在稀酸中，氟气所发生的反应主要是与水进行的。这些反应会生成氧气（$O_2$）和臭氧（$O_3$）。

$$2F_2(g) + 2H_2O(l) \longrightarrow O_2(g) + 4HF(aq)$$

$$3F_2(g) + 3H_2O(l) \longrightarrow O_3(g) + 6HF(aq)$$

（5）氟与碱的反应

氟气同稀的氢氧化物水溶液反应，生成氟化氧（Ⅱ）。

$$2F_2(g) + 2OH^-(aq) \longrightarrow OF_2(g) + 2F^-(aq) + H_2O(l)$$

**10  氖**

氖是一种性质非常不活泼的元素。它可以形成一种不稳定的水合物。氖在真空放电管中会呈现出橘红色。在通常的电压和电流下，氖在电场中会产生稀有气体中最强烈的发光现象。在大气中，氖的含量是大约 1/65000。

液氖的制冷能力比液氦强 40 倍，比液氢强 3 倍。

# 10.1　发现史

拉姆赛爵士和特拉维斯在 1898 年发现了氖。在此之前，他们刚刚发现了氪。这两种元素都是在研究液态空气时发现的。此后不久，他们用相似的方法发现了氙。

# 10.2　用途

- 用于制作氖霓虹灯，这是氖气最重要的用途。
- 用于制作高电压指示剂、避雷针、测波仪显像管和电视显像管。
- 氖和氦可以用于气体激光器。
- 液氖是一种廉价的低温制冷剂。以单位体积的制冷能力计，它比液氦强 40 倍，比液氢强 3 倍。在制冷设备中，它比氦的体积小、性质不活泼、成本便宜。

# 10.3　制备方法

在空气中有少量的氖，它是液化和分离空气的副产品。氖气可实现工业化生产，通常无需在实验室中制备它。

# 10.4　生物作用和危险性

氖没有生物作用。氖气是无毒的，但一般来说，它可以通过使人与氧气隔绝而窒息。

# 10.5　化学性质

（1）氖气与水的反应

氖气不与水发生反应。在 293K 和 1 个标准大气压下，氖气在水中的溶解度是 10.5cm³/kg。

（2）其他

即使在极端条件下，氖气也不与空气反应，也不与任何一种卤素、酸和碱反应。

# 11 钠

钠是第ⅠA族元素。第ⅠA族元素经常被称作"碱金属"。正一价离子$Na^+$主要主导了钠的化学。钠盐的焰色反应是一种独特的橙黄色的火焰。路灯中含有钠，并由此产生了橘黄色的灯光。

肥皂的主要成分是钠的脂肪酸盐。在史前时代，人们就已经认识到食盐对动物的营养价值。钠最常见的化合物是氯化钠（精制食盐）。

## 11.1 发现史

直到18世纪，化学家们才发现"植物碱"（$K_2CO_3$、碳酸钾，从地层的沉积物中获得）和"矿物碱"（$Na_2CO_3$、碳酸钠，从燃烧木材的灰烬中获得）是两种不同的物质。人们在发现了这个差别之后，才分清了钾和钠之间的区别。

在1807年，戴维爵士首先分离出了钠。他的方法是电解非常干燥的氢氧化钠熔融物，并在阴极收集到钠。戴维在同年用相似的方法制得了钾。不久之后，泰纳尔和盖-吕萨克通过在高温下用金属铁还原氢氧化钠分离出了钠单质。

## 11.2 用途

• 金属钠用于制造四乙基铅$PbEt_4$。这种物质是含铅汽油中重要的抗爆剂，它会造成铅污染。幸运的是，许多国家已经把它逐步淘汰了。

• 金属钠用于以四氯化钛（$TiCl_4$）制造金属钛。

• 金属钠用于制造氨基钠、氰化钠、过氧化钠和氢化钠。

• 金属钠用于还原有机酯以及制备有机化合物。

• 以一定比例混合的钠钾合金在室温下是液态的，所以钠钾合金（NaK）是一种重要的传热介质和良好的化学反应介质。

• 包括食盐（氯化钠，NaCl）、苏打（碳酸钠，$Na_2CO_3$）、发酵粉（碳酸氢钠，$NaHCO_3$，"重碳酸盐"）、苛性钠（氢氧化钠，NaOH）等在内的钠化合物是造纸、玻璃、肥皂、纺织、石油、化学和冶金工业的重要原料。

• 钠蒸气可用于路灯中。

• 食用盐。

## 11.3　制备方法

钠极易于实现工业生产，在实验室中通常无需制备它。给电负性很低的钠离子（$Na^+$）增加一个电子是十分困难的，所以制备钠必须通过电解。

钠以食盐（氯化钠，NaCl）的形式大量存在于地下岩层（岩盐矿）、海水以及其他天然水体之中。食盐易于通过干燥而重结晶为固体。

氯化钠的熔点很高（＞800℃），这意味着它难于熔化以便进行电解。然而 NaCl（40％）和 $CaCl_2$（60％）混合物的熔点大约只有 580℃，电解这样的混合物所需要的能源和成本就少得多了。

阴极：$Na^+(l) + e^- \longrightarrow Na(l)$

阳极：$\qquad Cl^-(l) \longrightarrow \frac{1}{2}Cl_2(g) + e^-$

电解是在唐氏电解槽内进行的。在电解过程中其实还生成了金属钙，但是钙会在冷凝管内固化并返回熔融物中。

## 11.4　生物作用和危险性

金属钠的反应活性很高。在自然界中，不存在游离（天然）的钠单质。在地球的地壳中，钠的丰度大约是 2.6％～3.0％，居第六位。最常见的含钠矿物是石盐（氯化钠，NaCl，岩盐）。同时，钠还出现在许多其他的矿物中，如硼酸钠（硼砂）、碳酸钠（苏打）、硝酸钠（智利硝石）和硫酸钠（芒硝）。但是，开采这些矿物都为了利用其阴离子。

钠在光谱中会发出非常清晰可辨的钠 D 线。通过判别这个特征，我们可以认定，太阳和其他恒星上也有一定丰度的钠。

钠是一种必需元素，人类的饮食中必须包含一定数量的钠。钠离子是动物细胞外液中的主要阳离子，对动物的神经系统是非常重要的。

人们在确认钠是一种元素之前，就已经认识到了食盐在饮食中的重要性。这正是古典时代罗马人盐业贸易的基础，当时他们贩卖沉积在死海里的盐。大量出汗会导致人体中的钠离子流失，合理的饮食是钠离子最重要的补充来源。

金属钠会引起火灾。在合理的范围内摄取钠的化合物（如食盐 NaCl），相对而言是无害的，有些心脏病患者需要遵照医嘱，控制饮食中钠的摄入量。

## 11.5　化学性质

（1）钠与空气的反应

金属钠质软，可以用一把小刀很轻易地切割钠。金属钠的新鲜切面有光泽，但是随后不久就会与氧气以及空气中的水蒸气反应而失去光泽。钠在空气中会燃烧，所得的产物是淡黄色的过氧化钠（$Na_2O_2$）以及白色的氧化钠 $Na_2O$。

$$2Na(s) + O_2(g) \longrightarrow Na_2O_2(s)$$
$$4Na(s) + O_2(g) \longrightarrow 2Na_2O(s)$$

（2）钠与水的反应

金属钠与水迅速反应，生成无色的氢氧化钠（NaOH）溶液和氢气（$H_2$）。因为氢氧化钠的溶解，所得的溶液是碱性的。该反应是放热的，在反应过程中，金属钠会变得很热，以至于会导致火灾，并以独特的橙色火焰燃烧。钠与水的反应要慢于钾（在元素周期表中紧靠在钠的下面）的相应反应；但是要快于锂（在元素周期表中紧靠在钠的上面）的相应反应。

$$2Na(s) + 2H_2O(l) \longrightarrow 2NaOH(aq) + H_2(g)$$

（3）钠与卤素单质的反应

金属钠同所有的卤素单质都剧烈反应，生成卤化钠。钠同氟气（$F_2$）、氯气（$Cl_2$）、溴单质（$Br_2$）和碘单质（$I_2$）反应，分别生成氟化钠（Ⅰ）（NaF）、氯化钠（Ⅰ）（NaCl）、溴化钠（Ⅰ）（NaBr）和碘化钠（Ⅰ）（NaI）。

$$2Na(s) + F_2(g) \longrightarrow 2NaF(s)$$
$$2Na(s) + Cl_2(g) \longrightarrow 2NaCl(s)$$
$$2Na(s) + Br_2(g) \longrightarrow 2NaBr(s)$$
$$2Na(s) + I_2(g) \longrightarrow 2NaI(s)$$

（4）钠与酸的反应

金属钠能迅速溶解在稀硫酸中，形成氢气和包含 Na（Ⅰ）离子的水溶液。

$$2Na(s) + 2H^+(aq) \longrightarrow 2Na^+(aq) + H_2(g)$$

（5）钠与碱的反应

金属钠与碱的反应其实就是钠与水的反应［同上文（2）］随着反应的进行，氢氧化钠的浓度会持续增加。

## 12　镁

镁是一种质地十分柔软的灰白色金属。镁在地球地壳中的丰度排第八名。在自然界中，镁并不以单质的形式存在。它第ⅡA族元素，该族元素被称作碱土金属元素。镁在空气中会以明亮的火焰燃烧。

镁是一种对动植物十分重要的元素。叶绿素是含镁的卟啉类化合物。成年人每天需要摄入 0.3g 的镁。

镁在空气中会缓慢地失去光泽。在空气中点燃镁的细小颗粒，可以发出明亮的白光。镁的表面通常覆盖了一层氧化物（MgO），这使得里面的镁可以不被空气氧化和被水腐蚀。

金属镁会以明亮的火焰燃烧。

# 12.1 发现史

在 1618 年，英格兰埃普索姆市（东南部萨里郡）的一位农夫试图从井里给他的母牛取水。然而牛拒绝喝这些水，因为这种水的味道是苦的。但是，这位农夫注意到这种水似乎可以治疗擦伤和皮疹，埃普索姆盐（泻盐）的名声就传开了。最终确定，这种物质是硫酸镁（$MgSO_4$）。布莱克在 1755 年确定镁是一种元素。在 1808 年，戴维通过电解"镁氧"（氧化镁，MgO）和氧化汞（HgO）的混合物得到了镁的单质。戴维首先提议用"magnium"作为这种元素的名称，而现在使用的名称是"magnesium"。

# 12.2 用途

- 用于闪光和烟火，包括燃烧弹，也可用于闪光摄影术。
- 镁的密度比铝小，因此镁合金可用于制造航天器材和汽车的发动机以及制造导弹。
- 可用镁还原铀等金属的盐，以生产这些金属。
- 镁的氢氧化物（氧化镁乳剂）、氯化物、硫酸盐（泻盐）和柠檬酸盐可入药。
- 氧化镁的熔点很高，所以可用于熔炉内的砖块和衬垫材料。
- 在有机合成中非常重要的有机镁化合物（格氏试剂）中含镁。
- 镁可用于电子计算机中的射频屏蔽。

# 12.3 制备方法

在工业上有多种制备镁的方法。因为镁的单质非常易于实现工业生产，在实验室中一般不会制备它。在海水中含有大量的镁，可以用氧化钙（CaO）把海水中的镁沉淀下来，重结晶后便可得到氯化镁（$MgCl_2$）。

$$CaO + H_2O \longrightarrow Ca^{2+} + 2OH^-$$

$$Mg^{2+} + 2OH^- \longrightarrow Mg(OH)_2$$

$$Mg(OH)_2 + 2HCl \longrightarrow MgCl_2 + 2H_2O$$

电解熔融的氯化镁的可以得到液态的镁和氯气。镁可以从小孔中排出。

阴极：$Mg^{2+}(l) + 2e^- \longrightarrow Mg(l)$

阳极：$\qquad Cl^-(l) \longrightarrow \frac{1}{2}Cl_2(g) + e^-$

另外，制备镁的方法可以不通过电解。这种方法使用一种重要的镁矿——白云石 $[MgCa(CO_3)_2]$。通过高温"煅烧"白云石，可以获得"煅烧的白云石"——$MgO \cdot CaO$。把所得的产物与硅化铁反应，就可以得到镁。

$$2[MgO \cdot CaO] + FeSi \longrightarrow 2Mg + Ca_2SiO_4 + Fe$$

经过蒸馏，镁便从生成的混合物中分离出来。

# 12.4　生物作用和危险性

镁在地球地壳中的丰度排第八名。在自然界中，镁并不以单质的形式存在。许多矿物中都包含有镁，如菱镁矿和白云石，海水中也含有大量的镁。

镁是一种对动植物十分重要的元素。叶绿素（使植物呈现出绿色的物质）是含镁的卟啉类化合物。人体内一些酶的正常表达需要镁，成年人每天需要摄入 0.3g 的镁。

金属镁会引起火灾。含镁化合物一般没有显著的毒性。

# 12.5　化学性质

(1) 镁与空气的反应

镁是一种灰白色金属。金属镁的表面覆盖了一层很薄的氧化物，这使得镁可以不被空气氧化和被水腐蚀。在空气中点燃金属镁，会发出特有的白色火焰，这种火焰十分眩目而且明亮。燃烧的产物是氧化镁（$MgO$）和氮化镁（$Mg_3N_2$）的混合物。一般通过加热碳酸镁来制备氧化镁。在元素周期表中紧靠在镁下面的钙，在空气中的反应活性比镁更强。

$$2Mg(s) + O_2(g) \longrightarrow 2MgO(s)$$
$$3Mg(s) + N_2(g) \longrightarrow Mg_3N_2(s)$$

(2) 镁与水的反应

镁同水并不会发生明显反应，这与在元素周期表中紧靠在镁下面的钙不同，这与两种元素的氢氧化物在水中的溶解度不同有关。后者（钙）可以同冷水发生缓慢反应。金属镁可以和水蒸气反应生成氢气和氧化镁（$MgO$），水蒸气过量时会生成氢氧化镁 $Mg(OH)_2$。

$$Mg(s) + 2H_2O(g) \longrightarrow Mg(OH)_2(aq) + H_2(g)$$

（3）镁与卤素单质的反应

镁能与氯或溴等卤素单质发生明显反应，并分别燃烧生成二卤化物氯化镁（Ⅱ）（$MgCl_2$）和溴化镁（Ⅱ）（$MgBr_2$）。

$$Mg(s) + Cl_2(g) \longrightarrow MgCl_2(s)$$
$$Mg(s) + Br_2(g) \longrightarrow MgBr_2(s)$$

（4）镁与酸的反应

金属镁在稀硫酸中迅速溶解，生成含有镁（Ⅱ）离子的水溶液和氢气。镁和其他的酸（如盐酸）发生的相应反应，同样会生成镁（Ⅱ）离子的水溶液。

$$Mg(s) + 2H^+(aq) \longrightarrow Mg^{2+}(aq) + H_2(g)$$

（5）其他

金属镁不与稀碱溶液发生反应。

# 13 铝

纯净的铝是一种有许多优良性能的银白色金属。它是轻质、无毒（金属）、无磁性、不产生火花的材料。铝可用于装饰，它易于成型、加工和切割。纯铝质软，缺乏强度，但加入少量铜、镁、硅、锰和其他元素所形成的合金具有很好的性能。铝在地球的地壳中的丰度很高，但是它并不以单质的形式存在。可用拜耳法（精炼矾土）从矾土（一种铝矿）中提炼铝。

## 13.1　发现史

古希腊人和古罗马人把明矾在医疗上作为收敛剂，在工业上用作染料。在1761年，德·莫沃提议用"alumine"命名明矾中的金属。戴维在1807年建议用"alumium"命名这种当时尚未发现的金属，随后德·莫沃同意改用"aluminum"。不久以后，IUPAC采纳了"aluminium"的名称，以便与大多数名称以"-ium"结尾的元素相一致。"aluminium"是IUPAC的拼写名称，所以也是国际上的标准。在美国，这也曾是被认可的拼写名称。而在1925年，美国化学会决定重新使用"aluminum"，并沿用至今。

1825年，奥斯特首先分离出了铝的单质。他首先用钾汞齐（钾和汞的合金）

还原氯化铝（$AlCl_3$），然后在低压下加热所得的铝汞齐而使汞气化，这样就得到了金属铝。

## 13.2　用途

- 罐头和金属箔片。
- 厨房器具。
- 室外建筑装饰。
- 用作高强度、轻质、易于制造的工业材料。
- 虽然铝的电导率（单位面积横截面上的导电性）只有铜的 60%，但因为铝的密度小，且价格便宜，可用铝制造输电线路。
- 铝合金是现代航天器和火箭制造中必需的重要材料。
- 在真空中蒸馏而得的铝，可用作可见光和辐射热的高反射涂层。铝在空气中会迅速形成一层很薄的保护性氧化物，并且不会像银那样变质，可以用于望远镜的反射镜、包装纸、包裹、玩具和多种其他用途。
- 铝在自然界中的氧化物包括宝石、蓝宝石、刚玉和刚玉砂。它们可用于制造玻璃和耐高温材料。人造红宝石和蓝宝石可用于制造激光器。

## 13.3　制备方法

因为铝可以实现工业化生产，在实验室中一般无需制备它。

大部分的铝矿都是矾土（主要是 $Al_2O_3 \cdot 2H_2O$）。矾土中包括 $Fe_2O_3$、$SiO_2$ 和其他的杂质。为了提炼纯铝，必须从矾土中去除这些杂质，可通过拜耳法（精炼矾土）完成这一步骤。用氢氧化钠（NaOH）溶液处理矾土，使铝酸钠和硅酸钠进入溶液，而铁元素则留下来，继续以固态形式存在；向所得溶液中通入适量 $CO_2$，$Si_2O_2$ 形成硅酸钠，就会留在溶液中，而铝则以氢氧化铝的形式沉淀下来。氢氧化铝可以通过过滤、冲洗和加热而得到纯净的氧化铝（$Al_2O_3$）。

接下来是提炼纯铝。铝是通过电解纯净的氧化铝而获得的。因为铝的电负性很低，所以只能电解。目前最普遍的方法是在钢壳电解槽中以碳钢作为阴极、以石墨作为阳极来进行电解。

## 13.4　生物作用和危险性

在自然界中不存在铝的单质。铝是一种在地球的地壳中丰度很高的元素。铝最重要的矿物是矾土。

铝可能会参与酶的表达，如琥珀脱氢酶和参与合成卟啉的 δ-氨基脱水酶。

铝粉会引起火灾。铝对绝大多数植物都有毒，对哺乳动物也有一定毒性。经查，铝会在体内聚集，引发阿尔茨海默氏症（老年痴呆症）。

# 13.5 化学性质

（1）铝与空气的反应

铝是一种银白色金属。金属铝的表面覆盖了一层很薄的氧化物，这使得铝不会被空气氧化、腐蚀。所以，一般来说金属铝并不会同空气发生反应。如果破坏了氧化层，金属铝就暴露在空气之中被侵蚀。铝会在氧气中燃烧，产生明亮耀眼的白色火焰，形成氧化铝（Ⅲ）$Al_2O_3$。

$$4Al(s) + 3O_2(g) \longrightarrow 2Al_2O_3(s)$$

（2）铝与水的反应

如果破坏了氧化层，金属铝就暴露在空气之中被侵蚀，这时甚至水也可以腐蚀铝。

（3）铝与卤素单质的反应

金属铝与卤素单质剧烈反应，生成卤化铝。铝与氯气（$Cl_2$）、溴单质（$Br_2$）、碘单质（$I_2$）分别反应生成氯化铝（Ⅲ）（$AlCl_3$）、溴化铝（Ⅲ）（$AlBr_3$）和碘化铝（Ⅲ）（$AlI_3$）。

$$2Al(s) + 3Cl_2(g) \longrightarrow 2AlCl_3(s)$$
$$2Al(s) + 3Br_2(l) \longrightarrow 2AlBr_3(s)$$
$$2Al(s) + 3I_2(s) \longrightarrow 2AlI_3(s)$$

（4）铝与酸的反应

金属铝会在稀硫酸或稀盐酸中迅速溶解，生成含有铝（Ⅲ）离子的水溶液和氢气。浓硝酸会使金属铝钝化。

$$2Al(s) + 6H^+(aq) \longrightarrow 2Al^{3+}(aq) + 3H_2(g)$$

（5）铝与碱的反应

金属铝会在氢氧化钠中溶解，并产生氢气和 $Al(OH)_4^-$ 形式的（偏）铝酸盐。

$$2Al(s) + 2OH^-(aq) + 6H_2O(l) \longrightarrow 2Al(OH)_4^-(aq) + 3H_2(g)$$

**14 硅**

硅广泛分布于太阳和其他恒星中。硅是陨石的主要成分。硅在地壳中的质量分数是 25.7％，居第二位，仅次于氧。硅以二氧化硅的形式大量存在，如沙子、石英、无色水晶、紫水晶、玛瑙、燧石、碧玉和猫眼石。硅也存在于一些其他矿物中，如石棉、长石、黏土和云母。

硅在动植物的生命活动中十分重要。硅藻在淡水和盐水中都可以富集硅，并储存于它们的细胞壁中。硅是钢铁中的重要成分。碳化硅（金刚砂）是一种重要的研磨剂。有些地方的空气中会含有二氧化硅粉尘，在这种环境中工作的工人可能会患上一种严重的肺病——硅沉着病（旧称硅肺、矽肺）。

水解并缩合氯硅烷的衍生物可以生产种类繁多的硅树脂聚合物。它们涵盖了液体和坚硬的、类似玻璃的固体，具有很多实用的特性。

超过 95％波段的红外线都可以穿透硅。硅还以用于产生波长为 456nm 的干涉光。

# 14.1　发现史

通常认为是贝里采乌斯在 1824 年发现了硅。戴维利在 1854 年制得了晶体硅，这是硅的第二种同素异形体。

# 14.2　用途

· 在硅中掺入硼、镓、磷或砷等元素，可用于晶体管、太阳能电池、整流器和其他固态电子装置。

· 硅树脂是硅的重要产品，可以通过水解氯代有机硅（如二甲基二氯硅烷，$Me_2SiCl_2$）生产它们。

· 硅石（如沙子）是玻璃的主要成分。玻璃具有极好的机械加工、光学、热学和电学性能。

· 用于制造电子计算机芯片。

· 用于制造润滑剂。

· 用于制造混凝土和砖。

· 体内植入硅树脂，用于医疗。

# 14.3　制备方法

硅可以实现工业化生产，通常无需在实验室中制备它。在电炉中用纯净的石墨（如焦炭）处理硅土（$SiO_2$），可以得到硅。

$$SiO_2 + 2C \longrightarrow Si + 2CO$$

在反应过程中可能会生成碳化硅（SiC），但碳化硅会被过量的 $SiO_2$ 转化为硅。

$$2SiC + SiO_2 \longrightarrow 3Si + 2CO$$

可以通过 $SiCl_4$ 和氢气的反应制备高纯硅。反应后需要把生成的硅进行分区精炼。

$$SiCl_4 + 2H_2 \longrightarrow Si + 4HCl$$

# 14.4 生物作用和危险性

硅在自然界中不以单质的形式存在，主要以氧化物和硅酸盐的形式出现。沙子、石英、无色水晶、紫水晶、玛瑙、燧石、碧玉和猫眼石都是（或其主要成分是）二氧化硅。花岗岩、角闪石、石棉、长石、黏土、云母是主要的几种硅酸盐矿。硅在地壳中的质量分数是 25.7%，居第二位。硅广泛分布于太阳和其他恒星中。硅也是陨石的主要成分。

对高等植物和哺乳动物来说，硅可能是一种必要元素。硅藻、某些原生动物、某些海绵和某些植物的细胞结构中含有二氧化硅（$SiO_2$）。已知小鸡和老鼠的成长和骨骼发育需要硅。

硅并无特别的毒性，但是硅酸盐或硅石的粉末会导致肺部病变。人体长期暴露在硅酸盐（如石棉）中会严重损害健康。

# 14.5 化学性质

（1）硅与空气的反应

硅块的表面有一层很薄的二氧化硅，这使得硅在一定程度上可以免于被继续氧化，在空气中甚至加热至 900℃时也是如此。而当超过这个温度之后，硅就同氧气反应生成二氧化硅。在大约 1400℃时，硅同氮气（$N_2$）反应（如果在空气中也会同时与氧气反应），生成氮化物 SiN 和 $Si_3N_4$。

$$Si(s) + O_2(g) \longrightarrow SiO_2(s)$$
$$2Si(s) + N_2(g) \longrightarrow 2SiN(s)$$
$$3Si(s) + 2N_2(g) \longrightarrow Si_3N_4(s)$$

（2）硅与水的反应

硅块的表面有一层很薄的二氧化硅，这使得硅较难与水发生反应。

（3）硅与卤素单质的反应

硅同所有的卤素单质的反应都很迅速，其反应产物是四卤化硅。硅与氟气（$F_2$）、氯气（$Cl_2$）、溴单质（$Br_2$）、碘单质（$I_2$）分别反应生成氟化硅（Ⅳ）（$SiF_4$）、氯化硅（Ⅳ）（$SiCl_4$）、溴化硅（Ⅳ）（$SiBr_4$）和碘化硅（Ⅳ）（$SiI_4$）。硅同氟的反应可以在室温下进行，但是其他的反应需要在超过 300℃时才能发生。

$$Si(s) + 2F_2(g) \longrightarrow SiF_4(g)$$
$$Si(s) + 2Cl_2(g) \longrightarrow SiCl_4(g)$$
$$Si(s) + 2Br_2(l) \longrightarrow SiBr_4(l)$$
$$Si(s) + 2I_2(l) \longrightarrow SiI_4(l)$$

（4）硅与酸的反应

在通常条件下，硅并不与绝大多数的酸发生反应。硅只溶解在氢氟酸（HF）

中，这显然是由 Si（Ⅳ）的氟配合物 $SiF_6^{2-}$ 的稳定性所导致的。

$$Si(s) + 6HF(aq) \longrightarrow SiF_6^{2-}(aq) + 2H^+(aq) + 2H_2(g)$$

（5）硅与碱的反应

硅同诸如氢氧化钠溶液等碱反应，生成硅酸盐。这种硅酸盐包含阴离子 $SiO_4^{4-}$，是高度复杂的物质。

$$Si(s) + 4OH^-(aq) \longrightarrow SiO_4^{4-}(aq) + 2H_2(g)$$

磷（phosphorus）是一种生命必需的元素，存在于神经组织、骨骼和细胞质中。磷有多种同素异形体，如白磷（或黄磷）、红磷等。白磷有两种形态，在通常状态下，白磷是一种蜡状白色固体，纯化后的白磷是无色透明的。白磷不溶于水，但可溶于二硫化碳。白磷在空气中会发生自燃，生成 $P_4O_{10}$。当暴露在阳光照射下或在隔绝空气加热到 250℃ 的情况下时，白磷会转化为红磷。红磷不会发生自燃，危险性也比白磷要低一些。红磷相当稳定，并可在 1 个标准大气压、417℃时升华。

# 15.1　发现史

1669 年，布兰德在尿液中发现了磷。其每个实验用了至少 50～60 桶尿液，并且花费了至少两个星期的时间才完成。

# 15.2　用途

- 用于制造安全火柴、烟花、燃烧弹、烟幕弹、曳光弹等。
- 肥料。
- 磷酸盐用于制造特种玻璃，如用于钠灯的灯罩。
- 骨灰（磷酸钙）可用于制造精美的陶瓷器，并可用来生产磷酸氢钙。磷酸氢钙可用于制造发酵粉。
- 磷是钢材、磷青铜和其他许多产品的重要原料。
- $Na_3PO_4$ 是重要的洗涤剂，可用作水软化剂，并防止管道结垢和腐蚀。
- 农药。

# 15.3 制备方法

磷非常易于实现工业生产，在实验室中通常无需制备它。一般来说，可以从尿液中萃取磷。但是，在工业上主要使用那些富含磷的磷酸盐矿作为生产它的原料。

生产时需要在电炉中与沙子和碳一起加热磷酸盐，这是一种高度能源密集型的生产方式。

$$2Ca_3(PO_4)_2 + 6SiO_2 + 10C \xrightarrow{1500℃} 6CaSiO_3 + 10CO + P_4$$

这个反应会产生中间产物"五氧化二磷"——$P_4O_{10}$。

$$2Ca_3(PO_4)_2 + 6SiO_2 \longrightarrow 6CaSiO_3 + P_4O_{10}$$

$$P_4O_{10} + 10C \longrightarrow 10CO + P_4$$

# 15.4 生物作用和危险性

在自然界中不存在磷的单质。但是磷广泛分布于多种矿物之中。磷酸盐矿（磷灰石，含有杂质的磷酸钙）是磷的重要来源。在摩洛哥、俄罗斯和美国都发现了大量的沉积磷酸盐矿。

磷是包括 DNA 和 RNA 在内的许多生物分子中的关键元素。它存在于骨骼、牙齿和其他很多生命所需的化合物中。

磷的单质有剧毒，白磷比红磷的毒性更大。缺乏保护的情况下，在白磷环境中工作的人们会慢性中毒，并导致下颚坏死（"磷颚"）。磷酸酯是神经毒剂，只能由有足够资质的化学家操作。相对而言，无机磷酸盐是无害的，而过度使用含磷肥料和清洁剂，会导致磷酸盐污染。

# 15.5 化学性质

（1）磷与空气的反应

暴露在潮湿空气中的白磷会在暗处发光。现在已知，这是一种化学发光（燃烧）过程。操作白磷时必须要非常小心。白磷在室温下就可以自燃，形成"五氧化二磷"——实际上则是十氧化四磷（$P_4O_{10}$）。

$$P_4(s) + 5O_2(g) \longrightarrow P_4O_{10}(s)$$

在精心控制的条件（75％$O_2$，25％$N_2$，50℃，90mmHg）下，会生成混合物，其中的部分产物是"三氧化二磷"——实际上则是六氧化四磷（$P_4O_6$）。

$$P_4(s) + 3O_2(g) \longrightarrow P_4O_6(s)$$

（2）磷与水的反应

暴露在潮湿空气中的白磷会在暗处发光。现在已知，这是一种化学发光（燃烧）过程。

（3）磷与卤素单质的反应

白磷（$P_4$）在室温下同所有的卤素单质的反应都很迅速，其反应产物是三卤化磷。磷与氟气（$F_2$）、氯气（$Cl_2$）、溴单质（$Br_2$）、碘单质（$I_2$）分别反应生成氟化磷（Ⅲ）（$PF_3$）、氯化磷（Ⅲ）（$PCl_3$）、溴化磷（Ⅲ）（$PBr_3$）和碘化磷（Ⅲ）（$PI_3$）与过量的氟气和氯气与磷反应可以生成五卤化物五氟化磷（$PF_5$）和五氯化磷（$PCl_5$）：

$$P_4(s) + 10F_2(g) \longrightarrow 4PF_5(s)$$
$$P_4(s) + 10Cl_2(g) \longrightarrow 4PCl_5(s)$$

溴和碘没有类似的反应。

$$P_4(s) + 6F_2(g) \longrightarrow 4PF_3(g)$$
$$P_4(s) + 6Cl_2(g) \longrightarrow 4PCl_3(l)$$
$$P_4(s) + 6Br_2(g) \longrightarrow 4PBr_3(l)$$
$$P_4(s) + 6I_2(g) \longrightarrow 4PI_3(s)$$

白磷（$P_4$）同碘（$I_2$）在二硫化碳（$CS_2$）中发生反应，可以生成碘化磷（Ⅱ）$P_2I_4$。在180℃时，红磷和碘（$I_2$）之间的反应也会生成相同的化合物。

$$P_4(s) + 4I_2(g) \longrightarrow 2P_2I_4(g)$$

（4）其他

磷不与稀的非氧化性酸和碱发生反应。

白磷能与稀硝酸发生反应：

$$3P_4 + 20HNO_3(稀) + 8H_2O \xrightarrow{\triangle} 12H_3PO_4 + 20NO\uparrow$$

硫是一种淡黄色、无味、易碎的固体。它不能溶解于水中，但可溶于二硫化碳。硫是生命体的必需元素，并少量存在于脂肪、体液和骨骼中。

在美式英语中，"硫"的拼写是"sulfur"，而"sulphur"常见于其他地区的拼写中。IUPAC推荐"sulfur"的拼写。

硫存在于陨石、火山、温泉等处。主要的硫矿包括方铅矿、石膏、泻盐和重晶石。在工业上，可以在美国墨西哥湾沿岸的"盐丘"开采硫。

木星的卫星"爱奥"的颜色源于不同形式的硫。这个卫星上靠近陨石坑"阿利斯塔克"的阴影部分可能是硫的沉积层。

使用二硫化碳、硫化氢和二氧化硫时应当十分谨慎。人体正常的代谢过程可以降解极低浓度的硫化氢，但是高浓度的硫化氢能够引起呼吸麻痹而导致迅速死亡；最危险的是，它能够使嗅觉迅速失灵。二氧化硫是一种危险的大气污染物，也是导致酸雨的原因之一。

# 16.1 发现史

硫在远古时代就被人们知晓而使用了。在西方，古代人们认为硫燃烧所形成的浓厚的烟和强烈的臭味能够驱除魔鬼，在古罗马，人们用硫燃烧产生的二氧化硫清扫消毒住屋或漂白布匹，在庞贝城的发掘中，发现一幅画，画中有一个盛有硫黄的铁盘，在铁盘的上面是悬吊物体的装置。我们的祖先首先把硫用来制造火药，火药是我国古代的四大发明之一，当时的火药是硫黄、硝石和木炭的混合物。

在1776年，法国化学家拉瓦锡首先确定了硫的不可分割性，认为它是一种元素。它的拉丁名称为sulphur，传说来自印度的梵文sulvere，原意为鲜黄色，它的英文名称为sulfur。

# 16.2 用途

大部分的硫被用于制造硫酸（$H_2SO_4$）。硫酸是世界上最重要的人造化学品之一。它有很多用途，如制造肥料和聚酰胺，还可用于制造电池（"电池酸"）。

硫黄是黑火药的成分之一，黑火药是一种硝酸钾、石墨和硫黄的混合物。硫黄可用于天然橡胶的高温硫化，也可用作真菌消毒剂或熏蒸剂。

含硫化合物可用于造纸。

# 16.3 制备方法

因为硫可以通过工业生产而获得，所以通常无需在实验室中制备它。在自然界中存在硫的单质，并可以通过弗拉施法萃取而得。这种方法很有意义，意味着可以在地下萃取而不用挖掘的方法就能开采硫。在弗拉施法中，用过热水或水蒸气（160℃、16atm，为的是把硫熔化）和压缩空气（25atm）把地下沉积的硫挤压到地面上，就可以得到熔化的硫。冷却后可以得到纯度为99.5％的硫。

这个方法需要消耗大量的能源。把它应用于工业化生产时，适用与否，需要依赖于特定的地质条件以及是否靠近廉价的水源和能源。

硫化氢（$H_2S$）是天然气中的一种重要杂质。在使用前，必须从天然气中去除它。具体办法是，先通过一个吸收和再生的过程富集，再用诸如 $Al_2O_3$ 或 $Fe_2O_3$ 之类的多孔性催化剂来催化氧化（克劳斯法）。

$$8H_2S+4O_2 \longrightarrow S_8+8H_2O$$

多年以来，经过不断改进，克劳斯法的收率已达到了 98%。

在实验室中，硫可以通过在二硫化碳（$CS_2$）中重结晶而纯化。但是这样得到的晶体会被所溶解的 $H_2S$ 和 $SO_2$ 污染。更好的纯化方法是把液态的硫浸入石英加热器（700℃）。其中的碳杂质转化为挥发性的石墨，并在加热器的表面凝结。一周左右之后，再进行真空蒸馏。这样得到的硫，其中含有大约 9μg/kg 的碳杂质。

# 16.4　生物作用和危险性

硫以单质的形式存在于火山和温泉附近。现已知硫有多种硫化物矿物。硫广泛分布于黄铁矿、方铅矿、闪锌矿、辰砂、辉锑矿、石膏、泻盐、天青石和重晶石等多种矿物中。硫也存在于天然气和原油中，在陨石中也含有硫。

硫是生命体的必需元素，并少量存在于脂肪、体液和骨骼中。硫是多数蛋白质的关键元素，氨基酸甲硫氨酸和巯基丙氨酸中就含有它。S—S 交互键对测定蛋白质的三级结构有重大意义。有些细菌在光合作用中，可用硫化氢（$H_2S$）替代水。人体正常的代谢过程可以降解极低浓度的硫化氢，但是高浓度的硫化氢能够引起呼吸麻痹而导致迅速死亡；最危险的是，它能够使嗅觉迅速失灵，这意味着受害人察觉不到它的存在，所以它的毒性比氰化物更大。值得注意的是，硫酸（$H_2SO_4$）出现在海鞘的消化液中。

硫单质一般来说是无毒的，但是它对很多细菌和真菌有剧毒。硫粉会刺激人体的眼睛和眼睑。

使用二硫化碳、硫化氢和二氧化硫时应当十分谨慎。二氧化硫是一种危险的大气污染物，也是导致酸雨的原因之一。

二硫化碳（$CS_2$）是一种重要的工业溶剂。因为二硫化碳有毒，所以操作时应当十分谨慎。二硫化碳可以很容易地透过皮肤或通过呼吸进入而人体，这会损伤中枢神经系统。

# 16.5　化学性质

（1）硫与空气的反应

硫可以在空气中燃烧，生成二氧化硫（$SO_2$）气体。

$$S_8(s)+8O_2(g) \longrightarrow 8SO_2(g)$$

（2）硫与卤素单质的反应

在加热时，硫可以与所有的卤素单质发生反应。

硫与氟气反应时会发生燃烧，生成六氟化物氟化硫（Ⅵ）。

$$S_8(s)+24F_2(g) \longrightarrow 8SF_6(l)（橙色）$$

液态硫与氯气反应生成有明显刺激性气味的二氯化二硫（$S_2Cl_2$）。在氯气过量

和使用如 $FeCl_3$、$SnI_4$ 等催化剂时，可以生成一种平衡混合物。其中包含红色的氯化硫（Ⅱ）（$SCl_2$）和二氯化二硫（$S_2Cl_2$）。

$$S_8 + 4Cl_2 \longrightarrow 4S_2Cl_2(l)（橙色）$$

$$S_2Cl_2(l) + Cl_2 \Longleftrightarrow 2SCl_2(l)（暗红色）$$

（3）硫与碱的反应

硫可与氢氧化钾（KOH）的热溶液反应，生成硫化钾和硫代硫酸钾。

$$S_8(s) + 6KOH(aq) \longrightarrow 2K_2S_3 + K_2S_2O_3 + 3H_2O(l)$$

（4）硫与酸的反应

硫不与水和非氧化性酸发生反应。

硫与热的硝酸和浓硫酸发生反应，可以被氧化成硫酸和二氧化硫。

$$S + 6HNO_3（浓）\xrightarrow{\triangle} H_2SO_4 + 6NO_2\uparrow + 2H_2O$$

$$S + 2H_2SO_4 \xrightarrow{\triangle} 3SO_2\uparrow + 2H_2O$$

# 16.6　硫的同素异形体

见图 16-1。

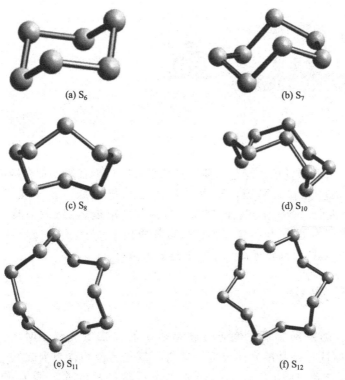

(a) $S_6$

(b) $S_7$

(c) $S_8$

(d) $S_{10}$

(e) $S_{11}$

(f) $S_{12}$

图 16-1

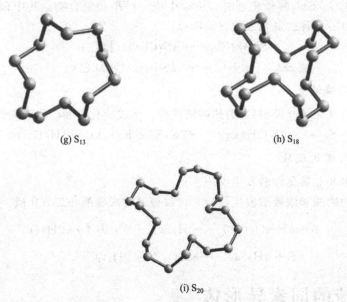

(g) S₁₃                                          (h) S₁₈

(i) S₂₀

图 16-1    硫的同素异形体

氯气是一种刺激性的黄绿色气体。氯几乎可以与所有的元素直接化合。氯气会刺激呼吸道，它会刺激黏膜，产生的液体会灼烧皮肤。即使氯气的浓度只有 $3.5mL/m^3$，人们也会察觉到它的气味。当氯气的浓度达到 $0.1\%$ 时，几次深呼吸就可能会致死。在 1915 年，氯气被用作毒气应用于战争。在自然界中不存在氯的单质，但是以 NaCl（固体或海水中）的形式大量存在。

## 17.1    发现史

1774 年舍勒发现了氯，他通过软锰矿矿石（二氧化锰，$MnO_2$）和氢氯酸（HCl，当时被认为是盐酸）的反应，获得了氯气。舍勒认为生成的气体中应该含有氧。戴维爵士在 1810 年提出、并证实了氯是一种元素，同时也命名了这种元素。

## 17.2　用途

· 在全世界范围内，氯气可用于生产安全的饮用水。现在即使是最小的自来水系统，也通常是用氯气消毒的。

· 广泛应用于造纸、染料、纺织、石化、制药、防腐剂、杀虫剂、溶剂、油漆、食品、塑料和其他许多消费品的生产。

· 大部分氯气用于制造含氯洗涤剂、消毒剂及用于纸浆漂白和纺织加工。

· 制造氯酸盐、氯仿和四氯化碳。

· 提取溴。

· 聚氯乙烯（PVC）管用于输送生活用水。

## 17.3　制备方法

氯气可以进行工业化生产，并装在储气罐中，所以在实验室中很少制备它。海水中含有大量氯化钠，氯的储量很大。通过电解，可以从食盐水中获得活泼的、具有腐蚀性的黄绿色氯气。当所需的另一种产品是金属钠而不是氢氧化钠的时候，也可以电解熔融的 NaCl。

$$Na^+ + Cl^- + H_2O \longrightarrow Na^+ + \frac{1}{2}Cl_2 + \frac{1}{2}H_2 + OH^-$$

在实验室中，可以在严格控制的条件下，通过使用二氧化锰（$MnO_2$）等氧化剂氧化浓盐酸来制备氯气。1774 年，舍勒发现氯气的时候，就是用的这个反应。

$$MnO_2 + 4HCl \longrightarrow MnCl_2 + Cl_2 \uparrow + 2H_2O$$

## 17.4　生物作用和危险性

在自然界中不存在游离的氯气。氯主要以石盐（食盐、岩盐，NaCl）、光卤石（$KMgCl_3 \cdot 6H_2O$）和钾盐（KCl）的形式出现。

以氯化物（$Cl^-$）的形式存在的氯，对哺乳动物和植物是必需的。胃液中包含氢氯酸（HCl）。

氯气具有的很强的氧化性，这使得它有剧毒。极低浓度的氯气就可以灼伤眼睛、喉咙和肺，使人感到十分痛苦。相对而言，氯化物是无此类危害的。

## 17.5　化学性质

（1）氯气与空气的反应

虽然存在氯的氧化物，但氯气（$Cl_2$）与氧气（$O_2$）或氮气（$N_2$）不发生反应。

（2）氯气与水的反应

氯气同水发生反应，生成次氯酸盐。反应的平衡点受溶液的 pH 值的影响很大。

$$Cl_2(g) + H_2O(l) \rightleftharpoons HClO(aq) + H^+(aq) + Cl^-(aq)$$

次氯酸属于弱酸，在中性或酸性环境中，应该以游离酸 HClO 的形式存在。在碱性环境中，次氯酸被中和，所以平衡会向右边移动。

（3）氯气与卤素单质的反应

氟气（$F_2$）同氯气（$Cl_2$）在 225℃时发生反应，生成卤素间化合物 ClF。这个反应中，也会生成三氟化物氟化氯（Ⅲ），但反应不完全。

$$Cl_2(g) + F_2(g) \longrightarrow 2ClF(g)$$
$$Cl_2(g) + 3F_2(g) \longrightarrow 2ClF_3(g)$$

在更加剧烈的条件下，过量的氟气会与氯气（$Cl_2$）在 350℃和 225atm 下反应，生成卤素间化合物 $ClF_5$。

$$Cl_2(g) + 5F_2(g) \longrightarrow 2ClF_5(g)$$

在气相中，氯气同溴单质反应可以形成卤素间化合物 ClBr。

$$Cl_2(g) + Br_2(g) \longrightarrow 2ClBr(g)$$

在室温下，氯气同碘单质发生相似的反应，形成卤素间化合物 ICl。

$$Cl_2(g) + I_2(g) \longrightarrow 2ICl(s)$$

（4）氯与酸的反应

氯气不与酸反生反应。

（5）氯与碱的反应

氯气同热的碱溶液反应，生成氯酸盐。在这个反应中，只有占总数 1/6 的氯转化为氯酸盐。

$$3Cl_2(g) + 6OH^-(aq) \longrightarrow ClO_3^-(aq) + 5Cl^-(aq) + 3H_2O(l)$$

氩气是一种无色无味的气体。在大气中含有少量的氩。氩是一种稀有气体，性质非常不活泼。人们目前尚未发现一种真正的含氩化合物。氩气的密度比空气大，并且性质比氮气更不活泼，所以在处理那些对空气敏感的材料时，氩气是一种很好的保护性气体。氩的元素符号曾是"A"，但后于 1957 年改为现在的"Ar"。

# 18.1 发现史

拉姆赛爵士和瑞利勋爵在 1894 年发现了氩。他们从洁净空气中分离了氮气、氧气、二氧化碳和水之后，分析了所得的残余气体，并得到了氩气。其实在空气中含有不到 1% 的氩气。火星的大气中包含不到 2% 的氩。通过识别光谱中红色末端区域中的特征谱线，确认了氩的存在。

# 18.2 用途

- 用于电灯泡和 3mmHg 压力的荧光管、显像管、辉光管。
- 用于电弧焊和气割焰的保护性气体。
- 用作生产钛和其他活泼金属的保护气体。
- 硅和锗晶体生长的保护气。
- 激光、灯泡、发光管、切割时和其他物质的保护气体。

# 18.3 制备方法

在大气中含有少量的氩。氩是液化和分离空气的副产品。可以买到高压封装在圆柱形储气罐中的氩气，所以在实验室中通常无需制备氩气。

# 18.4 生物作用和危险性

在地球空气中含有不到 1% 的氩气。

氩没有生物作用。氩气是无毒的，但是一般来说，它可以通过使人与氧气隔绝而窒息。

# 18.5 化学性质

（1）氩气与空气的反应

即使在极端条件下，氩气也不与空气反应。

（2）氩气与水的反应

氩气不与水发生反应。在 293K 和 1 个标准大气压下，氩气在水中的溶解度是 $33.6cm^3/kg$。

（3）其他

氩气不与任何一种卤素、酸和碱反应。

钾是一种金属元素，在地壳中的丰度排名第七。在地球的地壳中，钾的质量含量大约是1.5％。绝大多数的土壤中都含有钾。钾是植物生长所必需的元素，也是人类饮食中的必需元素。

在自然界中不存在游离态的钾单质。通过电解钾的氯化物或氢氧化物可以得到金属钾，这与戴维发现钾的方法基本相同。钾是一种反应活性极高和电负性极低的金属，也是除锂以外，目前已知的密度最小的金属。金属钾的新切面是银白色的。

在空气中，钾会迅速氧化。所以必须在氩气或稳定的矿物油中保存。像所有其他碱金属一样，钾与水发生反应，并生成氢气，在这个反应过程中经常会着火。在焰色反应中，钾和它的盐类会呈现淡紫色。

## 19.1　发现史

直到18世纪，化学家们才发现"植物碱"（$K_2CO_3$、碳酸钾，从地层的沉积物中获得）和"矿物碱"（$Na_2CO_3$、碳酸钠，从燃烧木材的灰烬中获得）是两种不同的物质。人们在发现了这个差别之后，才分清了钾和钠之间的区别。

然而，在钾被确认为一种元素之前，碳酸钾就已经用于与动物脂肪混合、制造肥皂了。把木材灰烬用水浸泡，然后煮沸浓缩，就可以得到碳酸钾。这也是钾盐被称作"草木灰"的原因。

在1807年，戴维爵士分离出了钾。他的方法是电解非常干燥的苛性钾（KOH，氢氧化钾）熔融物，并在阴极收集到钾。钾是第一种通过电解而分离的金属。在同年的晚些时候，戴维用相似的方法得到了钠。

## 19.2　用途

• 超氧化物$KO_2$可以用于供氧系统。超氧化钾与呼吸气体中的水和二氧化碳发生反应，生成氧气：

$$4KO_2 + 2H_2O + 4CO_2 \longrightarrow 4KHCO_3 + 3O_2$$

• 钠钾合金（NaK）用作核反应装置的传热介质。在室温下，这种合金是液态的。在化学实验中，它是一种很好的还原剂。

- 可用作肥料——一般是钾的氯化物、硫酸盐、硝酸盐或碳酸盐。
- 硝酸钾（$KNO_3$）和氯酸钾（$KClO_3$）可用于火药。
- 溴化钾（KBr）曾用作镇欲剂。
- 高锰酸钾（$KMnO_4$）是一种重要的氧化剂。
- 低钠盐。
- 氢氧化钾可用于制造磷酸钾。磷酸钾则用于制造液体清洁剂。

# 19.3　制备方法

因为钾非常易于实现工业化生产，在实验室中通常并不需要制备它。给电负性很低的钾离子（$K^+$）增加一个电子是十分困难的，所以，所有分离钾的方法都需要经过电解。

通过电解熔融氯化钾（KCl）而得到的金属钾，一经生成就会溶解在熔融盐中。所以钾不能像预想的那样，通过与钠类似的方法生产。

阴极：$K^+(l) + e^- \longrightarrow K(l)$

阳极：$Cl^-(l) \longrightarrow \frac{1}{2}Cl_2(g) + e^-$

因此，金属钾的制备方法改为用金属钠和熔融氯化钾在 850℃ 发生的反应。

$$Na + KCl \underset{850℃}{\rightleftharpoons} K + NaCl$$

这是一个可逆反应。在这个环境中，钾具有很高的挥发性，能够从反应体系中分离出来，使得反应可以继续进行下去。这样生产出来的钾，其中杂质钠的含量很少。

# 19.4　生物作用和危险性

金属钾的反应活性很高。在自然界中不存在它的单质。钾在自然界（地球）有很高的丰度，以质量计大约是 1.5%。钾大量以苛性钾（KOH）的形式存在。在德国、美国和其他很多地方都有钾矿。在古代湖床和海床中分布有很多氯化钾（KCl）矿、光卤石（$KMgCl_3$）和无水钾镁矾等钾矿。加拿大萨斯喀彻温省大约有 100 亿吨的氯化钾储量。地球海水中含有钾，但其含量远少于钠。

钾是动植物的必需元素。钾离子是细胞内液的主要阳离子（钠离子则是细胞外液的主要阳离子）。钾对神经和心脏功能会起到关键作用。人类每天应该食用一定数量的蔬菜，以满足人体对钾的需求。

金属钾的主要危险是火险，当它与水接触时会着火。如不慎摄入过量钾盐时，可通过呕吐的方式排出体外，避免中毒。

# 19.5　化学性质

（1）钾与空气的反应

金属钾质软，可以用一把小刀很轻易地切割钾。金属钾的新鲜切面有光泽，但是随后不久就会与空气中的氧气以及水蒸气反应而失去光泽。钾在空气中燃烧，所得的产物主要是橘黄色的超氧化钾（$KO_2$）。

$$K(s) + O_2(g) \longrightarrow KO_2(s)$$

（2）钾与水的反应

金属钾与水迅速反应，生成氢氧化钾（KOH）的无色碱性溶液和氢气。因为氢氧化钾的溶解，所得的溶液是碱性的。反应是放热的，在反应过程中，金属钾会变得很热，以至于会导致火灾，并以特征的淡紫色火焰燃烧。钾与水的反应要慢于铷（在元素周期表中紧靠在钾的下面）的相应反应；但是要快于钠（在元素周期表中紧靠在钾的上面）的相应反应。

$$2K(s) + 2H_2O(l) \longrightarrow 2KOH(aq) + H_2(g)$$

（3）钾与卤素单质的反应

金属钾同所有的卤素单质都剧烈反应，生成卤化钾。钾同氟气（$F_2$）、氯气（$Cl_2$）、溴单质（$Br_2$）和碘单质（$I_2$）反应，分别生成氟化钾（Ⅰ）（KF）、氯化钾（Ⅰ）（KCl）、溴化钾（Ⅰ）（KBr）和碘化钾（Ⅰ）（KI）。

$$2K(s) + F_2(g) \longrightarrow 2KF(s)$$
$$2K(s) + Cl_2(g) \longrightarrow 2KCl(s)$$
$$2K(s) + Br_2(g) \longrightarrow 2KBr(s)$$
$$2K(s) + I_2(g) \longrightarrow 2KI(s)$$

（4）钾与酸的反应

金属钾能迅速溶解在稀硫酸中，生成氢气和含有钾（Ⅰ）离子的水溶液。

$$2K(s) + 2H^+(aq) \longrightarrow 2K^+(aq) + H_2(g)$$

（5）钾与碱的反应

金属钾与碱的反应，其实就是钾与碱溶液中水的反应 [同上（2）]。随着反应的进行，氢氧化钾的浓度会持续增加。

$$2K(s) + 2H_2O \longrightarrow 2KOH(aq) + H_2(g)$$

**20　钙**

金属钙是银白色的，而且有点硬。在树叶、骨骼、牙齿和贝壳中，钙都是必不可少的成分。钙在地球地壳中的丰度排名第五，大约是 3%。在自然界中并不存在游离的钙单质，而主要以石灰石、石膏和萤石等形式存在。石笋和钟乳石的主要成分是碳酸钙。

在化学上，它是一种碱土金属元素，即元素周期表上的左起第二列。金属钙的反应活性相当高。在空气中，钙的表面会生成一层白色的氮化物。钙与水反应时，会产生黄色或红色的火焰，并生成大量的氮化物。

# 20.1 发现史

罗马人在公元 1 世纪就已发现了钙的一些化合物，如石灰（CaO，氧化钙）。当时罗马人把石灰称作 "calx"。公元 975 年前后的文献提到，熟石膏（硫酸钙、$CaSO_4$，亦即脱水石膏）可用于固定骨折后的骨头。人们在古代便已发现并利用的钙化合物还有石灰石（$CaCO_3$，碳酸钙）等。

钙的单质是在 1808 年分离出来的。首先贝里采乌斯和庞丁在水银中电解石灰得到了钙汞齐。随后戴维爵士通过电解石灰和氧化汞（HgO）的混合物而得到了纯净的金属钙。直到 20 世纪初，才实现了金属钙的大批量生产。

# 20.2 用途

- 钛、铀、锆等金属生产过程中的还原剂。
- 多种合金的脱氧、脱硫或脱碳。
- 钙与铝、铍、铜、铅或镁等金属的合金，有很多有价值的性质。
- 真空管等装置残余气体的吸收剂。
- 加热石灰石（$CaCO_3$）可以得到生石灰（CaO）。在水的作用下，它可以转变为熟石灰 [$Ca(OH)_2$]。熟石灰是一种在化工领域有很多用途的廉价碱。
- 普通水泥含有的钙来自石灰石。与砂子混合之后，石灰石会吸收空气中的二氧化碳，并变得像白和塑料一样硬。
- 碳酸钙可溶于含有二氧化碳的水中。这是形成钟乳石和石笋（乔治）的原因，也是硬水产生的原因。

# 20.3 制备方法

金属钙可以实现工业化生产，因此在实验室中通常无需制备它。工业上，金属钙可以通过电解熔融的氯化钙（$CaCl_2$）来生产。

阴极：$Ca^{2+}(l) + 2e^- \longrightarrow Ca$

阳极：$Cl^-(l) \longrightarrow \frac{1}{2}Cl_2(g) + e^-$

氯化钙可通过盐酸与碳酸钙的反应而得。氯化钙也是索尔维法的副产品，这是以前生产碳酸钠的方法。

$$CaCO_3 + 2HCl \longrightarrow CaCl_2 + H_2O + CO_2\uparrow$$

此外还有另一种制备钙的途径，就是用铝还原氧化钙（CaO），或用金属钠还原氯化钙（$CaCl_2$）。这种方法一般用于少量制备。

$$6CaO + 2Al \longrightarrow 3Ca + Ca_3Al_2O_6$$
$$CaCl_2 + 2Na \longrightarrow Ca + 2NaCl$$

# 20.4　生物作用和危险性

在自然界中并不存在游离态的钙单质。钙在地球地壳中的丰度排名第五，大约占 3%。它主要以石灰石（$CaCO_3$）、石膏（$CaSO_4 \cdot 2H_2O$）和萤石（$CaF_2$）的形式存在。磷灰石是氟磷酸钙或氯磷酸钙。

钙是生命体的必需元素。它是组成植物细胞壁和动物骨骼的部分成分，也在血液凝结中起着重要的作用。

金属钙会引起火灾，但是它的盐类的毒性一般相对较低。

# 20.5　化学性质

（1）钙与空气的反应

钙是一种银白色金属。金属钙的表面覆盖了一层很薄的氧化物，这使得钙可以免受空气的进一步侵蚀。钙的这层氧化物比镁的相似保护层薄很多。在空气中点燃金属钙会发生燃烧，并生成氧化钙（CaO）和氮化钙（$Ca_3N_2$）的混合物。氧化钙一般是通过加热碳酸钙来制备的。钙在元素周期表中紧靠在镁的下边，在空气中比镁有更大的反应活性。

$$2Ca(s) + O_2(g) \longrightarrow 2CaO(s)$$
$$3Ca(s) + N_2(g) \longrightarrow Ca_3N_2(s)$$

（2）钙与水的反应

钙会与水缓慢地反应，这与在元素周期表中紧靠在钙上面的镁不同，后者实际上不与冷水发生反应。这个反应生成氢氧化钙［$Ca(OH)_2$］和氢气。将金属钙投入水中，金属钙会在水中下沉，大约 1h 之后，会明显出现附着在金属表面的氢气气泡。

$$Ca(s) + 2H_2O(g) \longrightarrow Ca(OH)_2(aq) + H_2(g)$$

（3）钙与卤素单质的反应

金属钙同卤素单质氟气（$F_2$）、氯气（$Cl_2$）、溴单质（$Br_2$）和碘单质（$I_2$）剧烈反应，分别生成二卤化物氟化钙（Ⅱ）($CaF_2$)、氯化钙（Ⅱ）($CaCl_2$)、溴化钙（Ⅱ）($CaBr_2$) 和碘化钙（Ⅱ）($CaI_2$)。同溴和碘的反应需要加热，以确保能够生成产物。

$$Ca(s) + F_2(g) \longrightarrow CaF_2(s)$$

$$Ca(s) + Cl_2(g) \longrightarrow CaCl_2(s)$$

$$Ca(s) + Br_2(g) \xrightarrow{\triangle} CaBr_2(s)$$

$$Ca(s) + I_2(g) \xrightarrow{\triangle} CaI_2(s)$$

（4）钙与酸的反应

金属钙能迅速溶解在稀盐酸中，生成氢气和包含钙（Ⅱ）离子的水溶液。

$$Ca(s) + 2H^+(aq) \longrightarrow Ca^{2+}(aq) + H_2(g)$$

（5）钙与碱的反应

钙不与碱发生反应。

钪是一种银白色金属。暴露在空气中的钪会略带一点儿淡黄色或淡粉色。钪的质地比较软。和铝和钛相比，钪与钇及其他稀土元素金属更为相似。钪能迅速地与多种酸发生反应。

在太阳和某些行星上，钪的丰度显然要比在地球上要高得多。

# 21.1 发现史

1871 年，门捷列夫预言，应该存在一种性质类似硼的元素，并把它命名为"类硼"（符号"Eb"）。钪是斯堪的纳维亚人尼尔森于 1876 年在黑稀金矿和硅铍钇矿中发现的。这两种矿藏在除了斯堪的纳维亚以外的其他任何地方都没有发现过。通过处理 10kg 的黑稀金矿和其他稀土矿物的残渣，尼尔森得到了 2g 高纯度的氧化钪（$Sc_2O_3$）。

# 21.2 用途

· 原油分析的同位素示踪剂。

· 在水银荧光灯中添加碘化钪，可以生产节能日光灯，可以发出类似日光的光。这对室内或夜间彩色电视的转播非常重要。

• 钪是一种用来制造棒球球棒合金的重要成分。幸运的是，在丹尼斯·莉莉试图使用金属棒球球棒之后，这种球棒被禁止使用了。

# 21.3 制备方法

金属钪可以实现工业化生产，因此在实验室通常无需制备它。实际上，工业中只会生产很少的钪。钪钇石矿中含 $35\%\sim40\%$ 的 $Sc_2O_3$，可用于生产金属钪。虽然处理铀矿所得的副产品中只含有 $0.02\%$ 的 $Sc_2O_3$，但它也仍然是一种重要的钪矿。

# 21.4 生物作用和危险性

在自然界中不存在钪的单质。在太阳和某些行星上，钪的丰度显然要比在地球上的高得多。虽然钪广泛地分布于近千种矿物中，但是其中的钪量含量都很少。一般认为，钪是使绿宝石（绿玉的变种）显示蓝色的原因。大多数的钪都是从钪钇石或生产铀的副产品中提炼的。

钪没有生物作用。

金属钪的粉末可能会引起火灾。大多数人很少会遇到钪的化合物。几乎所有的含钪化合物都是有毒物和致癌物。

# 21.5 化学性质

(1) 钪与空气的反应

金属钪在空气中会失去光泽，点燃后会迅速燃烧生成氧化钪（$Sc_2O_3$）。

$$4Sc + 3O_2 \longrightarrow 2Sc_2O_3$$

(2) 钪与水的反应

钪粉或加热后的钪可以溶解在水中，形成含有钪（Ⅲ）离子的水溶液和氢气（$H_2$）。

$$2Sc(s) + 6H_2O(aq) \longrightarrow 2Sc(OH)_3(s) + 3H_2(g)$$

常温下的氢氧化钪在水中是难溶物。一般情况下，当氢氧化钪附着在金属表面后，反应会停止。

(3) 钪与卤素单质的反应

金属钪与卤素单质剧烈反应，形成卤化钪。钪与氟气（$F_2$）、氯气（$Cl_2$）、溴单质（$Br_2$）、碘单质（$I_2$）分别反应，生成三卤化物氟化钪（Ⅲ）（$ScF_3$）、氯化钪（Ⅲ）（$ScCl_3$）、溴化钪（Ⅲ）（$ScBr_3$）和碘化钪（Ⅲ）（$ScI_3$）。

$$2Sc(s) + 3F_2(g) \longrightarrow 2ScF_3(s)$$
$$2Sc(s) + 3Cl_2(g) \longrightarrow 2ScCl_3(s)$$
$$2Sc(s) + 3Br_2(l) \longrightarrow 2ScBr_3(s)$$

$$2Sc(s) + 3I_2(s) \longrightarrow 2ScI_3(s)$$

（4）钪与酸的反应

金属钪可以迅速溶于稀盐酸中，形成包含钪（Ⅲ）离子的水溶液和氢气（$H_2$）。

$$2Sc(s) + 6H^+(aq) \longrightarrow 2Sc^{3+}(aq) + 3H_2(g)$$

（5）钪与碱的反应

钪不与碱发生反应。

纯净的金属钛是一种有金属光泽的白色金属。钛是一种非常常见的元素，这种金属的密度低、强度高、易于锻造，并具有极好的抗腐蚀能力。金属钛可以在空气中燃烧，并且是唯一能在氮气中燃烧的金属单质。它是极佳的火药原料。

钛可以抵抗稀硫酸、稀盐酸、大多数有机酸、潮湿的氯气和氯化物溶液的侵蚀。一般认为，金属钛没有生理作用。

在陨石和太阳上都有钛的存在。一些月球岩石中富含二氧化钛。在 M 型恒星的光谱中，有非常明显的钛氧化物的波段。

## 22.1 发现史

钛是由格雷格牧师在 1791 年发现的。格雷格对矿物很感兴趣。他在钛铁矿[英文名称"menachanite"，由英格兰康沃尔的米纳肯（Menaccan）教区而来]中发现了一种新元素，这种元素就是现在所说的"钛"。若干年后，德国化学家克拉普罗斯通过还原金红石矿重新发现了这种元素。

直到 1910 年，亨特才获得了纯净的金属钛。他使用的方法是在钢制反应釜中把金属钠和四氯化钛共热到 700~800℃。

## 22.2 用途

金属钛可与铝、钼、锰、铁和其他金属形成合金。钛的这些合金主要用于航空和航天工业，如制造飞机、飞船机身和发动机。这些部件需要轻质材料，并且能够耐受极端的高温。钛的强度大约是铝的两倍，与钢相当，但是要轻得多，并且几乎能像铂一样抗腐蚀。

钛是制造人造关节的材料之一。这些人造关节包括髋关节和牙槽。其使用寿命可以达到大约 20 年。钛可用于安装假牙，这是因为它有一种很特殊的性能，能够与"骨骼结合"。这或许是通过金属钛表面的钛氧化物层实现的。虽然这种移植的费用并不便宜，但却可以使用 30 年。

钛在海水中有很好的抗腐蚀性能。因此钛被用来制造传动设备（传动轴）和船上其他浸泡在海水中的部件。覆盖一层铂的钛阳极可以保护阴极免受海水的侵蚀。钛涂层是极好的红外线反射体，广泛应用于太阳观测站。在这些观测站中，温度升高会破坏所需的观测条件。

纯净的二氧化钛十分透明，并且具有极高的折射率和比金刚石更高的光色散能力。人工合成的二氧化钛可作宝石，但是它的质地相对较软。二氧化钛使蓝宝石和红宝石产生了闪耀的光芒。二氧化钛因其持久性和良好的附着能力，被广泛应用于油漆。从数量上来说，钛氧化物涂料是这种元素最大的用途。

钛的弹性极大、质轻、抗腐蚀，并且无磁性。这使得它具有了一些新的用途，如用于保存纸钞和信用卡的钱夹（因为钛没有磁性，它对信用卡的磁条不会产生影响）。

钛的表面一般会附着上一层很薄的氧化物。通过阳极电镀可以使这层氧化物变厚。控制氧化物的厚度，就可以控制所得产品的颜色。

尽管钛的加工很困难，但因为它的过敏性很低，并且不会使损伤皮肤（变色），所以也被用于制造珠宝（钛戒指和耳环）。

# 22.3 制备方法

金属钛易于实现工业化生产，因此在实验室中通常无需制备钛。用碳还原钛的矿物，会生成难于处理的碳化物，所以在工业上，一般不使用这种方法。工业上大量生产钛的方法是克洛尔法：首先用氯气和碳作用于钛铁矿（$TiFeO_3$）或金红石（$TiO_2$）来生产金属钛。然后通过蒸馏，将所得到的四氯化钛（$TiCl_4$）同三氯化铁（$FeCl_3$）分离。最后，用金属镁（$Mg$）还原四氯化钛，得到金属钛。生产过程中应该排除空气，以避免钛同氧气或氮气发生反应，生成杂质。

$$2TiFeO_3 + 7Cl_2 + 6C \xrightarrow{900℃} 2TiCl_4 + 2FeCl_3 + 6CO$$

$$TiCl_4 + 2Mg \xrightarrow{1100℃} 2MgCl_2 + Ti$$

用水和盐酸可以从产物中除去过量的镁和生成的二氯化镁，得到"海绵状"的钛。在氦气或氩气气氛下熔融，可以得到能用于锻造的钛，如钛棒。

# 22.4 生物作用和危险性

在自然界中不存在钛的单质。钛在地球地壳中的丰度排名第九。钛多出现在火成岩及其沉积物中。在金红石（$TiO_2$）、钛铁矿（$TiFeO_3$）和榍石等矿物中都含有钛。钛酸盐和许多铁矿石中也含有钛。钛矿沉积于北美洲、澳大利亚洲、斯堪的纳维亚半岛和马来西亚。钛往往富集在含硅的矿物中。

陨石中含有钛。现已在太阳中发现了钛的存在。一些月球岩石中富含二氧化钛。在 M 型恒星的光谱中，钛氧化物的波段非常明显。

钛没有生物作用，金属钛被认为是低过敏性的。

金属钛的粉末可能会引起火灾，但是钛的盐类一般是无毒的。一般认为 $TiCl_3$ 和 $TiCl_4$ 等化合物有腐蚀性。

# 22.5　化学性质

（1）钛与空气的反应

金属钛的表面附着有一层氧化物，这使得它通常并不活泼。但是钛一旦在空气中开始燃烧，就会发出极为明亮的白色火焰，生成二氧化钛（$TiO_2$）和氮化钛（$TiN$）。金属钛甚至可以在纯净的氮气中燃烧生成氮化钛。

$$Ti(s) + O_2(g) \longrightarrow TiO_2(s)$$
$$2Ti(s) + N_2(g) \longrightarrow 2TiN(s)$$

（2）钛与水的反应

金属钛的表面附着有一层氧化物，这使得它通常并不活泼。但是金属钛会与水蒸气发生反应而生成氧化钛（Ⅳ）($TiO_2$) 和氢气（$H_2$）。

$$Ti(s) + 2H_2O(g) \longrightarrow TiO_2(s) + 2H_2(g)$$

（3）钛与卤素单质的反应

钛在加热时会与卤素单质发生反应，并生成卤化钛（Ⅳ）。与氟的反应大约发生于 200℃。钛与氟气（$F_2$）、氯气（$Cl_2$）、溴单质（$Br_2$）、碘单质（$I_2$）反应分别生成氟化钛（Ⅳ）($TiF_4$)、氯化钛（Ⅳ）($TiCl_4$)、溴化钛（Ⅳ）($TiBr_4$）和碘化钛（Ⅳ）($TiI_4$)。

$$Ti(s) + 2F_2(g) \longrightarrow TiF_4(s，白色)$$
$$Ti(s) + 2Cl_2(g) \longrightarrow TiCl_4(l，无色)$$
$$Ti(s) + 2Br_2(l) \longrightarrow TiBr_4(s，橙色)$$
$$Ti(s) + 2I_2(l) \longrightarrow TiI_4(s，茶色)$$

（4）钛与酸的反应

稀的氢氟酸水溶液与钛反应生成络合离子 $TiF_6^{3-}$ 和氢气（$H_2$）：

$$2Ti(s) + 12HF(aq) \longrightarrow 2TiF_6^{3-}(aq) + 3H_2(g) + 6H^+(aq)$$

金属钛不能在室温下与无机酸发生反应，但是能与热的盐酸反应生成钛（Ⅲ）的配合物。

（5）钛与碱的反应

在通常条件下，即使加热，钛也不会与碱发生反应。

纯净的钒是一种质地柔软、有延展性的银灰色金属。钒可以不被碱、硫酸、盐酸和盐水腐蚀。钒在 660℃ 以上可以迅速被氧化，生成 $V_2O_5$。在工业上，钒大多用作添加剂，以提高钢铁的性能。

## 23.1　发现史

钒的发现发生过"两次"。1803 年，西班牙矿物学家德·里欧首先声称在墨西哥城发现了钒。他从含有"褐铅"的原料中获得了相当数量的盐。这些"褐铅"产自墨西哥北部的伊达尔戈的矿井，现被称为钒铅矿。他发现这种元素所呈现的颜色使他想起了铬的颜色，故把这种元素称为"泛铬"（panchromium）。这里"泛"是"可以获得或呈现某种颜色"的意思。他随后发现该元素的大多数盐类在加热后都会变成红色，于是又把这种元素的名称改为"erythronium"，含义是"红色"。当法国人迪索提斯提出异议后，他收回了他的声明。然而仅仅过了 30 年之后，里欧的工作就被证明其实是正确的。

瑞典化学家塞弗斯托姆在 1831 年研究一些铁矿石时，分离出了一种新的氧化物。他为了纪念北欧日耳曼部落的美丽女神范娜蒂丝（"范娜蒂丝"是弗雷娜的别名，她掌管美丽和生育）而命名了这种元素。这是因为这种元素可以形成美丽的、多彩缤纷的化合物。在同一年，沃勒尔得到了德·里欧的"褐铅"，并确认了后者有关钒的发现。然而"钒"（vanadium）的名称还是保留了下来，而没有使用德·里欧命名的"erythronium"。

罗斯科在 1867 年才通过用氢气还原三氯化钒（$VCl_3$）的方法，得到了金属钒（以及 HCl）。

## 23.2　用途

金属钒在很多领域中都很重要。它的结构强度和中子反应截面使得它在原子能领域有广泛的用途。金属钒可用于生产不锈弹簧和用于制造机床的不锈钢。约 80％ 的钒被用于铁钒合金或作为钢铁添加剂。钒箔可作为把钛结合在钢铁中黏结剂。

五氧化物 $V_2O_5$ 用于制陶业和化学催化剂。钒的化合物可用于染料和印染织品。钒-镓混合物可用于生产超导体。

# 23.3 制备方法

钒可以实现工业化生产，所以通常在实验室中无需制备它。工业上，一般不会把金属钒作为主要产品来生产，在其他生产过程中作为副产品而生产出的钒已经足够了。

工业上加热钒矿石，或用氯化钠（或碳酸钠）加热其他生产过程的残渣至 850℃，可以生成可溶于水的钒酸钠（$NaVO_3$）。酸化所得的溶液可以生成一种红色固体。加热熔化这种晶体，可以生成粗制的五氧化二钒（$V_2O_5$）。用钙（Ca）还原五氧化二钒，可以得到纯净的钒。钒还可以用氢气或金属镁还原五氯化二钒来制备，这种方法适用于小批量生产。除此之外，还有很多其他的方法。

在工业上，钒大多用作添加剂，以提高钢铁的性能。直接用粗制的五氧化二钒（$V_2O_5$）和生铁反应会比使用纯净的金属钒更好，这样生产出来的铁钒合金可用于进一步的处理。

# 23.4 生物作用和危险性

在自然界中不存在钒的单质。在很多种矿物中都含有钒。其中最常见的钒矿是钒钾铀矿 [$K(UO_2)(VO_4) \cdot 1.5H_2O$]、钒云母 [$2K_2O \cdot 2Al_2O_3 \cdot (Mg, Fe)O \cdot 3V_2O_5 \cdot 10SiO_2 \cdot 4H_2O$]、钒铅矿 [$3Pb_3(VO_4)_2 \cdot PbCl_2$]、钒铜铅矿 [$(Pb, Ca, Cu)_3(VO_4)_2$] 和绿硫钒矿（$VS_4$），在一些原油中也含有钒。通过光谱分析，现已确认钒存在于太阳和其他恒星上。

钒是海鞘的必需元素。海鞘能富集钒，它体内的含钒量比海水高 100 万倍。钒是老鼠和小鸡的必要微量元素，缺乏钒会导致发育不良，并影响其生殖能力。

金属钒的粉末可能会引起火灾。大多数人很少会遇到钒的化合物。在实验室中，几乎所有含钒的化合物都是剧毒物。一些工业废气污染物中的钒化合物可能会导致肺癌。国际上现已制定了空气中的 $V_2O_5$ 粉尘含量的工业标准，以便控制钒的污染。

# 23.5 化学性质

（1）钒与空气的反应

在加热时，金属钒同过量的氧气发生反应生成氧化钒（V）（$V_2O_5$）。用这种方法制备的 $V_2O_5$ 中有时会含有少量其他的钒氧化物杂质。

$$4V(s) + 5O_2(g) \longrightarrow 2V_2O_5(s，橘黄色)$$

（2）钒与水的反应

钒的表面有一层氧化物保护膜，所以在通常条件下，钒不与水发生反应。

（3）钒与卤素单质的反应

在微热时，金属钒同氟气发生反应，生成氟化钒（V）。现在尚未确定有其他的五卤化钒。

$$2V(s) + 5F_2(g) \longrightarrow 2VF_5(l，无色)$$

（4）其他

钒不与酸和碱发生反应。

铬是一种蓝灰色、有非常耀眼光泽的坚硬金属。铬的化合物都有毒。地球上的铬以铬铁矿的形式存在。西伯利亚"红铅"（赤铅矿，$PrCrO_4$）是一种铬矿，可以用作油画中的红色颜料。

祖母绿是一种绿宝石（铍的铝硅酸盐），它的绿色来自于其中所含的少量铬。绿宝石中所含的铬替代了晶格中部分铝离子的位置。与之相似的是，刚玉（$Al_2O_3$ 的晶体）的晶格中含有的痕量铬替换了部分铝离子（$Al^{3+}$），形成了另一种颜色十分鲜艳的宝石，即红宝石。

# 24.1　发现史

在 18 世纪中叶，对西伯利亚"红铅"（赤铅矿，$PbCrO_4$）进行分析的结果表明，其中含有很大比例的铅，但也含有一种未知金属，最终鉴定出这种物质为三氧化铬。1797 年，沃克林发现了氧化铬，他于次年又获得了金属铬。把赤铅矿磨成粉，然后通过与盐酸（HCl 水溶液）的反应把铅沉淀并分离出去，所得的残渣是三氧化铬（$CrO_3$）。以木炭作为还原剂，在烤箱中烘烤三氧化铬，就可以生成金属铬。

沃克林也分析过秘鲁出产的祖母绿，并发现这种宝石的绿色正是由于含有这种新元素铬。因为铬能够形成多种颜色的化合物，它的英文和拉丁文名称"chromium"实际上来自希腊文"chroma"（色彩）。

在沃克林发现铬一两年之后，一名在巴黎工作的德国化学家塔萨尔特发现，在一种新矿物（现在被称作铬铁矿）中含有铬。这种矿物（铬铁矿）$[Fe(CrO_2)_2]$现在是铬的重要来源。

# 24.2　用途

- 用于制造淬钢、不锈钢和合金。
- 用于电镀，以产生坚硬、美观的外表的产品，并防止腐蚀、生锈。
- 用于生产鲜绿色的玻璃。铬是玻璃产生祖母绿色和宝石红色的原因。
- 广泛用作催化剂。
- 如 $K_2Cr_2O_7$ 等重铬酸盐是氧化剂，用于定量分析和把生皮制成皮革。
- 铬酸铅（铬黄）可用作颜料。
- 铬化合物在纺织工业中可用作媒染剂。
- 在航空和其他产业中，可用于阳极氧化铝。
- 耐火材料生产中，把铬铁矿用于制砖和成型。这是因为铬铁矿的熔点高，热膨胀系数适中，并且具有稳定的晶体结构。

# 24.3　制备方法

铬可以实现工业化生产，所以通常无需在实验室中制备铬。用于生产铬的首要矿物是铬铁矿 $[Fe(CrO_2)_2]$。在熔融的碱中用空气氧化这种矿物，可以生成含有 +6 价铬的铬酸钠（$Na_2CrO_4$）。这种物质经过用水萃取、沉淀，并用石墨还原，可以得到氧化铬（Ⅲ）($Cr_2O_3$)。用铝或硅进一步还原这种氧化物，可以得到金属铬。

$$Cr_2O_3 + 2Al \longrightarrow 2Cr + Al_2O_3$$
$$2Cr_2O_3 + 3Si \longrightarrow 4Cr + 3SiO_2$$

另外一种生产铬的方法则是电解。这个方法首先需要把 $Cr_2O_3$ 溶解在硫酸中，随后用所得的电解液电镀即可。

# 24.4　生物作用和危险性

在自然界中不存在铬的单质。铬最重要的资源是铬铁矿（$FeCr_2O_4$），分布于土耳其、美国、南非、阿尔巴尼亚、芬兰、伊朗、马达加斯加、俄罗斯、津巴布韦、（南非）德兰士瓦省、古巴、巴西、日本、印度、巴基斯坦和菲律宾。赤铅矿是另外一种铬矿，分布于俄罗斯、巴西、美国和（澳大利亚）塔斯马尼亚州。

铬是生命体的必需微量元素，参与了葡萄糖的代谢。铬会影响胰岛素的表达。除非是痕量的铬，否则铬化合物都有剧毒。

铬粉可能会引起火灾。所有铬化合物都是剧毒物。铬（Ⅵ）化合物有剧毒，并强烈致癌，铬（Ⅲ）化合物毒性较低。铬化合物是重要的污染物。

## 24.5　化学性质

（1）铬与水的反应

在室温下，铬不与水发生反应。

（2）铬与卤素单质的反应

在 400℃和 200～300atm 下，铬直接同氟气反应生成氟化铬（Ⅵ）$CrF_6$。

$$Cr(s) + 3F_2(g) \longrightarrow CrF_6(s，黄)$$

在比较温和的条件下，可以生成氟化铬（Ⅴ）$CrF_5$。

$$2Cr(s) + 5F_2(g) \longrightarrow 2CrF_5(s，红)$$

在更温和的条件下，铬同氟气（$F_2$）、氯气（$Cl_2$）、溴单质（$Br_2$）、碘单质（$I_2$）分别反应生成相应的三卤化物氟化铬（Ⅲ）（$CrF_3$）、氯化铬（Ⅲ）（$CrCl_3$）、溴化铬（Ⅲ）（$CrBr_3$）和碘化铬（Ⅲ）（$CrI_3$）。

$$2Cr(s) + 3F_2(g) \longrightarrow 2CrF_3(s，绿色)$$

$$2Cr(s) + 3Cl_2(g) \longrightarrow 2CrCl_3(s，紫红)$$

$$2Cr(s) + 3Br_2(g) \longrightarrow 2CrBr_3(s，很深的深绿)$$

$$2Cr(s) + 3I_2(g) \longrightarrow 2CrI_3(s，很深的深绿)$$

（3）铬与酸的反应

金属铬能迅速溶解在稀盐酸中，形成氢气和包含铬（Ⅱ）离子的水溶液。实际上 Cr（Ⅱ）是以 $Cr(H_2O)_6^{2+}$ 配离子的形式存在的。在硫酸中也有相似的情况，但是纯净的铬不会与酸发生反应，如铬不会与硝酸（$HNO_3$）发生反应。事实上，铬会在硝酸中钝化。

$$Cr(s) + 2H^+(aq) \longrightarrow Cr^{2+}(aq) + H_2(g)$$

（4）其他

铬与空气、氧气和碱不发生反应。

# 25　锰

锰是一种银白色金属。它的外观很像铁，但是比铁更硬，也易碎。金属锰的化学活性较高，能与冷水缓慢反应。锰广泛分布于整个动物界。它是一种重要的示踪元素，在维生素 B 的代谢过程中是必不可少的。锰在海底的含量颇丰。它是钢铁中的重要成分。

# 25.1 发现史

1774 年，姜翰分离出了金属锰。他通过用加热的木炭（主要是碳）还原二氧化物（$MnO_2$，即软锰矿），得到了一小块金属锰。

# 25.2 用途

· 用于生产多种重要的合金。在钢铁工业中，锰可以改进滚轴和铸件的质量、强度、韧性、刚度、抗磨损性、硬度和可淬性。锰可以与铝和锑，特别是与少量的铜形成高铁磁性合金。

· 二氧化锰可用于生产氧气和氯气，还可用于干燥黑色涂料。

· 二氧化锰（软锰矿）可用作干电池中的去极化剂，还可用于使玻璃"脱色"。

· 金属锰本身可以使玻璃带有一种紫水晶的颜色，并且是真正的紫水晶产生颜色的原因。

· 在维生素 $B_1$ 的作用过程中非常重要。

· 高锰酸盐是一种强氧化剂，可应用于定量分析和医药。

# 25.3 制备方法

锰可以实现工业化生产，因此通常无需在实验室中制备它。几乎所有的锰都用于钢铁工业，制造锰铁合金。在鼓风炉中，用碳（石墨）还原适当比例的氧化铁（$Fe_2O_3$）和二氧化锰（$MnO_2$）便可得到锰铁合金。可通过电解硫酸锰（$MnSO_4$）来生产纯净的金属锰。

# 25.4 生物作用和危险性

自然界中不存在锰的单质，而以氧化物、硅酸盐和碳酸盐的形式存在的锰矿却很常见。锰矿主要分布在澳大利亚、巴西、加蓬、印度、俄罗斯和南非。地球海底的锰结核中含有大约 24% 的锰。

锰是生命体的必需元素。锰在一些酶的表达过程中会起到关键作用。如果饲料中缺乏锰，会导致哺乳动物发育不良、不孕不育，如小鸡骨骼畸形等。

锰的金属粉末可能会引起火灾。几乎所有的含锰化合物都是可能致癌或致畸的剧毒物。

## 25.5　化学性质

（1）锰与空气的反应

虽然锰的电负性低于周期表中的相邻元素，但它仍不会与空气发生明显反应。锰块表面的氧化程度较低。被分割成细小粉末的金属锰会在空气中燃烧。锰在氧气中会燃烧生成氧化物 $Mn_3O_4$，在氮气中则生成氮化物 $Mn_3N_2$。

$$3Mn(s) + 2O_2(g) \longrightarrow Mn_3O_4(s)$$
$$3Mn(s) + N_2(g) \longrightarrow Mn_3N_2(s)$$

（2）锰与卤素单质的反应

锰在氯气中燃烧，可以生成氯化锰（Ⅱ）$(MnCl_2)$。锰也可以分别与溴单质或碘单质反应生成溴化锰（Ⅱ）$(MnBr_2)$ 和碘化锰（Ⅱ）$(MnI_2)$。锰与氟气（$F_2$）的相应反应可以生成氟化锰（Ⅱ）$(MnF_2)$ 和氟化锰（Ⅲ）$(MnF_3)$。

$$Mn(s) + Cl_2(g) \longrightarrow MnCl_2(s)$$
$$Mn(s) + Br_2(g) \longrightarrow MnBr_2(s)$$
$$Mn(s) + I_2(g) \longrightarrow MnI_2(s)$$
$$Mn(s) + F_2(g) \longrightarrow MnF_2(s)$$
$$2Mn(s) + 3F_2(g) \longrightarrow 2MnF_3(s)$$

（3）锰与酸的反应

金属锰可以在稀硫酸中迅速溶解，生成含有锰（Ⅱ）离子的水溶液和氢气（$H_2$）。实际上，Mn（Ⅱ）其实是以无色络合离子 $Mn(H_2O)_6^{2+}$ 的形式存在的。

$$Mn(s) + 2H^+(aq) \longrightarrow Mn^{2+}(aq) + H_2(g)$$

（4）其他

锰不与水和碱发生反应。

# 26　铁

铁是宇宙中比较丰富的元素。在太阳和许多类型的恒星中，铁的含量都相当可观。铁的原子核非常稳定。铁是动植物生命中的必需元素，也是血红蛋白的关键成分。

在工程上很少用到纯铁，但常用铁与碳或其他金属形成的合金。纯铁的化学活性很高。特别是在高温高湿的空气中，纯铁很容易被腐蚀，有车族都深知此道。金属铁是一种有光泽的银白色金属，它的磁性非常重要。

含盐的铁屑会产生火花。

# 26.1  发现史

人类在史前时代就已发现了铁。图巴-凯恩是"每一项铜、铁技术的祖师"。考古学家发现了公元前 3000 年的精炼铁器。现在仍有一根铸造于约公元 400 年的铁柱，依然引人注目地矗立在印度新德里。这根用熟铁铸造的铁柱，高约 7.5m，直径约 40cm。它几千年来就一直暴露在风吹雨打之中，但其生锈并不严重。

# 26.2  用途

• 生铁中含有大约 3% 的碳和不同比例的硫、硅、锰和磷。它的质地坚硬、易碎、熔点低，主要用于生产其他合金，如钢。

• 熟铁含有千分之几的碳。它的质地柔软，有延展性，不易碎，可用作"纤维"结构。

• 碳钢是一种铁-碳合金，其中还包括少量的锰、硫、磷和硅。

• 合金钢是碳钢和其他微量成分（如镍、铬、钒等）的合金。

• 铁是最便宜、最丰富、用途最广泛和最重要的金属。

# 26.3  制备方法

铁可以实现工业化生产，所以通常无需在实验室中制备它。少量的纯铁可用一氧化碳纯化生铁而得。这个过程中的中间产物是五羰基合铁，即 $Fe(CO)_5$。当加热到 250℃时，五羰基合铁就会分解，生成细铁粉。

$$Fe + 5CO \longrightarrow Fe(CO)_5 \xrightarrow{250℃} Fe + 5CO$$

$Fe(CO)_5$ 是一种易挥发的油性配合物，很容易分离而把杂质留在反应器中。用氢气还原氧化铁（$Fe_2O_3$），也是一种少量生产纯铁的办法。

在工业上，铁基本都是用高炉生产的，并且都用于钢铁工业来生产钢材。大多数的化学教材都会提及高炉炼铁的过程。还原氧化铁（$Fe_2O_3$）的其实是碳（石墨），虽然在高炉中使用的还原剂往往是一氧化碳（CO）。

$$2Fe_2O_3 + 3C \longrightarrow 4Fe + 3CO_2$$

这个反应是有重大历史意义的工业生产方法。现代生产过程的起源可追溯到 1773 年左右，英国英格兰什罗普郡的一个叫做科尔布鲁克代尔的小城镇。

## 26.4 生物作用和危险性

在自然界中不存在铁的单质。最常见的铁矿是赤铁矿（三氧化二铁，$Fe_2O_3$）。在磁铁矿等矿物中也含有铁，磁铁矿看上去像海滩上的黑色沙子。半径超过2000km 的地球地核中含有大量的铁。在地球的地壳中，铁的质量丰度居第四位。

金属铁以菱铁矿的形式出现在陨石中。

对所有的生命体来说，铁都是必不可少的。例如，在血红蛋白中，铁原子负责携带血液中的氧分子，缺铁会导致贫血。

铁粉会引起火灾。几乎所有的铁化合物都是有毒的。过量的铁进入体内会损害肝和肾（血红素）。据有关研究，有些铁化合物会致癌。

## 26.5 化学性质

（1）铁与空气的反应

在潮湿的空气中，金属铁会被氧化成水合氧化铁。这层氧化物质地稀疏，会使更多的铁暴露在氧气中，因此并不会保护铁免受进一步的腐蚀，这个过程被称作"生锈"。汽车的制造、使用和保养受此影响很大。仔细研磨过的细铁粉会产生火花，并会引起火灾。

在氧气中加热铁，会生成铁的氧化物 $Fe_2O_3$ 和 $Fe_3O_4$。

$$4Fe(s) + 3O_2(g) \longrightarrow 2Fe_2O_3(s)$$
$$3Fe(s) + 2O_2(g) \longrightarrow Fe_3O_4(s)$$

（2）铁与水的反应

除净空气的水不会与铁发生反应。然而，在潮湿的空气中，金属铁会被氧化成水合氧化铁。

（3）铁与卤素单质的反应

铁同过量的卤素单质 $F_2$、$Cl_2$ 和 $Br_2$ 发生反应，可以形成卤化铁（Ⅲ）。

$$2Fe(s) + 3F_2(g) \longrightarrow 2FeF_3(s，白色)$$
$$2Fe(s) + 3Cl_2(g) \longrightarrow 2FeCl_3(s，深棕)$$
$$2Fe(s) + 3Br_2(l) \longrightarrow 2FeBr_3(s，红棕)$$

碘与铁完全不会发生相似的反应。在热力学上，Fe（Ⅲ）的氧化性和碘离子的还原性都比较强。铁和碘之间的直接反应，可以用于制备碘化铁（Ⅱ）。

$$Fe(s) + I_2(s) \longrightarrow FeI_2(s，灰色)$$

（4）铁与酸的反应

在没有氧气的情况下，铁在稀硫酸中迅速溶解，生成包含 Fe（Ⅱ）的溶液和氢气（$H_2$）。实际上，Fe（Ⅱ）是以水合离子 $Fe(H_2O)_6^{2+}$ 的形式存在的。

$$Fe(s) + 2H^+(aq) \longrightarrow Fe^{2+}(aq) + H_2(g)$$

如果有氧气存在，Fe（Ⅱ）会被部分氧化成 Fe（Ⅲ）。

强氧化剂浓硝酸会使铁的表面发生钝化。

（5）铁与碱的反应

铁与碱不发生反应。

钴是一种过渡金属元素。银灰色的金属钴易碎、质硬，有与铁相似的磁性。陨石中含有钴，在扎伊尔、摩洛哥和加拿大都有钴矿储备。钴 60（$^{60}$Co）是一种人造同位素，可用作 γ 射线的发生源，其高能放射线可用于药品和食品的灭菌。钴盐能使玻璃产生美丽的深蓝色。钴的化合物在多种工业生产中都是重要的催化剂。生物体需要少量的钴。钴是维生素 B$_{12}$ 中的关键成分，也是其中所含的唯一金属元素。

## 27.1　发现史

含钴的矿物可使玻璃着色（深蓝色），这对古埃及和美索不达米亚的上古居民而言，有很大的价值。

1739 年（或 1735 年）左右，布兰德宣布，钴是一种元素。他曾设法证明玻璃的蓝色是因为一种新的元素——钴，而不是铋。这是因为在发现钴的地方也经常发现铋。

## 27.2　用途

· 钴与铁、镍等金属的合金可制造磁钢。磁钢是一种有着特殊磁性的合金，有很多种用途，如应用于喷气式发动机和燃气涡轮发动机。

· 用于制造不锈钢。

· 因其外观、硬度、抗氧化等性能，钴可用于电镀。

· 钴盐可以使瓷器、玻璃、陶器、瓷砖和珐琅永久地带有美丽的蓝色。

- 钴的人造同位素 $^{60}Co$ 是一种重要的 γ 射线发生源，广泛应用于示踪和化疗。制备 $^{60}Co$ 的小型设备使用也十分方便。
- 钴化合物可用作油画颜料。

# 27.3　制备方法

钴可以实现工业化生产，因此在实验室中很少制备它。很多矿物中都含有钴，但是只有很少的矿物具有经济价值。这其中包括硫化物硫钴矿（$Co_3S_4$）、砷化物辉钴矿（CoAsS）和砷钴矿（$CoAs_2$）。另外，钴在工业上主要是生产铜、镍和铅的副产品。

钴矿石一般会被"烘烤"，以形成金属和金属氧化物的混合物。用硫酸处理混合物，会把铜作为残渣留下，而把铁、钴和镍以硫酸盐的形式进入溶液中。铁可由石灰沉淀而分离，钴则被次氯酸钠氧化，并以氢氧化物的形式沉淀下来。

$$2Co^{2+}(aq) + NaOCl(aq) + 4OH^-(aq) + H_2O(l) \longrightarrow 2Co(OH)_3(s) + NaCl(aq)$$

加热氢氧化钴（Ⅲ）可生成三氧化二钴。用碳还原氧化物（三氧化二钴），可以得到金属钴。

$$2Co(OH)_3 \xrightarrow{\triangle} Co_2O_3 + 3H_2O$$
$$2Co_2O_3 + 3C \longrightarrow 4Co + 3CO_2$$

# 27.4　生物作用和危险性

在自然界中不存在游离态的金属钴。在加拿大、摩洛哥等地有很多种重要的钴矿，很多陨石中也含有钴。

少量的钴盐对许多种类的生命体都是必需的。这其中也包括人类。维生素 $B_{12}$ 的中心离子就是钴。在土壤中缺乏钴的地区，食草动物会发育不良。

金属钴的粉末会引起火灾。虽然多数的钴化合物可能没有显著的毒性，但不应当忽视它们的毒性。有些钴化合物可能会致癌。

# 27.5　化学性质

(1) 钴与空气的反应

钴并不会与空气发生显著反应。但是在空气中加热钴，会生成氧化物 $Co_3O_4$。如果加热到 900℃ 以上，会生成氧化钴（Ⅱ）(CoO)。钴不与氮气发生直接反应。

$$3Co(s) + 2O_2(g) \longrightarrow Co_3O_4(s)$$
$$2Co(s) + O_2(g) \longrightarrow 2CoO(s)$$

（2）钴与水的反应

水几乎不与钴发生作用。红热的钴和水蒸气之间的反应可以生成氧化钴（Ⅱ）（CoO）。

$$Co(s) + H_2O(g) \xrightarrow{\triangle} CoO(s) + H_2(g)$$

（3）钴与卤素单质的反应

二溴化物溴化钴（Ⅱ）可以通过金属钴和溴之间的直接反应制备。

$$Co(s) + Br_2(l) \longrightarrow CoBr_2(s，绿色)$$

相应的氯化物和碘化物也可以通过相似的反应制备。但是一般会选择其他的合成途径。

$$Co(s) + Cl_2(g) \longrightarrow CoCl_2(s，蓝色)$$

$$Co(s) + I_2(s) \longrightarrow CoI_2(s，蓝黑色)$$

（4）钴与酸的反应

金属钴可以迅速溶于稀硫酸中，生成包含 Co（Ⅱ）离子的溶液和氢气。实际上 Co（Ⅱ）离子是以配离子 $Co(H_2O)_6^{2+}$ 的形式存在的。

$$Co(s) + 2H^+(aq) \longrightarrow Co^{2+}(aq) + H_2(g)$$

（5）钴与碱的反应

钴与碱不发生反应。

# 28 镍

在绝大多数陨石中都含有镍。镍是陨石区别于其他矿物的特征。铁陨石（菱铁矿）可能是包含 5% ~ 20% 镍的铁合金。5 美分硬币的别称就是"镍"，其中包括整整 25% 的镍。镍是一种银白色金属，有很耀眼的光泽。它的质地坚硬、有延展性和韧性，带有一点儿铁磁性，是热和电的良导体。

## 28.1 发现史

含镍的矿物可以使玻璃带上绿色。这种矿物被称作"红砷镍矿"（假铜）。1751年，克隆斯特男爵在今天所知的红砷镍矿中发现了镍。他显然是想从这种矿物中分离出铜，但并未成功，反而得到了一种白色金属。他根据使用的那种矿物，把这种新的金属称作 "nickel"。

## 28.2　用途

- 镍的主要用途是生产不锈钢和其他抗腐蚀合金。
- 用铜-镍合金制造的管材大量用于培植脱盐植物。这些植物可用于把海水变成淡水。
- 镍大量用于铸币和镍钢。这些镍钢可用作装甲钢板和防盗设备。
- 在玻璃中加入镍盐可使玻璃产生绿色。
- 把镍作为保护层电镀在其他金属上。
- 细镍粉是植物油催化加氢过程中的催化剂。
- 应用于电池。

## 28.3　制备方法

镍可以实现工业化生产，因此通常无需在实验室中制备它。在实验室中制备少量纯镍的方法是用一氧化碳纯化粗镍。这个过程中的中间产物是剧毒的四羰基镍 $[Ni(CO)_4]$。加热到 250℃时，四羰基镍会分解，生成纯镍的粉末。

$$Ni + 4CO \xrightarrow{50℃} Ni(CO)_4 \xrightarrow{250℃} Ni + 4CO$$

$Ni(CO)_4$ 是一种挥发性物质，可以很容易地以气体的形式分离出去，而把杂质留在反应罐中。工业生产中的蒙德法也是使用相同的化学原理，即用水煤气（$CO + H_2$ 的混合物）还原氧化镍，而如果用氢气还原氧化镍会生成不纯净的镍。所得的镍与水煤气中的一氧化碳可以生成上述的 $Ni(CO)_4$。加热使羰基镍分解，即可得到纯净的金属镍。

## 28.4　生物作用和危险性

铁陨石或菱铁矿是包含 5%～20% 镍的铁合金。格陵兰岛有很大的铁-镍合金沉积层。加拿大的硫镍铁矿和磁黄铁矿是工业上的重要镍矿。

对许多物种的生命体来说，镍都是一种必不可少的微量元素。用缺乏镍的饲料喂养小鸡和老鼠会引发肝问题。细菌中，如氢化酶等酶类中含有镍。镍对植物尿素酶的作用过程也很重要。

金属镍的粉末会引起火灾。几乎所有的含镍化合物都有毒。镍的化合物对植物的毒性很大。有些镍化合物会致癌或致畸。高挥发性的四羰基镍 $[Ni(CO)_4]$ 有剧毒，只能由有足够资质的专业人员在通风良好的环境下进行实验操作。

## 28.5　化学性质

（1）镍与空气的反应

在通常条件下，金属镍并不会与空气发生反应。而镍粉易于与空气发生反应，并产生火花。在较高温度下，金属镍和氧气之间的反应也不会进行完全，但是这个反应可以部分生成氧化镍（Ⅱ）。

$$2Ni(s) + O_2(g) \longrightarrow 2NiO(s)$$

（2）镍与卤素单质的反应

金属镍会与氟气发生反应，但是反应进行得很缓慢。这使得镍可以作为储存氟气的重要金属。二氯化镍、二溴化镍和二碘化镍则可以通过金属镍和氯气、溴单质和碘单质的反应制得。

$$Ni(s) + F_2(g) \longrightarrow NiF_2(s, 黄色)$$
$$Ni(s) + Cl_2(g) \longrightarrow NiCl_2(s, 黄色)$$
$$Ni(s) + Br_2(g) \longrightarrow NiBr_2(s, 黄色)$$
$$Ni(s) + I_2(g) \longrightarrow NiI_2(s, 黑色)$$

（3）镍与酸的反应

金属镍可以缓慢溶于稀硫酸中，形成含有 Ni（Ⅱ）离子的水溶液和氢气。实际上，Ni（Ⅱ）是以配离子 $Ni(H_2O)_6^{2+}$ 的形式存在的。

$$Ni(s) + 2H^+(aq) \longrightarrow Ni^{2+}(aq) + H_2(g)$$

具有强氧化性的浓硝酸可以使镍的表面钝化。

（4）其他

镍不与水或氢氧化钠水溶液发生反应。

# 29　铜

铜是元素周期表中铜副族的第一种元素，列在银和金的上面。总的来说，虽然现代社会中，这些金属的使用频率远不如以前，但这些元素有时还是被称作货币金属。

　　铜是一种很重要的金属，带有紫红色的金属光泽。铜有延展性和韧性，是热和电的良导体，其导电性仅次于银。铜合金，如黄铜和青铜，是非常重要的材料。铜-镍合金和炮铜中也含有铜。美国的警察被戏称为"cops"或"coppers（铜）"，显然这是因为他们制服上的铜纽扣。

　　金属铜的化学性质并不是特别活泼。自然界中确实能偶尔找到游离态的金属铜。广为人知的硫酸铜晶体——[Cu(SO₄)(H₂O)₄]·H₂O，经常被称作蓝帆。铜在大多数化合物中的氧化数是+2[Cu（Ⅱ）]，但也同时存在一些重要的亚铜[Cu（Ⅰ）]化合物。

　　在焰色反应中，氯化铜（Ⅰ）显蓝色。

# 29.1　发现史

　　人们在史前时代就已发现了铜。在伊拉克发现了公元前9000年的铜珠。在公元前5000年就已出现了从铜矿中精炼铜的方法。在这之后大约1000年，铜就出现于北非的陶器中。

　　人们开始使用铜的年代很早。部分原因是它易于锻造。但是铜太软，不能应用于很多工具。大约在5000年前，人们发现把它同其他金属混合起来，会形成比铜更硬的合金。例如黄铜是铜-锌合金，而青铜是铜-锡合金。

# 29.2　用途

- 导线。
- 铸币。
- 铜的化合物，如菲林试剂（含Cu₂O沉淀的碱性溶液），广泛应用于糖类的分析化学。
- 电子工业是铜的一项重要应用行业。
- 硫酸铜可用作农药和净水剂。

# 29.3　制备方法

　　铜可以实现工业化生产，因此通常无需在实验室中制备它。绝大多数的铜都是从硫化物矿石中提炼的，虽然其中含有大量的铁和很少量的铜。以前旧的生产方式会很严重地破坏生态，所以现在新的、清洁技术已然十分重要。

　　复杂的提炼过程首先从形成铜的硫化物开始，然后从硫化物产生氧化铜（Ⅰ）。接下来还原氧化铜（Ⅰ），得到粗铜。最后，以粗铜作为阳极，以纯铜作为阴极进行电解。产品附着在阴极上，产物即被纯化。

$$2Cu_2S + 3O_2 \longrightarrow 2Cu_2O + 2SO_2$$
$$2Cu_2O + Cu_2S \longrightarrow 6Cu + SO_2$$

值得注意的是，电解过程中所得的"阳极残渣"中含有有经济价值高的银和金。

# 29.4 生物作用和危险性

在自然界中存在少量的铜单质，铜出现在许多种矿物中。加拿大、智利、德国、意大利、秘鲁、美国、赞比亚和扎伊尔都有重要的铜矿。最重要的铜矿含铜的氧化物（赤铜矿，$Cu_2O$；黑铜矿，$CuO$）、硫化物［如黄铜矿（约占地球铜沉积量的50%），$CuFeS_2$；辉铜矿，$Cu_2S$；铜蓝，$CuS$ 等］和碳酸盐（如孔雀绿，$[Cu(OH)]_2CO_3$；蓝铜矿，$[Cu(OH)]_2CO_3 \cdot CuCO_3$）。黄铜矿（含铜的黄铁矿，$CuFeS_2$）是主要的铜矿，占铜矿总储量的50%。

铜是身体所必需的微量元素，它是氧化还原酶和一些昆虫体内的血蓝蛋白的关键成分。

铜粉会引起火灾。几乎所有的铜化合物都是致癌物。铜的工业废弃物排放会导致环境问题。人吞食硫酸铜（$CuSO_4$）过量会致死。

# 29.5 化学性质

（1）铜与空气的反应

在常温下，铜在空气中是稳定的。在加热时，金属铜和氧气会发生反应，生成 $Cu_2O$。

$$4Cu(s) + O_2(g) \longrightarrow 2Cu_2O(s)$$

（2）铜与水的反应

铜不与水发生反应。

（3）铜与卤素单质的反应

铜与卤素单质氟气（$F_2$）、氯气（$Cl_2$）和溴单质（$Br_2$）反应，可以分别生成相应的二卤化物氟化铜（Ⅱ）（$CuF_2$）、氯化铜（Ⅱ）（$CuCl_2$）和溴化铜（Ⅱ）（$CuBr_2$）。

$$Cu(s) + F_2(g) \longrightarrow CuF_2(s，白色)$$
$$Cu(s) + Cl_2(g) \longrightarrow CuCl_2(s，黄棕色)$$
$$Cu(s) + Br_2(g) \longrightarrow CuBr_2(s，黑色)$$

（4）铜与酸的反应

金属铜可溶于热的浓硫酸中，生成硫酸铜和二氧化硫。

$$Cu(s) + 2H_2SO_4(l，浓) \xrightarrow{\triangle} CuSO_4(s) + SO_2(g) + 2H_2O(l)$$

金属铜也可以溶于不同浓度的硝酸中。

$$Cu(s) + 4HNO_3(l，浓) \xrightarrow{\triangle} Cu(NO_3)_2(aq) + 2NO_2(g) + 2H_2O(l)$$

$$3Cu(s) + 8HNO_3(l, 稀) \xrightarrow{\triangle} 3Cu(NO_3)_2(aq) + 2NO(g) + 4H_2O(l)$$

（5）铜与碱的反应

铜不与碱发生反应。

# 30 锌

锌是一种有金属光泽的蓝白色金属。在常温下，锌的质地较脆，但在 $100 \sim 150$℃时有延展性。锌是电的良导体。红热的锌可在空气中燃烧，并生成氧化锌的白色烟幕。

缺乏锌的动物需要比不缺乏锌的同类动物多吃 $50\%$ 的食物，才能增加相同的体重。锌并没有显著的毒性，是所有动植物的生长中的必需元素。

在铁和钢表面电镀一层锌，可有助于保护钢铁免受腐蚀。

## 30.1  发现史

在人们认识到锌是一种独立元素的很多个世纪之前，它就被用于制造黄铜——一种铜锌混合物。在巴勒斯坦发现了公元前 $1400 \sim 1000$ 年生产的黄铜。在罗马尼亚特兰西瓦尼亚地区的史前遗址中，发现了含锌 $87\%$ 的合金。塞浦路斯人和稍晚些的罗马人用铜熔炼锌矿石。印度人在 13 世纪用诸如木炭之类的无机物还原菱锌矿（碳酸锌，$ZnCO_3$）得到了金属锌。

在欧洲，香槟首先于 18 世纪 40 年代在英国的布里斯托建立了生产锌的工厂。随后不久，欧洲人在比利时和西里西亚（当时属于普鲁士，即今天德国的前身；第二次世界大战后大部分属于波兰）也建立了类似的工厂。

## 30.2  用途

黄铜是铜锌合金。不同来源和用途的黄铜中的含锌量不同，但一般在 $20\% \sim 45\%$。黄铜易于处理，是电的良导体。因为铜的价格比较高，所以有时会使用其他的锌合金作为黄铜的替代品。

锌可以与多种金属形成合金。镍银、活字合金、商用青铜、弹簧黄铜、软焊料、铝焊料中都含有锌。

很大一部分（可能超过 1/3）锌被用于电镀铁等金属，以防止生锈。一般是把被保护的金属在短时间内浸泡在熔融的金属锌中，也可以用电镀或喷漆等方法。因为锌的金属活动性比铁强，所以锌可以明显减缓暴露在外的铁被腐蚀。

金属锌可用于干电池、屋顶的涂层，并可以利用牺牲阳极的阴极保护法，保护铁不受侵蚀。

金属锌可用作轻质硬币。例如 1 美分和 1 加分硬币就是用镀铜的锌制造的。

氧化锌（ZnO）可用于制造油漆、橡胶制品、化妆品、医药用品、楼面料、塑料、印刷油墨、肥皂、纺织品、电气设备和油膏等产品。

硫化锌（ZnS）可用于制造发光仪表盘、X 射线和电视屏幕、低毒油漆和荧光灯。

# 30.3　制备方法

金属锌可以实现工业化生产，因此通常无需在实验室中制备它。大部分的锌都是从其硫化物中提炼的。在工厂中烘烤硫化锌，可生成氧化锌（ZnO）。再用碳还原之，可生成金属锌。但在实际生产中，需要精妙的技术以确保产品中不含有其他氧化物杂质。

$$ZnO+C \longrightarrow Zn+CO$$
$$ZnO+CO \longrightarrow Zn+CO_2$$
$$CO_2+C \longrightarrow 2CO$$

还有一种生产方法，就是电解。把粗制氧化锌溶于硫酸中，生成硫酸锌（ZnSO$_4$）的溶液，其中的主要杂质是镉。通过加入锌粉，可把镉沉淀为金属镉而互相分离。用铝做阴极、银-铅合金做阳极电解硫酸锌溶液，可以生成镀在铝表面的纯锌，在阳极会放出氧气。

用区域精炼法可以以粗锌得到高纯锌，可以制得纯度高于 99.9999% 的单晶锌。

# 30.4　生物作用和危险性

在自然界中不存在锌的单质，但是有很多种重要的锌矿，如闪锌矿（硫化锌，ZnS）、菱锌矿（碳酸锌，ZnCO$_3$）、晶石（也是碳酸锌，ZnCO$_3$）和铁闪锌矿（含有硫化亚铁的硫化锌，ZnS/FeS）。锌广泛分布于全世界，在北美洲和澳大利亚洲有重要的锌沉积层。

动植物的食物和养料中都需要锌。在全世界范围内，缺锌都是一个很严重的问题。锌是很多酶的关键成分。蛋白质、荷尔蒙、胰岛素中都含有锌。

锌与生育和性成熟有密切的关系。缺锌会导致体形矮小和男性发育不全。在饮食中加入锌，就能解决这些问题。锌可能会在某些器官中大量沉积。

金属锌无毒，但是会刺激人的皮肤，并且非常容易引起火灾。绝大多数种类的普通锌盐没有显著的毒性，但是少数锌盐会致癌。有些锌化合物可用于生产食品。工业废气中排放的锌会导致肺癌。

# 30.5 化学性质

(1) 锌与空气的反应

金属锌在潮湿的空气中会失去光泽。锌在空气中燃烧可以生成白色的氧化锌（Ⅱ）。如果延长加热的时间，氧化锌会变成黄色。

$$2Zn(s) + O_2(g) \longrightarrow 2ZnO(s，白色)$$

(2) 锌与水的反应

锌不与水发生反应。

(3) 锌与卤素单质的反应

二溴化锌（$ZnBr_2$）和二碘化锌（$ZnI_2$）可以通过金属锌和溴、碘单质的直接反应而生成。

$$Zn(s) + Br_2(g) \longrightarrow ZnBr_2(s，白色)$$
$$Zn(s) + I_2(g) \longrightarrow ZnI_2(s，白色)$$

(4) 锌与酸的反应

金属锌可以缓慢溶于稀酸中，生成含有 Zn（Ⅱ）离子的溶液和氢气。实际上 Zn（Ⅱ）在溶液中是以配离子 $Zn(H_2O)_6^{2+}$ 的形式存在的。

$$Zn(s) + 2H^+(aq) \longrightarrow Zn^{2+}(aq) + H_2(g)$$

金属锌和硝酸等氧化性酸的反应非常复杂，反应产物取决于反应时的条件。

(5) 锌与碱的反应

金属锌可以溶解于氢氧化钾（KOH）等碱性溶液中，生成锌酸盐，如 $Zn(OH)_4^{2-}$。所得的溶液中也许还会含有其他含锌化合物。

31 镓

除汞、铯和铷以外，镓是一种在室温下呈液态的金属。镓的液态温度范围是所有金属中最长的，并且其蒸发熵在高温下也很低，因此可以把镓用作测量高温的温度计。

超纯镓的外观是美丽的银白色。镓的金属固体有一种与玻璃相似的贝壳状断裂。镓在凝固时会发生反膨胀。也就是说，不能用玻璃或其他金属作为装载镓的容器，否则会损坏容器。

无机酸只能很缓慢地腐蚀高纯镓。砷化镓可以直接把电流转换成相干光束。砷化镓还是发光二极管的关键成分。

# 31.1　发现史

门捷列夫在 1871 年就预言了镓的存在。他预言，这种（在当时而言的）未知元素应该具有与铝相似的性质。他提议暂时使用名称"类铝"和元素符号"Ea"。他的预言与镓的性质惊人的一致。德·布瓦邦德朗在 1875 年用分光光度计发现了镓。他在同年又通过电解氢氧化物 $Ga(OH)_3$，在镓酸钾溶液中分离出了金属镓。

# 31.2　用途

- 镓可以浸润玻璃和瓷器。当把镓喷涂在玻璃上时，可以形成明亮的镜子。
- 可用于掺杂半导体和晶体管等固态元件生产。
- 砷化镓可以把电流转换为干涉光。
- 合金。
- 人类将 90t（相当于 2～3 年世界年产量）的镓用于探测太阳的微中子。监测过程是通过核反应进行的：$nu + {}^{71}Ga > {}^{71}Ge + e^-$。反应速率虽然非常慢（小于每天每 30t 镓中有一个原子发生反应），但镓已经是进行这个反应的唯一选择了。正在进行的实验有两个：意大利大萨索山的地下实验室中用 30t 的镓进行的 GALLEX 实验；俄国高加索巴克衫的实验室中用 60t 进行的 SAGE 实验。

# 31.3　制备方法

镓一般是生产铝时的副产品。用拜耳法纯化铝矾土可以使镓在碱溶液中富集。这可以得到铝：镓的比值为 5000：300 的混合物。用汞电极电解混合物，可以进一步富集镓。用不锈钢继续电解所得到的镓酸钠溶液，可以得到液态的金属镓。

生产高纯镓时，还需要再进行多次操作。最后，还需要用区域精炼法进行纯化。

## 31.4  生物作用和危险性

在自然界中不存在镓的单质。镓矿非常稀少,但是镓会出现在一些其他的矿物中。煤和一些燃烧煤所得的烟灰中含有镓。镓在后者(煤烟灰)中的含量可能会达到 1.5%。

镓没有生物作用,但是有报道称,镓可能会刺激新陈代谢。镓化合物可能并没有显著的毒性。

## 31.5  化学性质

**(1) 镓与空气的反应**

在常温下,由于镓的表面形成了一层很薄的氧化膜,阻止了镓继续被空气中的氧气所氧化,所以它在常温和干燥的空气中是稳定的。在潮湿的空气中镓会失去光泽。红热的镓在干燥空气中,由于表面被氧化成 $Ga_2O$ 而呈灰蓝色,在 1000℃时则全部被氧化。

$$4Ga(l) + O_2(g) \longrightarrow 2Ga_2O(s)$$

$$4Ga(l) + 3O_2(g) \xrightarrow{1000℃} 2Ga_2O_3(s)$$

**(2) 镓与水的反应**

在 100℃以下,镓和水不发生反应。但在 200℃时,镓会被加压的水蒸气氧化。

**(3) 镓与卤素单质的反应**

金属镓与卤素单质剧烈反应,形成卤化镓。镓与氯气($Cl_2$)、溴单质($Br_2$)、碘单质($I_2$)分别反应生成氯化镓(Ⅲ)($GaCl_3$)、溴化镓(Ⅲ)($GaBr_3$)和碘化镓(Ⅲ)($GaI_3$)。

$$2Ga(l) + 3Cl_2(g) \longrightarrow 2GaCl_3(s)$$

$$2Ga(l) + 3Br_2(l) \longrightarrow 2GaBr_3(s)$$

$$2Ga(l) + 3I_2(s) \longrightarrow 2GaI_3(s)$$

**(4) 镓与酸的反应**

金属镓在稀硫酸中会缓慢溶解,形成含有镓(Ⅲ)离子的水溶液和氢气。与稀盐酸的相似反应也会生成水合镓(Ⅲ)离子。浓硝酸会使金属镓钝化。

$$2Ga(s) + 6H^+(aq) \longrightarrow 2Ga^{3+}(aq) + 3H_2(g)$$

**(5) 镓与碱的反应**

镓可溶于碱溶液中,这与在周期表中紧挨在镓下面的铟不同。后者(铟)没有类似的反应。

$$2Ga(s) + 2OH^-(aq)^- + 6H_2O(l) \longrightarrow 2Ga(OH)_4^- + 3H_2(g)$$

# 32 锗

锗是一种灰白色的半金属。纯锗是一种易脆的晶体。在室温下，锗可以保持它的光泽，是一种非常重要的半导体材料。可以用区域精炼技术生产杂质少于 100 亿分之一的晶体锗，这些锗可用于半导体领域。

锗化合物对哺乳动物一般只有很低的毒性，但是对某些特殊种类的微生物的毒性很明显。因此可以把锗的化合物用作化学药物。

## 32.1  发现史

门捷列夫在 1871 年就预言了锗的存在。他预言，这种（当时的）未知元素应该具有与硅相似的性质。他提议暂时使用名称"类硅"和元素符号"Es"。他的预言与锗的性质惊人的一致。温克勒也在 1886 年从一种现在被称作"硫银锗矿"的矿物中发现了锗。

## 32.2  用途

· 与砷、镓或其他（硼族、氮族）元素单质混合的锗可用于生产晶体管。半导体材料是锗的最大用途。

· 合金。

· 日光灯管的磷光剂。

· 催化剂。

· 锗和一氧化锗对红外线是透明的，所以可用于红外光区的分光镜和其他光学设备，如红外线高敏探测仪。它们还可用于制造广角摄像镜头和显微镜的物镜。

· 可能用于化学疗法，但并未确定。

· 用于伽马射线探测器。

## 32.3  制备方法

锗易于实现工业化生产，所以通常无需在实验室中制备它。用氢气或碳处理二氧化锗（$GeO_2$）就可以得到锗。把锗同从烟（道）灰中含有的锌相互分离开很困难，所以从那里提取锗的过程很复杂。

$$GeO_2 + 2C \longrightarrow Ge + 2CO$$
$$GeO_2 + 2H_2 \longrightarrow Ge + 2H_2O$$

高纯锗可以用氢气还原 $GeCl_4$ 的方法生产。

$$GeCl_4 + 2H_2 \longrightarrow Ge + 4HCl$$

## 32.4　生物作用和危险性

在自然界中不存在锗的单质。在锗石、硫银锗矿和一些锌矿中都含有锗。锗还存在于煤炭中，煤炭中锗的储量可以满足以后多年的需求。

锗没有生物作用，但是据说可以刺激新陈代谢。一些锗的化合物似乎没有显著的毒性。四氯化锗等化合物的烟尘会刺激眼睛和肺部。

## 32.5　化学性质

（1）锗与空气的反应

锗块的表面覆盖了一层很薄的二氧化锗保护膜。锗的反应活性比在元素周期表中紧靠在其上的硅要高，但并不高很多。红热的锗同空气中的氧气发生反应，生成二氧化锗。

$$Ge(s) + O_2(g) \longrightarrow GeO_2(s)$$

（2）锗与水的反应

锗块的表面覆盖了一层很薄的二氧化锗保护膜。锗的反应活性比在元素周期表中紧靠在其上的硅要高，但并不高很多。这层氧化物在一定程度上使得锗在水中呈现出惰性。

（3）锗与卤素单质的反应

锗能同所有的卤素单质迅速反应，其中同碘的反应在超过 360℃ 时才会迅速进行，其反应产物是四卤化锗。锗与氟气（$F_2$）、氯气（$Cl_2$）、溴单质（$Br_2$）、碘单质（$I_2$）分别反应，生成氟化锗（Ⅳ）($GeF_4$)、氯化锗（Ⅳ）($GeCl_4$)、溴化锗（Ⅳ）($GeBr_4$）和碘化锗（Ⅳ）($GeI_4$)。

$$Ge(s) + 2F_2(g) \longrightarrow GeF_4(g)$$
$$Ge(s) + 2Cl_2(g) \longrightarrow GeCl_4(g)$$
$$Ge(s) + 2Br_2(l) \longrightarrow GeBr_4(l)$$
$$Ge(s) + 2I_2(s) \longrightarrow GeI_4(l)$$

（4）锗与酸的反应

90℃ 时，浓硫酸与块状的锗会非常缓慢地反应。浓硝酸能腐蚀块状锗的表面。

（5）锗与碱的反应

氢氧化钠或氢氧化钾水溶液与锗的作用很慢，但是熔融的碱可以把锗氧化成相应的锗酸盐。

## 33 砷

砷单质有两种同素异形体：一种是黄色的，一种是灰色或有金属光泽的。两者的密度分别是 1970kg/m³ 和 5730kg/m³。砷的单质是一种青灰色、易碎的半导体非金属晶体。砷在空气中会失去光泽，在加热时会迅速氧化，生成有大蒜气味的氧化亚砷。

众所周知，砷和它的化合物都是有毒的。加热砷或其他含砷的物质，砷就会升华，直接从固态变成气态，而不需要经过液态。

## 33.1 发现史

古中国人、古希腊人和古埃及人就已经开采了砷矿。毋庸置疑，他们在很早的时候就发现了砷及其化合物的毒性。

一般认为，阿尔伯特在公元 1250 年得到了砷的单质。他使用的方法是把肥皂和雌黄（三硫化二砷）一起加热。

## 33.2 用途

- 烫金。
- 烟火。
- 淬水并改进子弹的形状。
- 晶体管等固态元件的掺杂剂。
- 砷化物（如砷化镓，GaAs）可作为激光材料，把电流直接转换为相干光束。

## 33.3 制备方法

砷可以实现工业化生产，因此通常无需在实验室中制备它。在自然界中，砷有雄黄（$As_4S_4$）、雌黄（$As_2S_3$）、砷华（$As_2O_3$）等多种矿物，还有毒砂（FeAsS）、砷铁矿（$FeAs_2$）等铁砷化物。在工业上大规模生产砷的方法是在缺氧的条件下加热合适的含砷矿物，最后砷会凝结为固体。

$$FeAsS(s) \xrightarrow{700℃} FeS(s) + As(g)$$
$$As(g) \longrightarrow As(s)$$

# 33.4 生物作用和危险性

在自然界中可以发现砷的单质，但是更常见的是砷的多种化合物。毒砂（FeAsS）分布在法国、德国、意大利、罗马尼亚、西伯利亚（俄罗斯）和北美洲，是最常见的砷矿。

虽然砷有很大的毒性，但是它是红藻、小鸡、鼠类、山羊和猪所需的一种超痕量元素，对人类也有可能如此。缺乏砷可能会导致生长发育受到抑制。

砷化合物对动植物都有剧毒。它们可以致癌，并有可能导致生长畸形。

# 33.5 化学性质

(1) 砷与空气的反应

砷在干燥的空气中是稳定的，但是在潮湿的空气中，砷的表面会被慢慢氧化，开始时变成古铜色，最后变成黑色。在空气中加热砷，会生成三氧化二砷——实际上则是六氧化四砷。如果条件适宜，这个反应会发出磷光。在加热的氧气中点燃砷，会反应生成五氧化二砷——实际上则是十氧化四砷和六氧化四砷。

$$4As(s) + 5O_2(g) \longrightarrow As_4O_{10}(s)$$
$$4As(s) + 3O_2(g) \longrightarrow As_4O_6(s)$$

(2) 砷与水的反应

在通常条件下，砷不与水在缺氧的条件下发生反应。

(3) 砷与卤素单质的反应

砷与氟气（$F_2$）发生反应，可以生成气态的五氟化物氟化砷（Ⅴ）。

$$2As(s) + 5F_2(g) \longrightarrow 2AsF_5(g，无色)$$

砷在可控条件下与氟气（$F_2$）、氯气（$Cl_2$）、溴单质（$Br_2$）、碘单质（$I_2$）分别反应生成三卤化物氟化砷（Ⅲ）（$AsF_3$）、氯化砷（Ⅲ）（$AsCl_3$）、溴化砷（Ⅲ）（$AsBr_3$）和碘化砷（Ⅲ）（$AsI_3$）。

$$2As(s) + 3F_2(l) \longrightarrow 2AsF_3(s)$$
$$2As(s) + 3Cl_2(l) \longrightarrow 2AsCl_3(s)$$
$$2As(s) + 3Br_2(l) \longrightarrow 2AsBr_3(s)$$
$$2As(s) + 3I_2(l) \longrightarrow 2AsI_3(s)$$

(4) 砷与酸的反应

非氧化性酸不与砷发生反应，但稀硝酸和浓硝酸能分别把砷氧化成亚砷酸 $H_3AsO_3$ 和砷酸 $H_3AsO_4$。热的浓硫酸能将砷氧化成 $As_4O_6$。

（5）砷与碱的反应

熔碱能将砷氧化成亚砷酸盐，并析出氢气：

$$As_4 + 12NaOH \longrightarrow 4Na_3AsO_3 + 6H_2$$

但碱的水溶液就不与砷发生反应。

人们现已能够生产无定形硒和晶体硒。单斜的晶体硒是深红色的；六方堆积的晶体硒则是带有金属光泽的灰色，它是硒最稳定的同素异形体。相对而言，硒元素被认为是无毒的，并且是一种必需的微量元素。但是硒化氢（$H_2Se$）和其他硒化合物则有剧毒，并且与砷有类似的生理学作用。哪怕浓度只有 $1.5mL/m^3$ 的硒化氢便会对人体造成危害。一些土壤中会含有大量的硒，在这些地区，会给依赖植物（如疯草，一种美国的植物）为生的动物产生严重不良的影响。

## 34.1 发现史

贝采利乌斯在 1817 年发现了硒（希腊语 Selen，意思是"月亮"）。他最初认为在瑞典的工厂生产的硫酸中含有碲，但是在次年他认为杂质不是碲，而是另一种与硫和碲紧密相关的元素。他随后确定这种元素是硒。

## 34.2 用途

• 硒同时具有光电性能和光敏性能。前者（光电性能）可以把光直接转换为电，而后者（光敏性能）则可以在增加光照时降低电阻。这些性质使得硒可以用于生产光电池和照相机的曝光表以及太阳能电池。
• 硒可以把交流电转变为直流电，所以大量用于制造整流器。
• 硒单质是一种 p 型半导体，可以用于电路和固态元件。
• 在影印方面，可以用于复制文件和信件（硒鼓）。
• 在玻璃工业中，可用于生产脱色玻璃、红宝石色的玻璃和珐琅。
• 摄像调色剂。

・生产不锈钢。

# 34.3　制备方法

硒可以实现工业化生产，所以通常无需在实验室里制备它。虽然自然界中有许多种硒矿，但是硒主要来源是冶炼铜产生的副产品。硒还会富集在生产硫酸所剩的残渣中。生产硒的方法会受到原料中所含有的其他化合物和元素的影响，所以生产硒的过程很复杂。一般来说，生产过程中的第一步是在碳酸钠（苏打）的介质中进行氧化。

$$Cu_2Se + Na_2CO_3 + 2O_2 \longrightarrow 2CuO + Na_2SeO_3 + CO_2$$

接下来用硫酸酸化亚硒酸盐 $Na_2SeO_3$，这样所有的亚碲酸盐就会沉淀下来，而亚硒酸（$H_2SeO_3$）则留在溶液中。

$$Na_2SeO_3 + H_2SO_4 \longrightarrow H_2SeO_3 + Na_2SO_4$$
$$Na_2TeO_3 + H_2SO_4 \longrightarrow TeO_2 + H_2O + Na_2SO_4$$

最后，用二氧化硫还原亚硒酸，就可以得到硒的单质。

$$H_2SeO_3 + 2SO_2 + H_2O \longrightarrow Se + 2H_2SO_4$$

# 34.4　生物作用和危险性

在自然界中会发现硒的单质，硒矿非常稀少。硒的主要来源一般是冶炼铜产生的副产品。

硒是哺乳动物和高等植物所必需的微量元素。据说硒可以刺激新陈代谢，也可以保护人体免受自由基的氧化和一些重金属的毒害。在土壤中缺乏硒的地区生长的绵羊会患上"白肌病"。

硒的化合物都有剧毒，它们会致癌或致畸。在土壤中富含硒的地区以及在有疯草（一种美国的植物）的地区，那里生长的家畜会中毒，这是因为这种植物（疯草）能够富集硒。

# 34.5　化学性质

（1）硒与空气的反应

硒在空气中燃烧，生成固态的二氧化物氧化硒（Ⅳ）。

$$Se_8(s) + 8O_2(g) \longrightarrow 8SeO_2(s)$$

（2）硒与卤素单质的反应

硒会在氟气（$F_2$）中燃烧，并形成六氟化物氟化硒（Ⅵ）。

$$Se_8(s) + 24F_2(g) \longrightarrow 8SeF_6(l，橙色)$$

硒（最好是在 $CS_2$ 的悬浮液中）同氯气和溴单质反应，分别生成二氯化二硒

（Se$_2$Cl$_2$）和二溴化二硒（Se$_2$Br$_2$）。

$$Se_8 + 4Cl_2 \longrightarrow 4Se_2Cl_2(1，橙色)$$
$$Se_8 + 4Br_2 \longrightarrow 4Se_2Br_2(1，橙色)$$

在仔细操作下，硒在0℃时同氟气（F$_2$）反应，生成四氟化物氟化硒（Ⅳ）。如果控制反应条件，硒则也会同氯气（Cl$_2$）和溴单质（Br$_2$）发生反应，生成相应的四卤化物氯化硒（Ⅳ）和溴化硒（Ⅳ）。

$$Se_8(s) + 16F_2(g) \longrightarrow 8SeF_4(s，无色)$$
$$Se_8(s) + 16Cl_2(g) \longrightarrow 8SeCl_4(s)$$
$$Se_8(s) + 16Br_2(g) \longrightarrow 8SeBr_4(s)$$

（3）硒与碱的反应

硒能溶于浓碱溶液，生成硒化物和亚硒酸盐的混合物。

$$3Se_8(s) + 48NaOH(aq) \longrightarrow 16Na_2Se(aq) + 8Na_2SeO_3(aq) + 24H_2O(l)$$

（4）其他

硒不与水和非氧化性的稀酸发生反应。

溴元素是一种卤族元素。溴是唯一的液态非金属单质。溴单质是一种密度大、易挥发、流动性好、有危险性的红棕色液体。溴的红棕色蒸气有一种很强烈的刺激性气味，会刺激人的眼睛和咽喉。溴也是一种漂白剂。如果皮肤和溴接触，会产生非常强烈的疼痛感。溴会严重地损害人的健康，因此在操作溴时应该最大限度地保证安全。

# 35.1 发现史

直到1860年，溴才实现了大批量生产。但在溴被确认为一种元素之前，就已经出现了一些相当重要的含溴化合物的矿井。很久以前，一种被称作"提尔紫"的紫色染料就是由某些特定种类贝类的排泄物生产的。现在已知，在此过程中用到了一种关键的有机溴化合物。

德国海德尔堡大学化学系的在校生洛威，把一些他在暑假中制备的溴的样品交给了他的讲师甘默林。因洛威的考试耽误了他很长时间，这使得巴拉德福得以在

1826 年抢先发表了关于溴的论文。

# 35.2　用途

• 溴被大量用于生产 1,2-二溴乙烷，这是一种在生产汽油抗爆剂时使用的除铅剂。但是，许多国家已经逐步淘汰了含铅汽油，这会明显影响溴的产量。
• 熏剂。
• 防火剂。
• 净水剂。
• 染料。
• 医药。
• 无机溴化物（如 AgBr）可用于摄影。
• 杀虫剂。
• 生产塑料阻燃剂。

# 35.3　制备方法

溴可以实现工业化生产，所以通常无需在实验室中制备它。海水中含有以溴化钠形式存在的溴，但是含量比氯化钠要少得多。在工业上，可通过用氯气处理海水来生产溴，并用空气吹出所生产的溴。在这个过程中，氯气把溴离子氧化为溴单质。把少量氯水加入溴化物的水溶液中，当液体出现红棕色时，就表明生成了溴。

$$2Br^- + Cl_2 \longrightarrow 2Cl^- + Br_2$$

少量的溴也可以通过溴化钠（NaBr）固体和浓硫酸（$H_2SO_4$）的反应制取。这个过程首先会生成溴化氢（HBr）气体，但在合适的反应条件下，部分溴化氢会被过量的硫酸氧化，生成溴单质和二氧化硫。氯和氟没有类似的反应。

$$NaBr(s) + H_2SO_4(l) \longrightarrow HBr(g) + NaHSO_4(s)$$
$$2HBr(g) + H_2SO_4(l) \longrightarrow Br_2(g) + SO_2(g) + 2H_2O(l)$$

# 35.4　生物作用和危险性

在自然界中不存在溴的单质，但是有大量的溴化物（负一价的溴盐）。溴主要来自天然海水中。除此之外，还有几种矿物中含有大量的溴。

溴对红藻和哺乳动物都可能是必需的一种微量元素。在软体动物的"蓝紫色"色素中发现了溴，虽然人们尚未知晓它的作用。

溴是有强烈氧化性的剧毒液体。溴的蒸气会刺激人体眼睛和肺部，并产生剧痛。溴盐一般都是有毒的。人体摄入过量的溴会导致低血压和体重过轻。

## 35.5 化学性质

（1）溴与空气的反应

溴单质（$Br_2$）不会与氧气（$O_2$）或氮气（$N_2$）发生反应，但是溴可以与氧的同素异形体臭氧（$O_3$）发生反应。反应在 $-78℃$ 下进行，生成不稳定的二氧化物氧化溴（Ⅳ）（$BrO_2$）。

$$Br_2(l) + 2O_3(g) \longrightarrow O_2(g) + 2BrO_2(s，棕色)$$

（2）溴与水的反应

溴同水发生反应，生成次溴酸盐。该反应的平衡点受溶液的 pH 值的影响很大。

$$Br(g) + H_2O(l) \Longrightarrow OBr^-(aq) + 2H^+(aq) + Br^-(aq)$$

次溴酸属于弱酸。在中性或酸性环境中，应该以游离酸 HBrO 的形式存在。在碱性环境中，次氯酸被中和，所以平衡会向右移动。

（3）溴与卤素单质的反应

在气相中，溴单质（$Br_2$）同氟气（$F_2$）发生反应，生成卤素间化合物 BrF。BrF 会在室温下不成比例地分解为 $Br_2$、$BrF_3$ 和 $BrF_5$，所以很难得到这种化合物的纯净物。

$$Br_2(g) + F_2(g) \longrightarrow 2BrF(g)$$
$$3BrF(g) \longrightarrow Br_2(l) + BrF_3(l)$$
$$5BrF(g) \longrightarrow 2Br_2(l) + BrF_5(l)$$

在更加极端的条件下，过量的氟可以和溴在 150℃ 时发生反应，生成卤素间化合物 $BrF_5$。

$$Br_2(l) + 5F_2(g) \longrightarrow 2BrF_5(l)$$

在气相中，溴单质（$Br_2$）同氯气（$Cl_2$）发生反应，生成不稳定的卤素间化合物氯化溴（Ⅰ）（ClBr）。

$$Cl_2(g) + Br_2(g) \longrightarrow 2ClBr(g)$$

与之相似的是，在室温下，溴单质（$Br_2$）同碘单质（$I_2$）发生反应，生成卤素间化合物溴化碘（Ⅰ）（IBr）。

$$Br_2(l) + I_2(s) \longrightarrow 2IBr(s)$$

（4）溴与酸的反应

溴不与酸反生反应。

（5）溴与碱的反应

溴同热的碱溶液反应生成溴酸盐。在这个反应中，只有占总数 1/6 的溴转化为溴酸盐。

$$3Br_2(g) + 6OH^-(aq) \longrightarrow BrO_3^-(aq) + 5Br^-(aq) + 3H_2O(l)$$

地球空气中含有 $1mL/m^3$ 的氪，火星的大气中也含有少量（$0.3mL/m^3$）的氪。氪的特征光谱是亮绿色和橙色的谱线。产生氪的光谱很容易，而且其中的一部分光谱线的灵敏度也很高。在 1960 年的国际会议上制定了长度主单位"米"（m）的定义。$1m$ 被定义为 $1650763.73$ 个 $^{86}_{36}Kr$ 橘红色波长（在真空中）的长度。

氪在常态下是一种无色无味、富集成本相当昂贵的气体。固态氪是一种白色的、面心立方结构的晶体，这与所有稀有气体一致。现已通过多种方法制得了数克的二氟化氪（$KrF_2$）。

## 36.1　发现史

拉姆赛爵士和他的学生特拉福斯，于 1898 年在分馏液态空气后所剩的残留物中发现了氪。在这种残留物中，已除去了空气样品中的水分、氧气、氮气、氦气和氩气。数星期之后，他们又用相似的方法发现了氙。

## 36.2　用途

- 与氩一起作为荧光灯的底压填充气体。
- 用于一些高速摄像机、照相机的闪光灯及电灯。
- 氪的紫外光谱线（曾）被用作国际公认的米制标准。

## 36.3　制备方法

在大气中含有少量的氪。氪是液化和分离空气的副产品。因为氪可以实现工业化生产，并且装在高压储气罐中，因此在实验室中一般不会制备氪。

## 36.4　生物作用和危险性

氪没有生物作用。

氪气是无毒的，但在一般来说，它可以通过使人与氧气隔绝而窒息。

# 36.5 化学性质

（1）氪与水的反应

氪不与水发生反应，但可微溶于水。在 20℃（293K）时，氪在水中的溶解度大约是 59.4cm³/kg。

（2）氪与卤素单质的反应

把氪和氟气的混合物冷却至 −196℃（液氮的沸点），并放电或用 X 射线照射，可以生成二氟化物氟化氪（Ⅱ）$KrF_2$，这种化合物在室温下就会分解。其他的卤素单质不与氪发生反应。

$$Kr(s) + F_2(s) \longrightarrow KrF_2(s)$$

（3）其他

氪不与空气、酸和碱发生反应。

铷的熔点大约是 40℃，所以它在天气较热时可能会呈现液态。金属铷是一种质地柔软、带有银白色金属光泽的碱金属（第ⅠA族）单质，可以在空气中燃烧。铷是一种电负性极低、金属性也极强的元素。铷可以在空气中自燃，并可以与水发生剧烈反应，与水反应生成的氢气会导致火灾。像其他碱金属元素一样，它可以与汞形成汞齐。铷还可以与金、铯、钠和钾形成合金。铷在燃烧时会发出略带黄色的紫色火焰。

# 37.1 发现史

本生和基尔霍夫在 1861 年用分光镜在锂云母（一种云母）矿的杂质中发现了铷。因为这种元素在分光镜中会发出红色的光谱，故被称作 "rubidium"（来自拉丁语 "rubidus"，含义是 "深红"）。

本生从泉水中沉淀出了铷盐。铷盐同其他碱金属的盐类混合在一起，他把这些碱金属的盐类相互分离，并得到了氯化铷和碳酸铷。他用碳还原酒石酸氢铷，得到了金属铷。

# 37.2　用途

· 铷原子很容易失去电子，所以可用于太空船的"离子发动机"，而铯在这方面的性能会更好。

· 用作真空管的"捕获者"。

· 光电池。

· 制造特种玻璃。

· 在所有已知的离子晶体中，$RbAg_4I_5$ 在室温下有最高的导电性。在室温下，$RbAg_4I_5$ 的导电性与稀硫酸相当。现已根据提议，把这种物质用于制造薄膜电池。

# 37.3　制备方法

因为铷非常易于实现工业化生产，在实验室中通常无需制备它。给电负性很低的铷离子（$Rb^+$）增加一个电子是十分困难的，所以，所有分离铷的方法都需要经过电解。

通过电解熔融氯化铷（RbCl）而得到的金属铷，一经生成就会溶解在熔融盐中。所以铷不能像预想的那样，通过与钠类似的方法生产。

阴极：$Rb^+(l) + e^- \longrightarrow Rb(l)$

阳极：$Cl^-(l) \longrightarrow \frac{1}{2}Cl_2(g) + e^-$

因此，金属铷的制备方法改为用金属钠和熔融氯化铷发生的反应。

$$Na + RbCl \rightleftharpoons Rb + NaCl$$

该反应是一个平衡反应。在这个反应体系中，铷具有很高的挥发性，能够从反应体系中分离出来，使得反应可以继续进行下去。这样生产出来的铷，其中杂质钠的含量很少。

# 37.4　生物作用和危险性

铷的反应活性很高，在自然界中不存在它的单质。虽然在地壳中，铷的丰度名列第16，但是铷还是一种比较稀少的元素。北美洲、南非、俄罗斯和加拿大的一些矿物中含有铷。铷也存在于一些钾矿中，如锂云母、黑云母、长石和光卤石，有时铷会与铯伴生。

铷没有生物作用，但是据说可以刺激新陈代谢。铷可以优先于钾而在肌肉中沉积。

一般来说，铷盐是无毒的。有毒的铷盐，其毒性几乎全部来自于阴离子，而不是 $Rb^+$。尽管如此，还是应该避免摄入铷盐。铷在体内会替换钾的位置，摄入大量的铷盐会十分危险，因为这会导致应激过度和痉挛。

# 37.5 化学性质

（1）铷与空气的反应

金属铷质软，可以用一把小刀很轻易地切割铷。金属铷的新鲜切面有光泽，但是随后不久就会与空气中的氧气、水蒸气反应而失去光泽。铷在空气中燃烧，所得的产物主要是橘黄色的超氧化铷（$RbO_2$）。

$$Rb(s) + O_2(g) \longrightarrow RbO_2(s)$$

（2）铷与水的反应

金属铷与水迅速反应，生成氢氧化铷（RbOH）的无色碱性溶液和氢气。因为氢氧化铷的溶解，所得的溶液是碱性的。铷与水的反应会放出大量的热，反应速率非常大，以至于如果在玻璃容器中进行这个反应时，容器就会炸裂。铷与水的反应要慢于铯（在元素周期表中紧靠在铷的下面）的相应反应；但是要快于钾（在元素周期表中紧靠在铷的上面）的相应反应。

$$2Rb(s) + 2H_2O(l) \longrightarrow 2RbOH(aq) + H_2(g)$$

（3）铷与卤素单质的反应

金属铷同所有的卤素单质都剧烈反应，生成卤化铷。铷同氟气（$F_2$）、氯气（$Cl_2$）、溴单质（$Br_2$）和碘单质（$I_2$）反应，分别生成氟化铷（Ⅰ）(RbF)、氯化铷（Ⅰ）(RbCl)、溴化铷（Ⅰ）(RbBr) 和碘化铷（Ⅰ）(RbI)。

$$2Rb(s) + F_2(g) \longrightarrow 2RbF(s)$$
$$2Rb(s) + Cl_2(g) \longrightarrow 2RbCl(s)$$
$$2Rb(s) + Br_2(g) \longrightarrow 2RbBr(s)$$
$$2Rb(s) + I_2(g) \longrightarrow 2RbI(s)$$

（4）铷与酸的反应

金属铷能迅速溶解在稀硫酸中，生成氢气和包含 Rb（Ⅰ）水合离子的溶液。
$$2Rb(s) + 2H^+(aq) \longrightarrow 2Rb^+(aq) + H_2(g)$$

（5）铷与碱的反应

铷与碱的反应其实就是铷与碱溶液中水的反应［同上文（2）］。随着反应的进行，氢氧化铷的浓度会持续增加。
$$2Rb(s) + 2H_2O(l) \longrightarrow 2RbOH(aq) + H_2(g)$$

在自然界中不存在锶的单质。锶比钙更软，与水发生反应更快。新切开的锶，表面是银白色的，但是会迅速变成淡黄色，并生成氧化物。锶的粉末在空气中会自燃。锶盐可用于产生焰火。在焰色反应中，锶盐会呈现出美丽的深红色。

锶 90（$^{90}Sr$）的半衰期是 28 年，是一种核辐射尘埃，并且会导致严重的健康问题。钛酸锶是一种正在得到广泛研究的光学材料，有极高的光折射率和高于钻石的光散射能力。所以虽然钛酸锶非常软，但已被用作人造宝石。

## 38.1 发现史

克劳福德于 1790 年在苏格兰出产的毒重石（一种含有碳酸钡的矿物）样品中发现了一种新的矿物（菱锶矿）。数年之后，人们发现这种新矿物中含有一种新元素。现已得知，菱锶矿中含有碳酸锶（$SrCO_3$）。在锶被确认为一种新元素之后的多年间，都没有得到锶的金属单质。后来在 1808 年，戴维通过电解氯化锶和氧化汞的混合物才得到了锶的单质。

## 38.2 用途

- 焰火（红色火焰）、闪光灯。
- $^{90}Sr$ 是一种核辐射尘埃，潜在用途是用作轻核发电的原料。
- 生产彩色电视显像管的玻璃材料。
- 精炼锌。
- 光学材料。

## 38.3 制备方法

金属锶可以实现工业化生产，因此通常无需在实验室中制备金属锶。金属锶可以通过电解熔融的氯化锶（$SrCl_2$）进行小批量工业生产。

阴极：$Sr^{2+}(l) + 2e^- \longrightarrow Sr$

阳极：$Cl^-(l) \longrightarrow \dfrac{1}{2}Cl_2(g) + e^-$

此外，还可以用铝还原氧化锶（SrO）制备金属锶。

$$6SrO + 2Al \longrightarrow 3Sr + Sr_3Al_2O_6$$

# 38.4  生物作用和危险性

在自然界中不存在游离态的锶单质，锶的主要矿物是天青石和菱锶矿。

锶没有生物作用。

锶的化学性质与钙的相似。人的新陈代谢很难把这两种元素区别开。因此，锶会被人体吸收，并且在体内的骨骼上一般会出现钙的部位上沉积下来。在人体吸收方面，$^{90}Sr$ 也会像其他锶的同位素一样。$^{90}Sr$ 是由 20 世纪 50 年代的地面核爆炸产生的。令人遗憾的是，$^{90}Sr$ 已经广泛分布于整个自然界。

# 38.5  化学性质

（1）锶与空气的反应

锶是一种银白色金属。金属锶的表面覆盖了一层很薄的氧化物，这使得锶可以免受空气的进一步侵蚀。锶的这层氧化物要比镁的相应保护层薄得多。在空气中点燃金属锶会燃烧，并生成白色的氧化锶（SrO）和氮化锶（$Sr_3N_2$）的混合物。氧化锶一般是通过加热碳酸锶来制备的。锶在元素周期表中在镁的下边第二个位置，在空气中比镁有更大的反应活性。

$$2Sr(s) + O_2(g) \longrightarrow 2SrO(s)$$
$$3Sr(s) + N_2(g) \longrightarrow Sr_3N_2(s)$$

（2）锶与水的反应

锶会与水缓慢反应，反应生成氢氧化锶 $[Sr(OH)_2]$ 和氢气。将金属锶 投入水中，金属锶会在水中下沉。大约 1h 之后，会明显出现附着在金属表面的氢气气泡。锶与水的反应要快于钙（在元素周期表中紧靠在锶的上面）的相应反应；但是要慢于钡（在元素周期表中紧靠在锶的下面）的相应反应。

$$Sr(s) + 2H_2O(l) \longrightarrow Sr(OH)_2(aq) + H_2(g)$$

（3）锶与卤素单质的反应

金属锶可在卤素单质氯气（$Cl_2$）、溴单质（$Br_2$）和碘单质（$I_2$）中发生燃烧，分别生成二卤化物氯化锶（Ⅱ）（$SrCl_2$）、溴化锶（Ⅱ）（$SrBr_2$）和碘化锶（Ⅱ）（$SrI_2$）。同溴的反应需要在 400℃进行，而和碘的反应需要加热到红热状态。

$$Sr(s) + Cl_2(g) \longrightarrow SrCl_2(s)$$
$$Sr(s) + Br_2(g) \longrightarrow SrBr_2(s)$$
$$Sr(s) + I_2(g) \longrightarrow SrI_2(s)$$

（4）锶与酸的反应

金属锶能迅速溶解在不同浓度的盐酸中，生成氢气和含有 Sr（Ⅱ）离子的水溶液。

$$Sr(s) + 2H^+(aq) \longrightarrow Sr^{2+}(aq) + H_2(g)$$

（5）锶与碱的反应

锶不与碱发生反应。

钇有银白色金属光泽，可以在空气中点燃钇。月球矿石和大多数的稀土元素氧化物的矿物中都含有钇。

# 39.1 发现史

1794 年，甘多林在一种名叫"硅铍钇矿"的矿物中发现了氧化钇矿（$Y_2O_3$）。这种矿物来自瑞典伊特比镇的一个采石场。这个采石场出产了很多非常少见的矿物，其中包括铒、铽、镱以及钇。沃勒尔在 1828 年通过用钾还原无水氯化钇，得到了含有杂质的金属钇。

# 39.2 用途

· 钒酸钇（$YVO_4$）和氧化钇（$Y_2O_3$）可用于生产电视机显像管中的红色磷光粉。
· 氧化钇可用于生产钇铁石榴石，可用于高效的微波滤波器。
· 钇铁、钇铝和钇钆的石榴石有非常有价值的磁性特性。
· 钇铁石榴石发射和传导声波能量的性能都很高。
· 钇铝石榴石是人造宝石（假金刚石）。
· 用于激光系统。
· 乙烯聚合反应的催化剂。
· 氧化钇熔点高、抗震性好、膨胀率低，可用于生产陶瓷和玻璃制品。

• 用于增加铬、铝和镁等金属合金的强度。

# 39.3 制备方法

钇可以进行工业化生产，所以在实验室中很少制备它。钇存在于稀土矿物中，从矿石中把钇和其他稀土元素分离出来的过程非常复杂。首先，用硫酸（$H_2SO_4$）、盐酸（HCl）和氢氧化钠（NaOH）把稀土金属以盐的形式浸取出来。然后纯化这些盐，现在可用于分离纯化这些盐的方法包括选择性配位技术、萃取技术和离子交换树脂。最后用金属钙还原 $YF_3$，可以得到纯净的钇。

$$2YF_3 + 3Ca \longrightarrow 2Y + 3CaF_2$$

# 39.4 生物作用和危险性

在自然界中不存在游离态的金属钇。钇存在于独居石（$LnPO_4$）和绢石（$LnCO_3F$）中。这些矿物以及一些其他矿物中都含有少量的稀有金属元素。把钇同其他稀有金属元素分离开，是非常困难的。月球岩石样品中也含有较高丰度的钇。

钇没有生物作用。

多数人都很少能接触到钇的化合物。虽然钇的化合物实际危险并不高，但几乎所有钇的化合物都可能有毒。钇盐可能会致癌。

# 39.5 化学性质

（1）钇与空气的反应

金属钇在空气中会慢慢失去光泽。钇可以在空气中迅速燃烧，生成氧化钇（Ⅲ）（$Y_2O_3$）。

$$4Y + 3O_2 \longrightarrow 2Y_2O_3$$

（2）钇与水的反应

钇粉或加热后的金属钇可以与水发生反应，生成含有水合 Y（Ⅲ）的溶液和氢气。

$$2Y(s) + 6H_2O(aq) \longrightarrow 2Y(OH)_3(s) + 3H_2(g)$$

（3）钇与卤素的反应

金属钇与氟气（$F_2$）、氯气（$Cl_2$）、溴单质（$Br_2$）、碘单质（$I_2$）分别剧烈反应，生成三卤化物氟化钇（Ⅲ）（$YF_3$）、氯化钇（Ⅲ）（$YCl_3$）、溴化钇（Ⅲ）（$YBr_3$）和碘化钇（Ⅲ）（$YI_3$）。

$$2Y(s) + 3F_2(g) \longrightarrow 2YF_3(s)$$
$$2Y(s) + 3Cl_2(g) \longrightarrow 2YCl_3(s)$$

$$2Y(s) + 3Br_2(l) \longrightarrow 2YBr_3(s)$$
$$2Y(s) + 3I_2(s) \longrightarrow 2YI_3(s)$$

（4）钇与酸的反应

金属钇可以迅速溶于稀盐酸中，生成含有水合 Y（Ⅲ）离子的溶液和氢气 $H_2$。

$$2Y(s) + 6H^+(aq) \longrightarrow 2Y^{3+}(aq) + 3H_2(g)$$

（5）钇与碱的反应

钇不同碱发生反应。

# 40　锆

　　锆是有银灰色光泽的金属。仔细研磨过的锆粉（特别是加热了的）可以在空气中自燃，但是其金属固体在空气中较难燃烧。锆化合物自身的毒性比较低。锆矿中总是含有铪，分离这两种元素会十分困难。商品级的锆中，会含有 1％～3％的铪。在核能发电方面，需要用到除去了锆的铪。

　　锆存在于 S 型恒星、太阳和陨石中。科学家对月球岩石的分析结果令人十分惊讶：其中锆的氧化物的含量远高于地球岩石。有些种类的锆矿（$ZrSiO_4$）是制造人造宝石的极佳材料。

## 40.1　发现史

　　"锆石"的名字可能来自于阿拉伯语 "zargun"，这个词来自于天然硅酸锆（$ZrSiO_4$）的颜色。黄锆石、红锆英石和红锆石中也含有锆。人们在公元元年前后便已发现了这几种矿物。但直到 18 世纪晚期，克拉普罗斯才推测在这些矿物中含有一种新的元素。

　　贝采利乌斯在 1824 年首先得到了不纯净的金属锆。他使用的方法是在铁管中加热金属钾和六氟合锆酸钾的混合物。人们在 1914 年首次制得了纯净的锆。

## 40.2　用途

　　金属锆的中子吸收截面很低，所以它在核工业上可用于覆盖燃料。锆对多种常用的酸、碱及海水都有很高的抗腐蚀性能。因此锆可以广泛地应用于化学工业中的腐蚀性环境中。含锆的合金钢可用于制造手术器械。金属锆在低温下具有超导电性。锆铌合金可用于制造超导体，锆锌合金在 35K 以下的低温环境中具有磁性。锆还可用作真空管中的气体吸收剂、摄影用闪光灯、炸药雷管和灯丝。

锆的氧化物（锆石）有很高的折射率，并且是制造人造宝石的极佳原料。在实验室中，用氧化锆制造的坩埚可以经受住高温的考验。除此之外，氧化锆还可用于冶金设备的内衬以及玻璃和陶瓷工业中的耐火材料。

# 40.3　制备方法

金属锆易于实现工业化生产，因此在实验室中通常无需制备锆。在工业上，用碳还原锆的矿物会生成难于处理的碳化物，所以这不是一种有效的方法。与钛类似，生产大量锆的方法是克洛尔法。这种方法首先是用氯气和碳作用于斜锆石（$ZrO_2$）来生产金属锆。然后通过蒸馏，将所得到的四氯化锆（$ZrCl_4$）同三氯化铁（$FeCl_3$）分离。最后，用金属镁（Mg）还原四氯化锆，得到金属锆。生产过程中应排除空气，以避免锆同氧气或氮气发生反应，并生成杂质。

$$ZrO_2 + 2Cl_2 + 2C \xrightarrow{900℃} ZrCl_4 + 2CO$$
$$ZrCl_4 + 2Mg \xrightarrow{1100℃} 2MgCl_2 + Zr$$

用水和盐酸可以从产物中除去过量的镁和生成的二氯化镁。这样得到的锆是"海绵状"的。在氦气气氛下用电加热，可以得到块状的锆。

# 40.4　生物作用和危险性

在自然界中不存在锆的金属单质。锆的主要矿物是锆石（$ZrSiO_4$），主要分布于澳大利亚、巴西、印度、马来西亚、俄罗斯和美国。所有这些地方的锆矿都与少量的铪伴生，把锆和铪相互分离，是非常困难的。

锆没有生物作用。锆能够与人体组织契合，因此可以用锆制造一些人造关节和肢体。

大多数人都很少会接触到锆的化合物。锆的毒性数据很少，但是似乎锆的大多数化合物本身是无毒的。锆粉有引起火灾和爆炸的危险。

# 40.5　化学性质

（1）锆与空气的反应

金属锆的表面附着有一层氧化物。这使得它通常并不活泼。但是锆一旦在空气中开始燃烧，就会形成二氧化物氧化锆（Ⅳ）（$ZrO_2$）。

$$Zr(s) + O_2(g) \longrightarrow ZrO_2(s)$$

（2）锆与卤素单质的反应

锆在加热时会与卤素单质发生反应，并生成卤化锆（Ⅳ）。锆与氟气的反应大约发生于 200℃。锆与氟气（$F_2$）、氯气（$Cl_2$）、溴单质（$Br_2$）、碘单质（$I_2$）反应，分别生成氟化锆（Ⅳ）($ZrF_4$)、氯化锆（Ⅳ）($ZrCl_4$)、溴化锆（Ⅳ）($ZrBr_4$）和碘化锆（Ⅳ）($ZrI_4$）。

$$Zr(s) + 2F_2(g) \longrightarrow ZrF_4(s，白色)$$
$$Zr(s) + 2Cl_2(g) \longrightarrow ZrCl_4(l，白色)$$
$$Zr(s) + 2Br_2(l) \longrightarrow ZrBr_4(s，白色)$$
$$Zr(s) + 2I_2(l) \longrightarrow ZrI_4(s，白色)$$

（3）锆与酸的反应

锆不能在室温下与无机酸发生反应，但是能与热的盐酸和氢氟酸反应，据推测，反应可能生成了 Zr 的配合物。

（4）其他

在通常情况下，锆也似乎不会与水或碱（包括热碱）发生反应。

41　铌

IUPAC 在 1950 年正式采纳了"niobium"作为铌的名称，然而还是有一些商品使用"columbium"（钶）的名称。铌有白色光泽、质软、有延展性。在室温下长期放置在空气中的铌，会呈现淡蓝色。铌在高温下会被空气氧化。在高温下处理铌时，需要在保护性气氛中进行，以尽可能地减小被氧化的程度。

# 41.1　发现史

18 世纪 50 年代，康涅狄格（当时英国在北美洲的一个殖民地）的第一任总督温斯洛普把一种被称作"钶铁矿"的矿物的样品寄到了英格兰。1801 年，查理斯·哈切特在这种矿物中发现了铌，并把这种元素称为"columbium"（钶）。然而，他没有分离出这种元素的单质。在这之后，由于钶和钽的性质非常相近，它们之间的差异性问题引起了相当多的争议。海因里希·罗斯解决了这个争议，并把这种元素命名为"niobium"。现在"niobium"已替代了最早的名字"columbium"。

布洛姆斯特兰德首先在 1864 年，通过在氢气中加热铌的氯化物而获得了金属铌。

# 41.2　用途

金属铌有许多种重要的用途。许多种不锈钢中都含有铌，此外，铌还可以与铁以外的金属形成合金。这些合金有很高的强度，并具有很多其他的特性。它们可用于制造管材。铌的热中子俘获界面很小，因此也可用于核能工业中。铌可用于某些等级的不锈钢电弧焊条。铌也被用在一些先进的工程中，如"双子星"航天计划。有些磁体中含有铌，Nb-Zr 合金制造的导线可用于制造超导体。因为铌会呈现淡蓝色，一些"形体艺术"中也会用到铌，如"中心环"。

# 41.3　制备方法

一般来说，制备铌的过程比较复杂。铌矿中往往同时含有铌和钽。因为这两种元素的化学性质非常相似，因此分离它们是十分困难的。分离时首先用碱与铌矿共熔，然后用氢氟酸（HF）萃取所得的混合物，以使铌从矿物中分离出来。现在一般使用液-液萃取技术，把钽从酸性溶液中分离出来。在这个过程中，钽盐被萃取入甲基异丁基酮（4-甲基-2-戊酮，MIBK），同时铌则留在 HF 溶液中。用氢氟酸酸化溶液，随后用 MIBK 再次进行萃取，可以得到含有铌的有机溶液。

接下来把上述产物转化为氧化物，最后再用钠或碳还原，就可以得到金属铌。此外，还可以通过电解熔融铌的氟化物来生产铌。

# 41.4　生物作用和危险性

在自然界中不存在游离态的金属铌。铌的矿物主要有铌铁矿［钶铁矿，（Fe，Mn）$^{II}$Nb$_2^V$O$_6$］、铌钽铁矿［（Fe，Mn）$^{II}$（Ta，Nb）$_2^V$O$_6$］、烧绿石（NaCaNb$_2$O$_6$F）和黑稀金矿［(Y，Ca，Ce，U，Th)(Nb，Ta，Ti)$_2$O$_6$］。这些矿物主要来自巴西、加拿大、尼日利亚、俄罗斯和扎伊尔。

铌没有生物作用。

大多数人都很少会遇到铌的化合物。在实验室中，几乎所有的铌化合物都有剧毒。铌的金属粉末会刺激人体眼睛和皮肤，并且可能会引起火灾。

# 41.5　化学性质

### （1）铌与卤素单质的反应

金属铌在加热时能同所有的卤素单质发生反应，生成卤化铌（Ⅴ）。换言之，它同氟气（$F_2$）、氯气（$Cl_2$）、溴单质（$Br_2$）和碘单质（$I_2$）反应，分别生成氟化铌（V）$NbF_5$、氯化铌（V）$NbCl_5$、溴化铌（V）$NbBr_5$和碘化铌（V）$NbI_5$。

$$2Nb(s) + 5F_2(g) \longrightarrow 2NbF_5(s，白色)$$
$$2Nb(s) + 5Cl_2(g) \longrightarrow 2NbCl_5(s，黄色)$$
$$2Nb(s) + 5Br_2(g) \longrightarrow 2NbBr_5(s，橙色)$$
$$2Nb(s) + 5I_2(g) \longrightarrow 2NbI_5(s，黄铜色)$$

（2）铌与酸的反应

铌在常温下与多种酸都不会发生反应，但在加热时可溶于氢氟酸或氢氟酸与硝酸的混合物。

（3）铌与碱的反应

铌能在很大程度上抵抗熔融碱的侵蚀，但也会慢慢溶于碱中。

（4）其他

铌在通常条件下不与空气或水发生反应，这是因为它的表面被一层很薄的氧化物保护。

舍勒在1778年发现了钼。钼是一种坚硬的银白色过渡金属。钼经常伴生在石墨和铅矿中。金属钼可用于合金、电解和催化剂。德国在第一次世界大战中使用过一种名叫"大贝莎"（"Big Bertha"）的榴弹炮。钼是这种火炮所用钢材中的关键成分。

## 42.1  发现史

1778年，舍勒组织研究了一种矿物。这种矿物现在被称作辉钼矿。他断定，这种矿物并不像当时推测的那样含有铅。他在论文中提到，这种矿物中应该含有一种新元素，并以辉钼矿命名这种元素为钼。耶尔姆在1782年首先得到了不纯净的金属钼。

## 42.2 用途

- 钼是有价值的合金钢成分，可以调节调质钢的硬度和韧性。几乎所有超高强度的钢都含有 0.25%～8% 的钼。
- 改善钢铁在高温下的强度。
- 核能应用。
- 导弹和航天器部件。
- 石油工业中的催化剂。
- 电器设备中的细导线材料。
- 植物所必需的微量元素。土壤如果缺乏钼，可能会变荒芜。
- 二硫化钼是一种很好的润滑剂，特别是在其他的润滑剂会发生分解的高温下。

## 42.3 制备方法

金属钼易于实现工业化生产，因此通常无需在实验室中制备它。在工业上，钼的提炼有时是与铜的生产密切相关的。常用的方法是"烘烤"硫化物 $MoS_2$ 以形成氧化物 $MoO_3$。这种方法经常用于钢铁工业中。

生产纯净的钼，首先需要把钼的氧化物溶解在氨水中，以生成钼酸铵 $(NH_4)_2MoO_4$。然后用氢气还原钼酸铵，就可以得到金属钼。

## 42.4 生物作用和危险性

在自然界中不存在游离态的金属钼。钼的主要矿物是辉钼矿（二硫化钼，$MoS_2$）。钼一般是精炼铜和钨的副产品。

钼显然是所有生命体所需的微量元素。钼在固氮（把化学活性在通常情况下很弱的氮气转化为氮的化合物的过程）酶和硝酸还原酶的表达过程中起到了很重要的作用。

大多数人很少会遇到钼的化合物。几乎所有钼的化合物都有剧毒，并会导致畸形。

## 42.5 化学性质

（1）钼与空气的反应

在室温下，钼不与空气或氧气（$O_2$）发生反应。在红热时，钼可以与氧气发生反应生成氧化钼（Ⅵ）$MoO_3$。

$$2Mo(s) + 3O_2(g) \longrightarrow 2MoO_3(s)$$

（2）钼与卤素单质的反应

钼在室温下与氟气（$F_2$）发生直接反应，生成氟化钼（Ⅵ）$MoF_6$。反应所需的条件比铬的相似反应所需的条件要温和得多。

$$Mo(s) + 3F_2(g) \longrightarrow MoF_6(l，无色)$$

精心控制钼与氯气（$Cl_2$）的反应条件，可生成氯化钼（Ⅴ）$MoCl_5$。

$$2Mo(s) + 5Cl_2(g) \longrightarrow 2MoCl_5(s，黑色)$$

（3）其他

钼不与水、酸和碱发生反应。

自从发现锝以来，还没有在陆地上发现锝矿。锝存在于 S 型、M 型和 N 型恒星中。在恒星中存在锝的事实，使科学家提出了有关恒星产生重元素的新理论。

锝是一种银灰色金属，在空气中会慢慢失去光泽。在 1960 年之前，锝的产量一直都很小。锝的化学性质与铼的相似。

# 43.1    发现史

门捷列夫在编排元素周期表时，预言了第 43 号元素（锝）。他预言这种元素具有与锰非常相似的性质，并且把它命名为"类锰"。1925 年，曾经有人误以为发现了锝，并且把这种元素命名为"masurium"（钨）。锝其实是在 1937 年的意大利，由皮埃尔和塞格雷在用氘核轰击钼靶的产物中发现的。锝是第一种人造元素，这种元素的所有同位素都是放射性的。"technetium"（锝）的名称是从希腊语"technikos"而来，含义是"人造的"。

# 43.2    用途

• 高锝酸铵（$NH_4TcO_4$）是一种特殊的钢铁阻蚀剂。低碳钢中含有 5mg/kg 的 $KTcO_4$，这可以在 250℃ 以下保护暴露在水中的钢材。因为锝有放射性，这种保护方法仅限于封闭系统之内。

- 锝在 11K 以下（含 11K）的低温中具有超导性。
- 医学成像试剂。
- $^{95}$Tc 可用于放射性示踪。

# 43.3 制备方法

因为锝有放射性，所以除了在特殊的实验室以外，一般不会制备锝。锝是原子能工业的副产品，来自于铀的衰变。制备锝的另一种途径，是用氘核轰击钼靶。

根据原子能工业的规模，制备大量（量以千克计）的锝已成为可能。金属锝本身可以在 1100℃，时用氢气还原硫化物 $Tc_2S_7$ 或高锝酸铵（$NH_4TcO_4$）来制备。

# 43.4 生物作用和危险性

现在人们尚未在地球的岩石圈内发现锝。

锝没有生物作用。因为锝不是生物圈中的天然元素，所以并不会带来相关的危险。锝有放射性危险，所有的锝化合物都可能有剧毒。

大多数人都很少会接触到锝的化合物。只有少数核研究实验室才研究锝。在这些实验室中，需要特殊的操作技术和预防措施，以防范锝的高放射性。

# 43.5 化学性质

（1）锝与空气的反应

锝在空气中的反应活性，比在周期表中紧挨在锝上面的锰弱，而与在周期表中紧挨在锝下面的铼相当。锝在空气中只能缓慢地失去光泽。生产出来的锝一般是粉末状或海绵状的，这样会大大提高锝的反应活性。在氧气中加热锝，会生成氧化锝（Ⅶ）（七氧化二锝，$Tc_2O_7$）。

$$4Tc(s) + 7O_2(g) \longrightarrow 2Tc_2O_7(s)$$

（2）锝与卤素单质的反应

在氟气中加热锝，会生成氟化锝（Ⅵ）（六氟化锝，$TcF_6$）和氟化锝（Ⅶ）（七氟化锝，$TcF_7$）的混合物。

$$Tc(s) + 3F_2(g) \longrightarrow TcF_6(s)$$
$$2Tc(s) + 7F_2(g) \longrightarrow 2TcF_7(s)$$

（3）锝与酸的反应

与在周期表中紧挨在锝下面的铼相似，锝不溶于盐酸（HCl）和氢氟酸（HF）。锝可溶于硝酸（$HNO_3$）或浓硫酸（$H_2SO_4$），并都被氧化为高锝酸（$HTcO_4$）溶液。在高锝酸中，锝的化合价是 +7 价。

$$Tc + 7HNO_3 \longrightarrow HTcO_4 + 7NO_2\uparrow + 3H_2O$$
$$3Tc + 7HNO_3 \longrightarrow 3HTcO_4 + 7NO\uparrow + 2H_2O$$
$$2Tc + 7H_2SO_4 \longrightarrow 2HTcO_4 + 7SO_2\uparrow + 6H_2O$$

（4）其他

在通常条件下，锝不与水和碱发生反应。

钌是一种坚硬的白色金属。钌在室温下不会失去光泽，但在 800℃ 时会被空气氧化。金属钌不会被热酸、冷酸或王水腐蚀，但是若溶液中同时含有氯酸钾，则会发生爆炸性的氧化反应。

钌、铑、钯、锇、铱和铂组成了元素周期表中的铂系元素。

## 44.1    发现史

克劳斯在 1844 年分离出了钌的单质。他首先把天然铂放入王水中，然后从不能溶于王水的残渣中得到了钌。波兰化学家 Jedrzej Sniadecki 本可以在 1807 年就从一些铂矿中得到钌，但是他的计划并未被批准。可能是因为他收回了自己的申请。当时，他把这种元素称为 "vestium"。

## 44.2    用途

· 铂和钯是十分有效的硬化剂。钌与这两种金属的合金可用来制造高度耐磨的电插座。

· 添加 0.1% 的钌，可以使钛的防腐蚀能力提高 100 倍。

· 通用催化剂。附着了二氧化钌的 CdS 颗粒在水中的悬浮液，可在光照下催化分解硫化氢。这可应用于从原油中除去 $H_2S$，亦可应用于其他工业过程和催化剂中。

## 44.3    制备方法

因为钌可以实现工业化生产并可以一定的价格购买，所以在实验室中通常无需制备它。钌的工业生产途径很复杂。这是因为钌的矿物中还会含有其他金属，如铑、钯、银、铂和金。分离铱、铑、铂和钯等贵金属有时是一些特殊行业的主要活动，有时它们则是一些其他行业的副产品。存在于矿物中的其他金属使分离过程变得十分复杂。分离钌的唯一目的是，钌是一种有着很多用途的特种材料，是制造很多工业催化剂的基础。

制备钌首先需要对矿石或生产贱金属后的副产品进行预处理，以除去银、金、钯和铂。然后把残渣与重硫酸盐（$NaHSO_4$）共熔，再用水浸泡所得到的混合物。这样就得到了含有硫酸铑［$Rh_2(SO_4)_3$］的溶液，而钌则留在沉淀中。把沉淀与 $Na_2O_2$ 共熔，再用水浸泡，这样就得到了含有钌和锇的盐溶液（含有 $RuO_4^{2-}$ 和 $OsO_4(OH)_2^{2-}$），沉淀中含有二氧化铱（$IrO_2$）。把含有钌和锇的盐的溶液与氯气反应，可以得到挥发性的 $RuO_4$ 和 $OsO_4$。钌的氧化物可溶于盐酸，并生成 $H_3RuCl_6$。用 $NH_4Cl$ 处理所得的溶液，钌就会以 $(NH_4)_3RuCl_6$ 的形式沉淀下来。最后，蒸干并在氢气中燃烧沉淀，就可以得到纯净的金属钌。

# 44.4　生物作用和危险性

在自然界中存在钌的单质。有时钌会与铂、锇和铱伴生。钌矿十分稀少，主要分布在北美洲、南美洲和南非。钌有时还会与镍伴生并形成矿藏，可从与镍伴生的矿物中进行钌的工业化生产。

钌没有生物作用。

大多数人都很少会遇到钌的化合物。所有的钌化合物都是剧毒的致癌物。如果接触到钌的化合物，皮肤会被强烈着色。钌在生命体内可能会牢固地沉积在骨骼中。高挥发性的四氧化钌（$RuO_4$）有剧毒，应该避免与四氧化钌的接触。

# 44.5　化学性质

（1）钌与空气的反应

空气基本上不会氧化钌。在氧气中加热钌，会生成氧化钌（Ⅳ）（$RuO_2$）。
$$Ru(s) + O_2(g) \longrightarrow RuO_2(s)$$
第二和第三过渡系相应元素的化学性质一般会比较接近。但在这一列元素中，在周期表中紧靠在钌下面的锇会在空气中燃烧，并生成氧化锇（Ⅷ）（$OsO_4$）。

（2）钌与卤素单质的反应

钌可以与过量的氟气发生反应，生成氟化钌（Ⅵ）。
$$Ru(s) + 3F_2(g) \longrightarrow RuF_6(s，深棕)$$
在氯气和一氧化碳中，把金属钌加热到 330℃ 时，会生成深棕色的氯化钌（Ⅲ）（$RuCl_3$）。在氯气中继续加热，会得到黑色的氯化钌（Ⅲ）。

（3）其他

在通常条件下，钌不与水、酸和碱发生反应。

铑是一种银白色金属。与铂相比，铑的熔点较高而密度较低。铑的反射系数很高，并且质地坚硬、经久耐用。在红热时，铑会被氧化成氧化物。在更高的温度下，铑的氧化物则会分解回单质。铑是一些工业催化剂的主要成分，如 BP 孟山都法。

钌、铑、钯、锇、铱和铂组成了元素周期表中的铂系元素。

# 45.1    发现史

在发现元素钯之后不久，沃拉斯顿在 1803～1804 年间从南美出产的天然铂矿中发现了铑。他用王水（盐酸和硝酸的混合物）溶解矿石，然后用氢氧化钠（NaOH）中和过量的酸，再用氯化铵（$NH_4Cl$）沉淀铂 [生成氯铂酸铵（$NH_4$）$_2PtCl_6$]，最后再用氰化汞处理溶液使钯以氰化物的形式沉淀下来。最后用氢气还原残留的红色三氯化铑，得到了金属铑。

# 45.2    用途

• 铑作为合金成分，可增强铂和钯的硬度。这些合金可用于反应炉绕组、热电偶元件、玻璃纤维制品的轴衬、航天器火花塞电极和实验用坩埚。

• 因为铑的电阻低，并且具有较低且稳定的接点电阻和很高的抗腐蚀性能，所以可以用于制造电插座。

• 用电镀法或蒸发法镀的铑会十分坚硬，可用于光学仪器。

• 珠宝。

• 工业催化剂。

• 铑可用于合成催化式汽车排气净化器中的催化剂，在某种程度上减少废气排放。

## 45.3 制备方法

因为铑可以实现工业化生产并可以一定的价格购买，所以在实验室中通常无需制备它。铑的工业生产途径很复杂。这是因为铑的矿物中还会含有其他金属，如钯、银、铂和金。分离铑、铂和钯等贵金属有时是一些特殊行业的主要活动，有时它们则是一些其他行业的副产品。存在于矿物中的其他金属使分离过程变得十分复杂。分离铑的唯一目的是，铑是一种有着很多用途的特种材料，是制造很多工业催化剂的基础。

制备铑首先需要对矿石或生产贱金属后的副产品进行预处理，以除去银、金、钯和铂。然后把残渣与重硫酸盐（$NaHSO_4$）共熔，再用水浸泡所得到的混合物。这样就得到了含有硫酸铑［$Rh_2(SO_4)_3$］的溶液。向溶液中加入氢氧化钠，使铑以氢氧化物的形式沉淀下来。用盐酸溶解铑的氢氧化物，生成 $H_3RhCl_6$，再用亚硝酸钠和氯化铵处理溶液，使铑以配合物（$NH_4$）$_3$［$Rh(NO_2)_6$］的形式沉淀下来。用盐酸处理沉淀，可以得到纯净的（$NH_4$）$_3RhCl_6$的溶液。最后蒸干并在氢气中燃烧沉淀，就可以得到纯净的金属铑。

## 45.4 生物作用和危险性

铑矿十分稀少。在北美洲可以找到天然的铑的单质。同时，具有工业价值的铑往往与镍和铜伴生。这些矿藏分布在加拿大和南非。

铑没有生物作用。

大多数人都很少会遇到铑的化合物。几乎所有铑的化合物都是致癌的剧毒物。铑的化合物会强烈地使皮肤着色。

## 45.5 化学性质

（1）铑与空气的反应

铑在空气中几乎不会被腐蚀。在空气中把铑加热到 600℃ 时，会生成氧化铑（Ⅲ）（$Rh_2O_3$）。

$$4Rh(s) + 3O_2(g) \longrightarrow 2Rh_2O_3(s，深灰色)$$

一般来说，第二和第三过渡系的相应元素的化学性质会比较接近。但是这一列元素中，在周期表中紧靠在铑下面的铱会在空气中燃烧，并生成氧化铱（Ⅳ）$IrO_2$。虽然已经有了关于 $RhO_2$ 的报道，但人们似乎还未深入研究过它。

（2）铑与卤素单质的反应

金属铑可以直接同氟气发生反应，并生成具有强腐蚀性的氟化铑（Ⅵ）（$RhF_6$）。小心加热这种物质，可以生成暗红色的四聚氟化铑（Ⅴ）［$RhF_5$］$_4$。

$$Rh(s) + 3F_2(g) \longrightarrow RhF_6(s，黑色)$$

用金属铑和卤素单质在无水条件下发生直接反应，可以生成相应的三氟化铑（Ⅲ）($RhF_3$)、三氯化铑（Ⅲ）($RhCl_3$) 和三溴化铑（Ⅲ）($RhBr_3$)。

$$2Rh(s) + 3F_2(g) \longrightarrow 2RhF_3(s，红色)$$
$$2Rh(s) + 3Cl_2(g) \longrightarrow 2RhCl_3(s，红色)$$
$$2Rh(s) + 3Br_2(g) \longrightarrow 2RhBr_3(s，红棕色)$$

（3）铑与酸的反应

王水是盐酸和硝酸的混合物，可以溶解金。但金属铑几乎不与包括王水在内的酸发生反应。

（4）其他

在通常条件下，铑不与水和碱发生反应。

# 46　钯

钯是一种铁白色金属。钯在空气中不会失去光泽。在铂系金属中，钯的密度和熔点都是最低的。经过退火处理的钯质地柔软，具有延展性。冷处理可以提高钯的强度和硬度。钯用于制造一些钟表的发条。

钌、铑、钯、锇、铱和铂组成了元素周期表中的铂系元素。

在室温下，金属钯可以非常显著地吸收氢气。1 体积钯可以吸收 900 体积的氢气。氢气会在加热时逸出。这是一种纯化氢气的方法。

## 46.1　发现史

沃拉斯顿在 1803～1804 年间从南美洲出产的天然铂矿中发现了钯。他先用王水（盐酸和硝酸的混合物）溶解矿石，接着用氢氧化钠（NaOH）中和过量的酸，再用氯化铵（$NH_4Cl$）沉淀铂［生成氯铂酸铵（$(NH_4)_2PtCl_6$]，最后再用氰化汞处理溶液使钯以氰化物的形式沉淀下来。最后加热使氰化物分解，便得到了金属钯。

## 46.2　用途

· 钯粉是很好的加氢/脱氢催化剂。

- 钯合金可用于珠宝首饰。人造白金是一种金钯合金。在金中加入钯，可以使金褪色。
- 钯可以延展成只有 100nm 厚的箔。
- 牙科。
- 用于制作钟表和手术器械等精密器械。
- 用于制造电插座。
- 用于纯化氢气。

# 46.3　制备方法

因为钯可以实现工业化生产，所以在实验室中通常无需制备它。工业生产钯的过程很复杂。这是因为钯的矿物中还会含有其他金属，如铂。分离这些贵金属有时是一些特殊行业的主要活动，有时它们则是一些其他行业的副产品。存在于矿物中的其他金属使分离过程变得十分复杂。分离钯的唯一目的是，钯是一种有着很多用途的特种材料，是制造很多工业催化剂的基础。

制备钯首先需要用王水对矿石或生产贱金属后的副产品进行预处理，以得到含有金和钯（如 $H_2PdCl_4$）配合物的溶液。然后向溶液中加入氯化亚铁，可以使金沉淀下来并从溶液中分离出去。向溶液中加入 $NH_4Cl$，可以使铂以（$NH_4$)$_2PtCl_6$的形式沉淀下来，而把 $H_2PdCl_4$ 留在溶液中。用氨水和盐酸使钯以配合物 $PdCl_2(NH_3)_2$的形式沉淀下来。最后燃烧这种化合物，可以得到金属钯。

# 46.4　生物作用和危险性

在自然界中存在钯的游离态金属。在澳大利亚、巴西、俄罗斯、埃塞俄比亚等地都有与铂等其他铂系元素金属伴生的钯矿。此外，具有工业价值的钯往往与镍和铜伴生，这些矿藏主要分布在加拿大和南非。

钯没有生物作用。氯化钯曾被用作治疗肺结核的药物，用量是每天 0.065g（大约是每千克体重 1mg），这个处方没有太多的副作用。

大多数人都很少会遇到钯的化合物。钯的所有化合物都是有剧毒的致癌物。

# 46.5　化学性质

（1）钯与空气的反应

在氧气中加热钯，可以生成氧化钯（Ⅱ）（PdO）。

$$2Pd(s) + O_2(g) \longrightarrow PdO(s，黑色)$$

（2）钯与卤素单质的反应

钯与氟气（$F_2$）在可控条件下进行反应，可以生成三氟化钯。这种化合物并不是氟化钯（Ⅲ），而是 Pd（Ⅱ）和 Pd（Ⅳ）的混合盐 [Pd][PdF$_6$]。

$$2Pd(s) + 3F_2(g) \longrightarrow [Pd][PdF_6](s)$$

同样在可控条件下，通过钯和氯气之间的反应可以生成氯化钯（Ⅱ）（PdCl$_2$）。二氯化钯有两种同分异构体，在不同的反应条件下，可以生成其中的一种。在相似的条件下，通过钯和溴单质之间的反应可以生成溴化钯（Ⅱ）（PdBr$_2$）。

$$Pd(s) + Cl_2(g) \longrightarrow PdCl_2(s，红色❶)$$
$$Pd(s) + Br_2(g) \longrightarrow PdBr_2(s，红黑色)$$

（3）其他

在通常条件下，钯不与水、酸或碱发生反应。

**47    银**

虽然银并没有金那样昂贵，但它也还是一种比较稀少和昂贵的金属。纯银有耀眼的白色金属光泽。银比金稍硬，但具有非常好的延展性。纯银在所有金属中具有最高的导电性和导热性以及最低的接点电阻。碘化银（AgI）可用于（或曾用于）人工降雨。

银在洁净的空气中和水中都不会被腐蚀，但是在与臭氧、硫化氢和含有硫的空气接触时会失去光泽。银存在于墨西哥、秘鲁和美国等地的辉银矿、铅矿、铅锌矿、铜矿和金矿中。

# 47.1    发现史

人们在古代便已发现了银。在小亚细亚和爱琴海岛屿上倾泻的矿渣表明，人们早在公元前 3000 年就已经懂得如何分离银和铅了。

# 47.2    用途

· 标准纯银（纯度为 92.5%，含有铜等杂质）可用于珠宝、银器等装饰用途。

---

❶　第二种形态的颜色未知。

- 摄影（AgBr）。
- 牙科用合金。
- 焊接。
- 高容量的银锌电池和银镉电池。
- 银粉可用于印制电路。
- 用化学沉积、电镀或蒸发等方法可使银沉积在玻璃或金属上，并用于生产镜子。新沉积的银是最好的可见光反射面。但是银的反射性能会随时间推移而迅速下降。
- 碘化银可用于人工降雨。
- 硝酸银可广泛应用于摄影。
- 货币金属。

# 47.3　制备方法

因为银易于实现工业化生产，所以通常无需在实验室中制备它。生产金属银时会用金属铜把硝酸银溶液中的银置换出来。这个过程的产率很高。

$$Cu(s) + 2AgNO_3(aq) \longrightarrow Cu(NO_3)_2(aq) + 2Ag(s)$$

反应产物是金属银的美丽晶体和蓝绿色的硝酸铜溶液。在工业上，金属银经常是作为生产其他金属（如铜、铅和锌）的副产品而生产的。在电解精炼铜的过程中产生的所谓"阳极残渣"中含有银。通过电解含有银的硝酸盐溶液，可以得到银。这个电解过程可能会比较烦琐。

# 47.4　生物作用和危险性

有时可以发现银的单质以及辉银矿（硫化银，$Ag_2S$）等银矿。它们分布于澳大利亚、加拿大、智利、德国、墨西哥、挪威、撒丁岛和美国。

银没有生物作用。

银对低等生物有剧毒。金属银本身没有太大的毒性，但是银盐会刺激皮肤和黏膜。溅落到皮肤上的硝酸银溶液会使皮肤产生颜色非常深的暗斑。人体摄入少量的银盐就可能致死，极少量的银盐就会致癌。

# 47.5　化学性质

（1）银与空气的反应

在通常条件下，银在洁净的空气中是稳定的。

（2）银与卤素单质的反应

二氟化银（$AgF_2$）可由金属银和氟气直接反应生成，这种物质在热力学上是稳定的。

$$Ag(s) + F_2(g) \longrightarrow AgF_2(s, 棕色)$$

（3）银与酸的反应

金属银可溶于热的浓硫酸，也溶于各种浓度的硝酸。

（4）其他

银与纯净的水和碱都不发生反应。

镉是一种质地柔软的蓝白色金属，用小刀就可以很容易地切割镉。镉在很多方面都与锌相似。有趣的是，在弯曲镉棒的时候，可以听到一种独特的声音。镉和它的化合物都有剧毒。在处理含有镉的银焊料时，应当十分小心。

# 48.1  发现史

斯托罗迈尔在 1817 年从一些碳酸锌（$ZnCO_3$）样品的杂质中发现了镉。他注意到这些样品很特别，在加热时会变色，然而纯净的碳酸锌却不会这样。他从这个实验现象出发，通过非常耐心地烘烤和还原硫化镉，最终得到了一些金属镉。

# 48.2  用途

与锌类似，少量的镉可用作保护铁等金属的电镀层。镉的使用范围受到了环境问题的限制。镉是焊料等特种合金的成分，也是具有低摩擦系数和良好的抗疲劳性能的合金的成分。镉是镍镉电池的成分之一。镉可用于核反应堆中的一些控制杆和防护罩。

镉可用于黑白电视显像管的磷光粉以及彩色电视显像管的蓝色和绿色的磷光粉。有些半导体中含有镉。硫化镉可用于黄色颜料。镉的一些化合物可用作聚氯乙烯的稳定剂。

# 48.3  制备方法

因为环境问题，在实验室中很少需要制备镉。因为镉是锌中的主要杂质，所以它的生产与锌的提炼联系在一起。大部分的锌都是从硫化物中提炼的。在工业反应器中烘烤硫化锌，以形成氧化锌（ZnO）。用碳还原氧化锌，可生成金属锌。但在实际生产中，需要确保纯化后的产品中不含有氧化物杂质。

$$ZnO + C \longrightarrow Zn + CO$$
$$ZnO + CO \longrightarrow Zn + CO_2$$
$$CO_2 + C \longrightarrow 2CO$$

在碳还原氧化锌之后，通过在真空下蒸馏，可以使锌得到纯化。在纯化过程中，粗锌中含有的镉也同锌相互分离。

还有一种生产锌的方法，就是电解。把不纯的氧化锌（ZnO）溶于硫酸中，生成硫酸锌（$ZnSO_4$）的溶液。在电解之前，应向溶液中加入锌粉，而把作为杂质的镉（以硫酸镉的形式存在）沉淀下来。

# 48.4 生物作用和危险性

镉矿十分稀少。镉一般会与锌共生，出现在闪锌矿（硫化锌，ZnS）中。硫镉矿（CdS）是唯一的镉矿。大多数的镉是生产精炼锌矿、铜矿和铅矿时的副产品。

鼠类可能会需要极少量的镉。

吸入镉粉会损害呼吸道和肾形矿脉，这可能会致死；摄入大量的镉会导致急性中毒，并损害肝脏和肾形矿脉。

大多数人都很少会遇到镉的化合物。镉的所有化合物都是剧毒物。镉会在体内沉积，并导致肾衰竭。镉的化合物是致癌物，并且可能会导致畸形。令人担忧的是，英国《药典》从 1907 年起把碘化镉（$CdI_2$）作为一种药物，"用于治疗关节肿大、淋巴结核和冻疮"。

# 48.5 化学性质

（1）镉与空气的反应

镉可在空气中燃烧生成氧化镉（Ⅱ）。它的颜色随反应条件的变化而变化。

$$2Cd(s) + O_2(g) \longrightarrow 2CdO(s)$$

（2）镉与卤素单质的反应

氟化镉（Ⅱ）（$CdF_2$）、溴化镉（Ⅱ）（$CdBr_2$）和碘化镉（Ⅱ）（$CdI_2$）可以通过金属镉和氟、溴、碘的单质直接反应而生成。

$$Cd(s) + F_2(g) \longrightarrow CdF_2(s，白色)$$
$$Cd(s) + Br_2(g) \longrightarrow CdBr_2(s，淡黄色)$$
$$Cd(s) + I_2(g) \longrightarrow CdI_2(s，白色)$$

（3）镉与酸的反应

金属镉可以缓慢溶于稀酸中，生成含有 Cd（Ⅱ）离子的溶液和氢气。实际上

Cd（Ⅱ）在溶液中是以配离子 $Cd(H_2O)_6^{2+}$ 的形式存在的。

$$Cd(s) + 2H^+(aq) \longrightarrow Cd^{2+}(aq) + H_2(g)$$

金属镉和硝酸等氧化性酸的反应非常复杂，反应生成的产物取决于反应时的条件。

（4）其他

金属镉不与水发生反应，也不溶于氢氧化钾（KOH）等碱溶液。

铟是一种质地柔软的、有耀眼光芒的银白色金属。刮擦纯铟时会发出尖锐的声音。像镓一样，铟会浸润玻璃。铟可用于制造低熔点合金。用 24％ 的铟和 76％ 的镓制成的合金在室温下会呈液态。加拿大是世界上主要的铟矿出口国。

# 49.1　发现史

铟是赖希和李希特用分光镜在锌矿中发现的。锌矿中含有微量的铟，他们随后得到了铟的单质。在 1924 年之前，金属铟的世界产量只有大约 1g。铟的丰度其实与银相当。

# 49.2　用途

- 用于制造轴承合金、锗晶体管、整流器、电热调节器和光电元件等。
- 用于电镀金属或凝结在玻璃上，形成与银性能相当但防腐性能更好的镜面。
- 光电池。
- 和镓形成低熔点合金。
- 焊料。

# 49.3　制备方法

因为铟可以实现工业化生产，所以通常无需在实验室中制备它。铟是提炼铅和锌的副产品，可通过电解铟盐水溶液来生产金属铟。若要生产电子设备中所使用的纯铟，则需要更进一步的处理。

# 49.4　生物作用和危险性

在自然界中不存在游离态的金属铟。铟通常与锌伴生，大部分具有工业价值的铟都来自其中。铁矿、铅矿和铜矿中也含有铟。

铟没有生物作用。少量的铟可能会刺激新陈代谢。

大多数人都很少会接触到铟的化合物。铟的所有化合物都有剧毒，会损害心脏、肾脏和肝脏，并可能致畸。

# 49.5　化学性质

（1）铟与空气的反应

铟是一种银白色金属。金属铟的表面覆盖了一层很薄的氧化物。这使得铟在空气中不会被腐蚀，所以金属铟一般不会同空气发生反应。如果破坏氧化层，金属铟就暴露在空气的侵蚀中。铟同氧气可发生燃烧反应，产生明亮的蓝红色无光火焰，形成三氧化物氧化铟（Ⅲ）（$In_2O_3$）。

$$4In(s) + 3O_2(g) \longrightarrow 2In_2O_3(s)$$

（2）铟与水的反应

金属铟的表面覆盖了一层很薄的氧化物，这使得铟在空气中不会被腐蚀，所以金属铟一般不会同空气发生反应。如果破坏氧化层，金属铟就暴露在空气的侵蚀中，这时甚至水也可以腐蚀铟。

（3）铟与卤素单质的反应

金属铟与卤素单质剧烈反应，形成卤化铟。铟与氟气（$F_2$）、氯气（$Cl_2$）、溴单质（$Br_2$）、碘单质（$I_2$）分别反应生成氟化铟（Ⅲ）（$InF_3$）、氯化铟（Ⅲ）（$InCl_3$）、溴化铟（Ⅲ）（$InBr_3$）和碘化铟（Ⅲ）（$InI_3$）。

$$2In(s) + 3F_2(g) \longrightarrow 2InF_3(s)$$
$$2In(s) + 3Cl_2(g) \longrightarrow 2InCl_3(s)$$
$$2In(s) + 3Br_2(l) \longrightarrow 2InBr_3(s)$$
$$2In(s) + 3I_2(s) \longrightarrow 2InI_3(s)$$

（4）铟与酸的反应

金属铟在稀硫酸中会迅速溶解，形成含有水合铟（Ⅲ）离子的溶液和氢气。铟与稀盐酸的相似反应也会生成水合铟（Ⅲ）离子。浓硝酸会使金属铟钝化。

$$2In(s) + 6H^+(aq) \longrightarrow 2In^{3+}(aq) + 3H_2(g)$$

（5）铟与碱的反应

铟不溶于碱溶液中，这与在周期表中紧靠在铟上面的镓相反。镓可溶于碱溶液中。

锡通常是一种有延展性的银白色金属，并且具有高度严整的晶体结构。弯曲锡棒时会破坏锡的晶体结构，并发出一种特别的声响。锡元素有两种同素异形体。加热时，立方结构的 $\alpha$-锡（灰锡）会在 13.2℃ 时转变为常见的四面体结构的 $\beta$-锡（白锡）；当温度下降到 13.2℃ 以下时，白锡会慢慢转变为灰锡，这个变化（白锡与灰锡的转变，以下称"变化"）会受到铝或锌等杂质的影响。加入少量的锑或铋能有效防止转变反应的进行。这个"变化"首先是在欧洲天主教堂的管风琴上发现的，并被认为是魔鬼的杰作。另外，这个"变化"也曾被推测是由微生物引起的，并被称为"锡疫"或"锡病"。

锡能够耐受蒸馏水、海水和软化水的侵蚀，但是会被强酸、强碱和酸式盐腐蚀。溶液中含有的氧气会加速锡的腐蚀。在空气中加热锡可以生成 $SnO_2$。锡被用于或曾被用于厚钢板、制造罐头。锡是制造铜钟的部分原料。

## 50.1　发现史

古人已知道锡的存在，早期的金属冶炼工人发现锡太软，用处不多。但是在青铜时代，人们便已知道可以把锡和铜混合在一起形成青铜。

## 50.2　用途

- 用于喷涂其他金属以防止腐蚀等化学过程发生。可用镀锡的铁制作锡罐。
- 合金成分。含锡的合金，主要有软焊料、活字合金、易熔合金、白蜡、青铜、铜钟、巴氏轴承合金、白合金、压铸合金和磷青铜。
- 锡的氯化物（$SnCl_2 \cdot H_2O$）可用作还原剂和棉布印花的媒染剂。
- 喷溅到玻璃上的锡盐可用作仪表照明和无霜挡风屏的导电涂层。
- 在熔融的锡上漂浮的液态玻璃（浮法玻璃）可产生平整光滑的表面，这样的玻璃可用于窗户。
- 晶态锡-铌合金在极低的温度下是超导体。用这种合金制造的导线，即使只有几磅（lb，1lb=0.45359237kg，下同）重，也能产生相当于 100t 电磁铁的磁场。
- 三烷基和三芳基锡化合物是生物杀灭剂。使用这些化合物需要考虑到它们对环境的影响。三丁基锡是船舶防垢涂层中的活性成分。

# 50.3　制备方法

因为锡易于实现工业化生产，所以通常很少在实验室中制备它。锡一般是从矿物锡石（$SnO_2$）中提炼来的。用炽热的碳还原二氧化锡可以得到金属锡，这也许就是古人生产锡的方法。

$$SnO_2 + 2C \longrightarrow Sn + 2CO$$

# 50.4　生物作用和危险性

自然界中不存在游离态的金属锡。最重要的锡矿是锡石（二氧化锡，$SnO_2$）。马来西亚、玻利维亚、印度尼西亚、扎伊尔、泰国和尼日利亚是世界主要产锡国。英国的英格兰康沃尔地区因其锡矿而闻名。

鼠类可能需要极少量的锡。

金属锡本身并不会带来重要危险。但是锡的所有化合物，特别是有机锡化合物，都有剧毒。有机锡化合物可用作海船的杀菌剂和杀真菌剂，但这会带来环境问题，它们会给野生动、植物带来严重的不良影响。

# 50.5　化学性质

（1）锡与空气的反应

锡的反应活性比在周期表中紧靠在其上的锗高。在通常条件下，锡在空气中是稳定的。但是在空气或氧气中加热，锡就会同氧气发生反应，生成二氧化锡（$SnO_2$）。

$$Sn(s) + O_2(g) \longrightarrow SnO_2(s)$$

（2）锡与水的反应

在通常条件下，锡在水中是稳定的。但是在水蒸气中加热，锡就会同水发生反应，生成二氧化锡（$SnO_2$）。

$$Sn(s) + 2H_2O(g) \longrightarrow SnO_2(s) + 2H_2(g)$$

（3）锡与卤素单质的反应

锡能同所有的卤素单质迅速反应，在加热时，其反应产物是四卤化锡。锡与氟气（$F_2$）、氯气（$Cl_2$）、溴单质（$Br_2$）、碘单质（$I_2$）分别反应，生成氟化锡（Ⅳ）（$SnF_4$）、氯化锡（Ⅳ）（$SnCl_4$）、溴化锡（Ⅳ）（$SnBr_4$）和碘化锡（Ⅳ）（$SnI_4$）。

$$Sn(s) + 2F_2(g) \longrightarrow SnF_4(g)$$
$$Sn(s) + 2Cl_2(g) \longrightarrow SnCl_4(g)$$
$$Sn(s) + 2Br_2(l) \longrightarrow SnBr_4(l)$$

$$Sn(s) + 2I_2(s) \longrightarrow SnI_4(l)$$

（4）锡与酸的反应

锡能与冷的强酸稀溶液发生缓慢反应。

（5）锡与碱的反应

锡与可溶于热的强碱溶液中。

$$Sn(s) + 2OH^-(aq) + 4H_2O(l) \longrightarrow Sn(OH)_6^{2-}(aq) + 2H_2(g)$$

锑是一种极脆的层状金属晶体，带有蓝白色的金属光泽。在室温下锑和空气不发生反应，但是在空气中加热锑，锑就会以明亮的火焰燃烧，并产生白烟。锑是热和电的不良导体。

锑及其化合物都有毒。锑主要存在于辉锑矿，也存在于其他矿物中。

## 51.1　发现史

古人已发现了锑的化合物，并最晚于 17 世纪初得到了这种元素的单质。锑最主要的矿物是辉锑矿。这种矿物是公元初，女性用于描黑眼圈的化妆品的有效成分。锑在当时往往被误认为铅。现已很难查清是谁首先确认锑是一种元素，但是法国化学家勒莫里对锑化学早期研究的贡献最大。

## 51.2　用途

- 在半导体工艺中，锑可用于制造红外线探测器、二极管和霍尔传感器。
- 在合金方面，加入 $1\% \sim 20\%$ 的锑，可增强铅的硬度和机械强度。
- 电池、抗磨合金、活字合金、轻武器、曳光弹、电缆套等，约有半数所生产出来的锑被用于这些用途。
- 氧化锑、硫化锑、锑酸钠和三氯化锑可用于制造阻燃物、涂料、陶器珐琅、玻璃。
- 吐酒石（酒石酸锑钾）可入药，是优良的抗血吸虫病药物。

# 51.3　制备方法

　　锑可以实现工业化生产，因此通常无需在实验室中制备它。在自然界中，锑存在于包括辉锑矿（$Sb_2S_3$）和锑硫镍矿（$NiSbS$）在内的多种矿物中，另外也有少量的游离态的金属锑。有些矿物可被还原为 $Sb_2S_3$。用铁屑还原三硫化二锑，可以除去锑中的硫化物杂质。

$$Sb_2S_3 + 3Fe \longrightarrow 2Sb + 3FeS$$

　　还有另外一种生产锑的方法，可以加热锑矿石，使之变成氧化物 $Sb_2O_3$。在硫酸钠（以确保反应物之间充分混合）中，用木炭还原三氧化二锑可以得到金属锑。

$$2Sb_2O_3 + 3C \longrightarrow 4Sb + 3CO_2$$

# 51.4　生物作用和危险性

　　在自然界中有时会发现游离态的金属锑，有时也可以发现重金属的锑化物和氧化锑，但是锑主要存在于辉锑矿（$Sb_2S_3$，硫化锑）中。

　　英国药典从 1907 年起，把多种锑化合物用于治疗各种疾病，如引起呕吐和发汗，但也同时指出这些化合物有剧毒。氯化锑似乎可以用作治疗"中毒的伤口和生长中的癌细胞"的最后手段，但很少那么做。

　　大多数人都很少会遇到锑的化合物。锑的所有化合物都有剧毒，会严重损害肝脏，有严重的刺激性。实验或研究时应该由具有相应资质的化学家操作它们。

# 51.5　化学性质

　　（1）锑与空气的反应

　　在空气中加热锑，会与氧气发生反应，产生明亮的白色火焰，并生成三氧化物氧化锑（Ⅲ）（$Sb_2O_3$）。

$$4Sb(s) + 3O_2(g) \longrightarrow 2Sb_2O_3(s)$$

　　（2）锑与水的反应

　　在红热时，锑同水发生反应，生成三氧化物氧化锑（Ⅲ）（$Sb_2O_3$）。在常温下，这个反应的反应速率会明显变慢。

$$2Sb(s) + 3H_2O(g) \longrightarrow Sb_2O_3(s) + 3H_2(g)$$

　　（3）锑与卤素单质的反应

　　在可控条件下，金属锑与氟气（$F_2$）、氯气（$Cl_2$）、溴单质（$Br_2$）、碘单质（$I_2$）分别反应，生成三卤化物氟化锑（Ⅲ）（$SbF_3$）、氯化锑（Ⅲ）（$SbCl_3$）、溴化锑（Ⅲ）（$SbBr_3$）和碘化锑（Ⅲ）（$SbI_3$）。

$$2Sb(s) + 3F_2(g) \longrightarrow 2SbF_3(s，白色)$$
$$2Sb(s) + 3Cl_2(g) \longrightarrow 2SbCl_3(s，白色)$$
$$2Sb(s) + 3Br_2(l) \longrightarrow 2SbBr_3(s，白色)$$
$$2Sb(s) + 3I_2(s) \longrightarrow 2SbI_3(s，红色)$$

（4）锑与酸的反应

锑可溶于热的浓硫酸和硝酸中，生成含有 Sb（Ⅲ）的溶液。锑与硫酸的反应生成二氧化硫气体。在缺氧条件下，锑不与盐酸反生反应。

（5）锑与碱的反应

在通常条件下，锑不与碱发生反应。

纯碲是一种带有银白色金属光泽的晶体。碲质脆，易于研磨成粉末。碲是一种 p 型半导体，并且其导电性会随着晶体类型的不同而变化，光照可以稍稍提高碲的导电性。碲可以掺入银、铜、金、锡及其他元素的单质形成合金。

空气中，哪怕只含有 $0.01mg/m^3$、甚至更少的锑，暴露在这种环境中的人就会产生"碲呼吸"。锑会产生一种类似大蒜的气味。

## 52.1　发现史

赖希斯泰因在金矿石中发现了碲。在 1782 年时，他是特兰西瓦尼亚（今属罗马尼亚）的矿石首席检验官。但是直到 1798 年碲才被定名为"tellurium"（碲）。同年（1798 年），克拉普罗斯在赖希斯泰因的基础上作了进一步的研究，并分离出这种元素的单质。

## 52.2　用途

· 半导体。
· 作为铸铁、铜和不锈钢等合金中的成分。
· 加入金属铅中，以防止铅腐蚀。

- 制陶。
- 彩色玻璃。

# 52.3  制备方法

碲可以实现工业化生产，因此通常无需在实验室中制备它。虽然碲有自己独立的矿物，但它一般是作为精炼铜的副产品而生产的。碲的分离过程十分复杂，这取决于矿物中存在的其他化合物和元素。一般来说，生产过程中的第一步是在碳酸钠（苏打）的存在下来进行氧化。

$$Cu_2Te + Na_2CO_3 + 2O_2 \longrightarrow 2CuO + Na_2TeO_3 + CO_2$$

第二步用硫酸酸化亚碲酸盐 $Na_2TeO_3$，这样所有的亚碲酸盐就会以二氧化碲的形式沉淀下来，而亚硒酸（$H_2SeO_3$）则留在溶液中。

$$Na_2SeO_3 + H_2SO_4 \longrightarrow H_2SeO_3 + Na_2SO_4$$

$$Na_2TeO_3 + H_2SO_4 \longrightarrow TeO_2 + H_2O + Na_2SO_4$$

最后一步，用氢氧化钠溶解二氧化碲，再电解亚碲酸钠溶液，就可以得到碲的单质。

$$TeO_2 + 2NaOH \longrightarrow Na_2TeO_3 + H_2O$$

$$Na_2TeO_3 + H_2O \xrightarrow{\text{电解}} Te + 2NaOH + O_2$$

# 52.4  生物作用和危险性

在自然界中可以发现碲的单质，但是碲主要以碲化金的形式出现在金碲矿中，或与伴生在其他矿物中。在美国、加拿大、秘鲁和日本都有与其他元素伴生的碲矿。

碲没有生物作用。

碲的所有化合物都有剧毒。幸运的是，大多数人都很少会接触到碲的化合物。碲的化合物会导致畸形。哪怕只摄取很少量的碲，也会产生带有恶臭的呼气和令人难以忍受的气味，所以应该由具有相应资质的化学家操作碲的所有化合物。

# 52.5  化学性质

（1）碲与空气的反应

碲在空气中燃烧，生成二氧化物氧化碲（Ⅳ）。

$$Te_8(s) + 8O_2(g) \longrightarrow 8TeO_2(s)$$

（2）碲与水的反应

在通常条件下，碲不与水发生反应。

（3）碲与卤素单质的反应

在仔细操作下，碲在密封管中同氯气反应，生成二氯化三碲（$Te_3Cl_2$）。

$$3Te_8 + 8Cl_2 \longrightarrow 8Te_3Cl_2$$

碲同氟气（$F_2$）反应会引起燃烧，并形成六氟化物氟化碲（Ⅵ）。

$$Te_8(s) + 24F_2(g) \longrightarrow 8TeF_6(l)$$

在仔细操作下，碲在氮气介质中于 0℃时同氟气（$F_2$）反应，生成四氟化物氟化碲（Ⅳ）。如果控制反应条件，碲也会同氯气（$Cl_2$）、溴单质（$Br_2$）和碘单质（$I_2$）发生反应，分别生成相应的四卤化物氯化碲（Ⅳ）、溴化碲（Ⅳ）和碘化碲（Ⅳ）。

$$Te_8(s) + 16F_2(g) \longrightarrow 8TeF_4(s，白色)$$
$$Te_8(s) + 16Cl_2(g) \longrightarrow 8TeCl_4(s，淡黄色)$$
$$Te_8(s) + 16Br_2(g) \longrightarrow 8TeBr_4(s，红色)$$
$$Te_8(s) + 16I_2(g) \longrightarrow 8TeI_4(s，黑色)$$

（4）碲与酸的反应

碲不与稀的非氧化性酸发生反应。

（5）碲与碱的反应

在通常条件下，碲不与碱发生反应。

# 53　碘

碘是一种蓝黑色、有光泽的固体。碘在室温下可以升华，产生有刺激性气味的、美丽的蓝紫色气体。

碘可以同大多数元素形成化合物，但是它的反应活性比其他的卤素要低，并可被其他卤素置换。碘有一些类似金属的性质。碘易溶于氯仿、四氯化碳和二硫化碳，并形成美丽的紫色溶液。碘仅微溶于水。碘的化合物在有机化学中非常重要，在医药和摄影方面有很重要的用途。人体缺碘会引起甲状腺肿大。与淀粉溶液混合后所产生的深蓝色，可用来鉴定碘元素单质的存在。海草可以吸收碘，因此可以从中提炼它。智利硝石、生硝（硝酸钠）、海水和盐井中都存在碘。

# 53.1　发现史

库尔图瓦在 1811 年发现了碘。他在提炼钠和钾的化合物时，通过用硫酸处理海草灰而得到了碘的单质。

# 53.2　用途

- 碘化物和甲状腺素（其中含有碘）可用于医疗。
- 碘化钾和碘在酒精中的混合溶液可用于外伤消毒。
- 碘化银可用于摄像。
- 营养物。
- 精制食盐中应加入碘化物，以防止甲状腺肿大。
- 与淀粉溶液混合后所产生的深蓝色，可用来鉴定碘元素的单质的存在。

# 53.3　制备方法

碘可以实现工业化生产，因此通常无需在实验室中制备它。碘以比氯和溴小得多的浓度存在于海水中。像溴一样，以合适的海水为原料，在工业上可以用氯气处理海水的方法来制备碘，生成的碘可以用空气吹出。在这个过程中，碘化物被氯气氧化为碘单质。

$$2I^- + Cl_2 \longrightarrow 2Cl^- + I_2$$

少量的碘也可以通过碘化钠（NaI）固体和浓硫酸（$H_2SO_4$）的反应制取。这个过程首先会生成碘化氢（HI）气体。但在合适的反应条件下，部分碘化氢会被过量的硫酸氧化，生成碘单质和二氧化硫。

$$NaI(s) + H_2SO_4(l) \longrightarrow HI(g) + NaHSO_4(s)$$
$$2HI(g) + H_2SO_4(l) \longrightarrow I_2(g) + SO_2(g) + 2H_2O(l)$$

# 53.4　生物作用和危险性

在自然界中不存在游离态的碘，碘矿也非常少见。海水中往往会含有少量碘。智利硝石矿中含有不超过 0.3% 的碘化钙。人们可以从海草中萃取碘。

在自然界中，碘以碘离子（$I^-$）的形式存在，并以碘化物的形式被人体吸收。碘是人们日常饮食中的必需元素。碘其实可能是饮食中所需元素中最重的元素。碘的化合物可用于医疗。

饮食中缺乏碘会导致甲状腺肿大。因为现在精制食盐中都会添加一些碘化物，所以这种情况已经很少见了。

碘单质有毒，如果摄入过量，其蒸气会刺激人体眼睛和肺部。空气中碘的浓度

不能超过 $1mg/m^3$，所有的碘化物都有毒。

# 53.5　化学性质

（1）碘与空气的反应

碘单质（$I_2$）不会与氧气（$O_2$）或氮气（$N_2$）发生反应。但是碘可以与氧的同素异形体臭氧（$O_3$）发生反应，生成不稳定的黄色氧化物九氧化四碘（$I_4O_9$），这种物质在本质上可能是 $I(IO_3)_3$。

$$2I_2 + 3O_3 \longrightarrow I_4O_9$$

（2）碘与水的反应

碘同水发生反应，生成次碘酸盐。反应的平衡点受溶液的 pH 值影响极大。

$$I_2(g) + H_2O(l) \Longleftrightarrow HIO(aq) + H^+(aq) + I^-(aq)$$

次碘酸属于弱酸。在中性或酸性环境中，应该以游离酸 HIO 的形式存在。在碱性环境中，次氯酸被中和，所以平衡会向右移动。

（3）碘单质与卤素单质的反应

碘单质（$I_2$）同氟气（$F_2$）发生反应，在室温下可以生成五氟化物氟化碘（Ⅴ）；在 250℃时，则可生成七氟化物氟化碘（Ⅶ）。在仔细控制的条件下（$-45$ ℃，$CFCl_3$ 的悬浮液中），可以得到三氟化物氟化碘（Ⅲ）。

$$I_2(s) + 5F_2(g) \longrightarrow 2IF_5(l，无色)$$
$$I_2(g) + 7F_2(g) \longrightarrow 2IF_7(g，无色)$$
$$I_2(s) + 3F_2(g) \longrightarrow 2IF_3(s，黄色)$$

在 $-80$℃时，碘同过量的液氯发生反应，生成"三氯化碘"，生成的这种物质实际上是 $I_2Cl_6$。在常温下的水溶液中，碘可以同氯气反应生成碘酸。

$$I_2(s) + 3Cl_2(l) \longrightarrow I_2Cl_6(s，黄色)$$
$$I_2(s) + 6H_2O(l) + 5Cl_2(g) \longrightarrow 2HIO_3(s) + 10HCl(g)$$

碘单质（$I_2$）可以同溴单质（$Br_2$）发生反应，生成非常不稳定的卤素间化合物溴化碘（Ⅰ），IBr 是一种低熔点的固体。

$$I_2(s) + Br_2(l) \longrightarrow 2IBr(s)$$

（4）碘与酸的反应

碘同热的浓硝酸反应可以生成碘酸。冷却溶液，可以析出碘酸的晶体。

$$I_2(s) + 10HNO_3(aq) \longrightarrow 2HIO_3(s) + 10NO_2(g) + 4H_2O(l)$$

（5）碘与碱的反应

碘同热的碱溶液反应生成碘酸盐。在这个反应中，只有占总数 1/6 的碘转化为碘酸盐。

$$3I_2(g) + 6OH^-(aq) \longrightarrow IO_3^-(aq) + 5I^-(aq) + 3H_2O(l)$$

氙是一种无色无味的、性质不活泼的"贵族气体"或"惰性气体"。地球空气中含有少量的氙。火星的大气中含有 $0.08mL/m^3$ 的氙。在 1962 年之前，人们普遍认为氙和其他稀有气体都不能形成化合物。在现在已知的氙的化合物中，有水合氙、高氙酸钠、重水合物、二氟化氙、四氟化氙、六氟化氙、$XePtF_6$ 和 $XeRhF_6$ 以及高爆炸性的三氧化氙（$XeO_3$）。

可在数百大气压下获得金属性的氙。通电激发时，真空管中的氙会发出蓝色辉光，这使得氙可用于滤波灯。

## 54.1　发现史

拉姆赛爵士和特拉福斯在 1898 年从分馏液态空气后的残留物中发现了氙。他们在此数周之前已用相似的方法发现了氪和氖。因为空气中只含有大约 $0.087mL/m^3$ 的氙，所以他们需要从大量的空气中才能获得很少量的氙。

## 54.2　用途

- 用于制造电子管、闪光灯、杀菌灯以及用于产生相干光束的红宝石激光激发器。
- 在原子能领域，用于泡沫室、探针等需要使用大分子量分子的环境中。
- 氙的一个潜在用途是用作离子发动机气体。
- 高氙酸盐可用作分析化学中的氧化剂。

## 54.3　制备方法

在大气中含有少量的氙。氙是液化和分离空气的副产品。因为氙可以实现工业化生产，并且装在高压储气罐中，因此通常无需在实验室中制备氙。

## 54.4　生物作用和危险性

氙没有生物作用。

大多数人都很少会遇到氙的化合物。除非大量的氙气通过使人与氧气隔绝而窒息，否则氙气是无毒的。

## 54.5    化学性质

（1）氙与水的反应

氙不与水发生反应，但可微溶于水。在 20℃（293K）时，氙在水中的溶解度大约是 108.1cm³/kg。

（2）氙与卤素单质的反应

氙气和氟气之间可以发生反应。在 6atm 的镍罐中，氙气和氟气主要生成四氟化物氟化氙（Ⅳ）(XeF₄)，但同时也会生成一些二氟化物氟化氙（Ⅱ）(XeF₂) 和六氟化物氟化氙（Ⅵ）(XeF₆)。氙气似乎不与其他卤素反应。

$$Xe(s) + F_2(g) \longrightarrow XeF_2(s)$$
$$Xe(s) + 2F_2(g) \longrightarrow XeF_4(s)$$
$$Xe(s) + 3F_2(g) \longrightarrow XeF_6(s)$$

（3）其他

氙不与空气、酸发生反应。

铯在蓝色光区有两条明亮的特征谱线、"caesium"（美"cesium"）的名称便由此而来。铯是一种略带金色的银白色金属，质地柔软，有延展性，是电负性最低和碱性最强的元素。铯、镓和汞是仅有的三种在室温时或室温上下时呈液态的金属。铯会与冷水发生爆炸反应，在 −116℃ 以上就能与冰发生反应。氢氧化铯是一种强碱，会腐蚀玻璃。

## 55.1    发现史

本生和基尔霍夫在 1860 年用分光镜，在来自涂尔干的矿泉水样品中发现了铯。他们通过光谱中两条明亮的蓝色谱线确认了这个元素，并命名其为"caesium"（来自拉丁语"caesius",含义是"天蓝")。

本生从矿泉水中沉淀出了铯盐。铯盐在矿泉水中同其他碱金属的盐类混合在一起。他把这些碱金属的盐类相互分离,并得到了氯化铯和碳酸铯,而他没有得到金属铯。得到金属铯的工作是由塞特伯格完成的。

# 55.2 用途

- 几种有机化合物的氢化作用中的催化剂。
- 可用于离子推进系统。虽然在地球的大气层内用处不大,但在外太空,与燃烧相同数量的、其他任何已知的液态或固态燃料相比,燃烧铯可使飞船的推进距离延长到原来的 140 倍。铯的性能优于铷。
- 原子钟。
- 铯是高度亲氧的元素,所以可用于电子管中的吸收剂。
- 用于光电管和真空管。
- 红外灯。

# 55.3 制备方法

因为非常易于实现工业化生产铯,所以通常无需在实验室中制备它。给电负性很低的铯离子($Cs^+$)增加一个电子是十分困难的,所以所有分离铯的方法都需要经过电解。

铯不能像期待的那样,通过与钠类似的方法生产。这是因为,通过电解熔融氯化铯(CsCl)而得到的金属铯,一经生成就会溶解在熔融盐中。

阴极:$Cs^+(l) + e^- \longrightarrow Cs(l)$

阳极:$Cl^-(l) \longrightarrow \frac{1}{2}Cl_2(g) + e^-$

因此,制备金属铯的方法改为用金属钠和熔融氯化铯发生的反应。

$$Na + CsCl \rightleftharpoons Cs + NaCl$$

这是一个平衡反应。在上述反应条件下,铯具有很高的挥发性,能够从反应体系中分离出来,这使得反应可以继续进行下去。通过这种方式得到的铯,其中只包含很少的钠杂质,可通过蒸馏纯化所得的铯。

# 55.4 生物作用和危险性

铯不是一种常见元素,在地球地壳中的丰度排在约第 45 位。铯榴石(铯的水合铝硅酸盐,$2Cs_2O \cdot 2Al_2O_3 \cdot 9SiO_2 \cdot H_2O$)中含有铯,主要分布在北美洲、意大利、哈萨克斯坦和瑞典。硼铯铷矿除了含有铝、铍和钠以外,也含有铯,主要分布在乌拉尔和马达加斯加。有些钾矿中也含有铯。

铯没有生物作用。但是因其化学性质与钾相近，所以可在某种程度上在体内替代钾的位置。因此应避免摄入任何剂量的含铯化合物。而在鼠类的饮食中，可用铯替代钾。

大多数人都很少会遇到铯的化合物。因其化学性质与钾相近，故铯的所有化合物都有剧毒。因为这种相似性，同位素 $^{134}$Cs 和 $^{137}$Cs（作为放射性泄漏的产物而少量存在于生物圈中）有剧毒。人体摄入大量的铯，会导致应激过度和痉挛。

# 55.5  化学性质

**(1) 铯与空气的反应**

金属铯非常软，可以很容易地切割它。新切的表面有光泽，但会很快变暗。这是由于铯与空气中的氧气和水蒸气反应而造成的。铯在空气中燃烧，所得的产物主要是橙色的超氧化铯（$CsO_2$）。

$$Cs(s) + O_2(g) \longrightarrow CsO_2(s)$$

**(2) 铯与水的反应**

金属铯与水迅速反应，形成氢氧化铯（CsOH）的无色碱性溶液和氢气。因为氢氧化铯的溶解，所得的溶液是碱性的。反应会放出大量的热。反应速率非常大，以至于如果是在玻璃容器中进行这个反应，容器就会炸裂。虽然未经验证，但据估计，铯与水的反应可能会慢于钫（在元素周期表中紧靠铯的下面）的相应反应；但是要快于铷（在元素周期表中紧靠铯的上面）的相应反应。

$$2Cs(s) + 2H_2O(l) \longrightarrow 2CsOH(aq) + H_2(g)$$

**(3) 铯与卤素单质的反应**

金属铯同所有的卤素单质都剧烈反应，生成卤化铯。铯同氟气（$F_2$）、氯气（$Cl_2$）、溴单质（$Br_2$）和碘单质（$I_2$）反应，分别生成氟化铯（Ⅰ）CsF、氯化铯（Ⅰ）CsCl、溴化铯（Ⅰ）CsBr 和碘化铯（Ⅰ）CsI。

$$2Cs(s) + F_2(g) \longrightarrow 2CsF(s)$$
$$2Cs(s) + Cl_2(g) \longrightarrow 2CsCl(s)$$
$$2Cs(s) + Br_2(g) \longrightarrow 2CsBr(s)$$
$$2Cs(s) + I_2(g) \longrightarrow 2CsI(s)$$

**(4) 铯与酸的反应**

金属铯能迅速溶解在稀硫酸中，生成氢气和包含 Cs（Ⅰ）水合离子的溶液。

$$2Cs(s) + 2H^+(aq) \longrightarrow 2Cs^+(aq) + H_2(g)$$

**(5) 铯与碱的反应**

金属铯与碱溶液的反应其实就是铯与水的反应，同上文（2）。

$$2Cs(s) + 2H_2O \longrightarrow 2CsOH(aq) + H_2(g)$$

# 56 钡

钡是一种金属元素，质地柔软。纯钡的外观有些像铅，是一种银白色金属。钡很容易被氧化，而且可以与水和乙醇发生反应。钡是一种碱土金属。制造颜料和玻璃时会用到少量钡的化合物。

钡盐在焰色反应中会呈现出绿色。

## 56.1 发现史

舍勒在 1774 年从石灰石矿（氧化钙，CaO）中发现了重土（氧化钡，BaO）。戴维爵士在 1808 年通过电解重晶石得到了钡的单质。

## 56.2 用途

- 钡白（硫酸钡，$BaSO_4$）可用于颜料和 X 射线检查。
- 制造玻璃。
- 重晶石被大量用于制造橡胶，并被用作油井钻探时使用的泥浆中的增重剂。
- 碳酸钡可用于鼠药。
- 在烟花中添加硝酸钡和氯酸钡（危险品！），可产生绿色烟花效果。
- 硫化钡可用作白色颜料。

## 56.3 制备方法

金属钡可以实现工业化生产，因此通常无需在实验室中制备金属钡。金属钡可以通过电解熔融的氯化钡（$BaCl_2$）进行小批量的工业生产。

阴极：$Ba^{2+}(l) + 2e^- \longrightarrow Ba$

阳极：$Cl^-(l) \longrightarrow \frac{1}{2}Cl_2(g) + e^-$

此外，还可以用铝还原氧化钡（BaO）来制备金属钡。

$$6BaO + 2Al \longrightarrow 3Ba + Ba_3Al_2O_6$$

## 56.4 生物作用和危险性

自然界中不存在游离态的金属钡。钡主要存在于矿物重晶石中，此外自然界中还有少量的碳酸钡矿。

钡没有生物作用。英国药典从 1907 年起把氯化钡（$BaCl_2 \cdot 2H_2O$）列为心肌或其他肌肉的刺激剂，据说钡"可以通过缩小体积而提高血压，并可能清空肠、膀胱和胆囊"。药典同时还指出了钡的毒性。硫化钡（BaS）可用作脱毛剂（脱发）。不溶于水的硫酸钡（$BaSO_4$）可用于体检（钡餐）。

大多数人都很少会遇到钡的化合物。虽然早先的证据表明，钡的毒性似乎有限，但是钡的所有化合物都是剧毒物，钡盐会损害肝脏。金属钡的粉末有引起火灾和爆炸的危险。

## 56.5 化学性质

### （1）钡与空气的反应

钡是一种银白色金属，金属钡的表面覆盖了一层很薄的氧化物，这使得钡可以免受空气的进一步侵蚀。钡的这层氧化物要比镁的相应保护层要薄得多。在空气中点燃金属钡会发生燃烧，并生成白色的氧化钡（BaO）和氮化钡（$Ba_3N_2$）的混合物。在空气中燃烧钡会产生过氧化钡（$BaO_2$），所以氧化钡一般是通过加热碳酸钡来制备的。钡在元素周期表中在镁的下边的第三个位置，在空气中比镁有更大的反应活性。

$$2Ba(s) + O_2(g) \longrightarrow 2BaO(s)$$
$$Ba(s) + O_2(g) \longrightarrow BaO_2(s)$$
$$3Ba(s) + N_2(g) \longrightarrow Ba_3N_2(s)$$

### （2）钡与水的反应

钡会迅速地与水反应，生成氢氧化钡 $Ba(OH)_2$ 和氢气。钡与水的反应要快于锶（在元素周期表中紧靠钡的上面）的相应反应；但是可能要慢于镭（在元素周期表中紧靠钡的下面）的相应反应。

$$Ba(s) + 2H_2O(l) \longrightarrow Ba(OH)_2(aq) + H_2(g)$$

### （3）钡与卤素单质的反应

据推测，钡与卤素的反应活性应该非常大，但是并没有找到相应的文献来证明这种观点。金属钡可能会在卤素单质氯气（$Cl_2$）、溴单质（$I_2$）和碘单质（$I_2$）中发生燃烧，分别生成二卤化物氯化钡（Ⅱ）（$BaCl_2$）、溴化钡（Ⅱ）（$BaBr_2$）和碘化钡（Ⅱ）（$BaI_2$）。钡同溴和碘的反应可能需要加热。

$$Ba(s) + Cl_2(g) \longrightarrow BaCl_2(s)$$
$$Ba(s) + Br_2(g) \longrightarrow BaBr_2(s)$$

$$Ba(s) + I_2(g) \longrightarrow BaI_2(s)$$

（4）钡与酸的反应

金属钡能迅速溶解在不同浓度的盐酸中，生成氢气和含有 Ba（Ⅱ）水合离子的溶液。

$$Ba(s) + 2H^+(aq) \longrightarrow Ba^{2+}(aq) + H_2(g)$$

（5）钡与碱的反应

钡不与碱发生反应。

镧是一种有延展性的银白色金属。镧很软，可以用一把小刀切割它。镧是稀有金属中反应活性比较高的元素。暴露在空气中的镧会被迅速氧化。镧会被冷水缓慢腐蚀，热水则可以更快地腐蚀它。镧可以与碳、氮、硼、硒、硅、磷、硫和卤素发生反应。用于制造打火石的混合稀土材料中含有镧。

# 57.1 发现史

莫桑德于 1839 年在含有杂质的硝酸铈中发现了镧。他分离出了镧的氧化物（$La_2O_3$）。在这之后，人们在含有杂质的钇和铈的化合物中发现了多种其他的稀土元素。

# 57.2 用途

• 含有镧的稀土金属化合物可大量应用于照明，特别是在电影工业上用于影棚照明和投影。

• $^{203}La$ 可以提高玻璃的抗碱腐蚀性能，被用于制造特种光学玻璃。

• 少量的镧可用作球墨铸铁的添加剂。

• 含有镧的海绵状合金可以吸收氢气的体积相当于自身体积的 400 倍。该吸收过程是可逆的，氢气可以在加热时析出。因此这些合金可能会用于节能系统。

• 打火石。

· 合金。

# 57.3　制备方法

镧可以实现工业化生产，所以通常无需在实验室中制备它。把镧同其他元素分离，并得到纯净的金属镧比较困难，这在很大程度上取决于它在自然界的存在形式。在自然界中有多种稀土矿，其中以磷钇矿、独居石和氟碳铈矿最为重要；前两种矿物都是正磷酸盐矿 $LnPO_4$（Ln 表示除非常稀少的钷以外所有镧系元素组成的集合），而氟碳铈矿则是由氟化物和碳酸盐形成的复盐矿 $LnCO_3F$。原子序数为偶数的镧系元素比较常见。上述矿物中最常见的镧系元素主要依次为铈、镧、钕和镨。独居石中还含有镧系元素钍和钇。钍及其衰变产物有放射性，这使得它变得更加难以处理。

在很多时候并不需要把各种金属都分离开，但是如果需要那么做，其过程会非常复杂。分离时首先用硫酸（$H_2SO_4$）、盐酸（HCl）和氢氧化钠（NaOH）把稀土金属以盐的形式浸取出来。分离纯化这些盐时，现在常用的方法包括选择性配位技术、萃取技术和离子交换树脂。

用金属钙还原 $LaF_3$，可以得到纯净的镧。

$$2LaF_3 + 3Ca \longrightarrow 2La + 3CaF_2$$

该反应也可以用其他卤化镧，但在所选用的反应条件下（在氩气中加热至高于金属熔点 50℃），生成的氟化钙会比其他卤化钙更易于处理。可在真空条件下把过量的钙从混合反应物中除去。

# 57.4　生物作用和危险性

在自然界中不存在镧的单质。独居石（$LnPO_4$）和氟碳铈矿（$LnCO_3F$）中含有镧，这些矿物中含有少量的各种稀土元素，此外还有褐帘石。把镧同其他稀土元素分离开，比较困难。

镧没有生物作用。

大多数人都很少会遇到镧的化合物。虽然早先的证据表明，镧的毒性似乎有限，但是镧的所有化合物都有剧毒，镧盐会损害肝脏。金属镧的粉末有引起火灾和爆炸的危险。

# 57.5　化学性质

(1) 镧与空气的反应

金属镧在空气中会慢慢失去光泽。镧可以在空气中迅速燃烧，生成氧化镧（Ⅲ）（$La_2O_3$）。

$$4La + 3O_2 \longrightarrow 2La_2O_3$$

（2）镧与水的反应

银白色的金属镧的电负性相当低，能与冷水发生反应，并与热水迅速反应，生成氢氧化镧和氢气。

$$2La(s) + 6H_2O(aq) \longrightarrow 2La(OH)_3(aq) + 3H_2(g)$$

（3）镧与卤素单质的反应

金属镧可以与所有的卤素单质发生反应，生成三卤化物。金属镧可与氟气（$F_2$）、氯气（$Cl_2$）、溴单质（$Br_2$）、碘单质（$I_2$）反应生成氟化镧（Ⅲ）（$LaF_3$）、氯化镧（Ⅲ）（$LaCl_3$）、溴化镧（Ⅲ）（$LaBr_3$）和碘化镧（Ⅲ）（$LaI_3$）。

$$2La(s) + 3F_2(g) \longrightarrow 2LaF_3(s)$$
$$2La(s) + 3Cl_2(g) \longrightarrow 2LaCl_3(s)$$
$$2La(s) + 3Br_2(l) \longrightarrow 2LaBr_3(s)$$
$$2La(s) + 3I_2(s) \longrightarrow 2LaI_3(s)$$

（4）镧与酸的反应

金属镧可以迅速溶于硫酸中，生成含有水合 La（Ⅲ）离子的溶液和氢气（$H_2$）。$La^{3+}$（aq）极有可能是以配离子 $La(H_2O)_9^{3+}$ 的形式存在的。

$$2La(s) + 6H^+(aq) \longrightarrow 2La^{3+}(aq) + 3H_2(g)$$

（5）镧与碱的反应

镧不同碱发生反应。

## 58 铈

铈是一种带有铁灰色光泽的、易于延展的金属。铈在室温下的空气中，特别是潮湿的空气中，会迅速氧化。铈是除铕以外反应活性最高的稀土金属。铈可以被冷水缓慢腐蚀，并能与热水迅速反应。铈易于与碱溶液和各种浓度的酸发生反应。在空气中用小刀刮蹭金属铈，就能点燃铈。

铈在地壳中的丰度是所有稀土元素中最高的。在褐帘石、独居石、铈硅石和氟碳铈矿中都含有铈。在印度、巴西和美国都有大量的铈矿。

## 58.1　发现史

贝采利乌斯和希辛格在 1803 年发现了铈。克拉普罗斯在同年（1803 年）也独立发现了铈。铈的单质最早是从瑞典巴斯特拉镇出产的铁矿中分离出的。

## 58.2　用途

- 含有铈的稀土合金可用于制造打火机的引火合金。
- 氧化铈是白炽灯灯罩的重要成分，也是自洁式烤箱的催化剂。在烤箱的炉壁材料中添加氧化铈，可避免烹调时的残渣附着在炉壁上。
- 铈的硫酸盐可广泛用作定量分析中容量分析法的氧化剂。
- 用于制造玻璃，同时作为添加剂和脱色剂。
- 氧化铈能比红铁粉磨光玻璃更快，所以可替代后者用作玻璃磨光剂。
- 加工石油的催化剂。
- 用于冶金和原子能领域。

## 58.3　制备方法

制备金属铈的途径主要有用钙还原三氟化铈，或电解熔融的三氯化铈等卤化铈。

铈可以实现工业化生产，所以通常无需在实验室中制备它。把铈同其他元素分离，并得到纯净的金属铈比较困难，这在很大程度上取决于它在自然界中的存在形式。在自然界中有多种稀土矿，其中以磷钇矿、独居石和氟碳铈矿最为重要；前两种矿物都是正磷酸盐矿 $LnPO_4$（Ln 表示除非常稀少的钷以外所有镧系元素组成的集合），而氟碳铈矿则是由氟化物和碳酸盐形成的复盐矿 $LnCO_3F$。原子序数为偶数的镧系元素比较常见。上述矿物中最常见的镧系元素主要依次为铈、镧、钕和镨，独居石中还含有锕系元素钍和钇。钍及其衰变产物有放射性，这使得它变得更加难以处理。

在很多时候并不需要把各种金属都分离开，但是如果需要那么做，其过程会非常复杂。分离时，用硫酸（$H_2SO_4$）、盐酸（HCl）和氢氧化钠（NaOH）把稀土金属以盐的形式浸取出来。Ce（Ⅳ）离子比 Ln（Ⅲ）离子更易于水解，因此可以通过加入 $KMnO_4$ 等氧化剂把铈沉淀下来。

通过用石墨电解槽作阳极、石墨电极作阴极，电解 $CeCl_3$ 和 NaCl 或 $CaCl_2$ 的熔融混合物，可以得到纯铈，同时还会生成氯气。

# 58.4 生物作用和危险性

在自然界中不存在铈的单质。独居石（LnPO$_4$）和氟碳铈矿（LnCO$_3$F）中含有铈，这些矿物中含有少量的各种稀土元素，此外还有褐帘石和铌钇矿。把铈同其他稀土元素分离开，比较困难。

铈没有生物作用，但是据说可以刺激新陈代谢。从 1907 年起，英国药典指出，硝酸铈［Ce(NO$_3$)$_3$］可用于治疗消化不良、胃热和呕吐（特别是孕吐），其剂量是 0.05～0.3g（1～5 米粒）。药典还指出，铈盐的药理学特性类似铋盐；草酸铈［Ce$_2$(C$_2$O$_4$)$_3$·9H$_2$O］也可用于治疗慢性呕吐（特别是孕吐），其剂量是每天3次，每次 0.6g。如果有必要，需连服数日。

大多数人都很少会遇到铈的化合物。虽然早先的证据表明铈的毒性似乎有限，但是铈的所有化合物都有剧毒。金属铈的粉末有引起火灾和爆炸的危险。

# 58.5 化学性质

（1）铈与空气的反应

金属铈在空气中会慢慢失去光泽。铈可以在空气中迅速燃烧，生成氧化铈（Ⅳ）（CeO$_2$）。

$$Ce + O_2 \longrightarrow CeO_2$$

（2）铈与水的反应

银白色的金属铈的电负性相当低，能与冷水发生反应，并与热水迅速反应，生成氢氧化铈和氢气。

$$2Ce(s) + 6H_2O(aq) \longrightarrow 2Ce(OH)_3(aq) + 3H_2(g)$$

（3）铈与卤素单质的反应

金属铈可以与所有的卤素单质发生反应生成三卤化物。金属铈可与氟气（F$_2$）、氯气（Cl$_2$）、溴单质（Br$_2$）、碘单质（I$_2$）反应，生成氟化铈（Ⅲ）（CeF$_3$）、氯化铈（Ⅲ）（CeCl$_3$）、溴化铈（Ⅲ）（CeBr$_3$）和碘化铈（Ⅲ）（CeI$_3$）。

$$2Ce(s) + 3F_2(g) \longrightarrow 2CeF_3(s，白色)$$
$$2Ce(s) + 3Cl_2(g) \longrightarrow 2CeCl_3(s，白色)$$
$$2Ce(s) + 3Br_2(l) \longrightarrow 2CeBr_3(s，白色)$$
$$2Ce(s) + 3I_2(s) \longrightarrow 2CeI_3(s，黄色)$$

（4）铈与酸的反应

金属铈可以迅速溶于硫酸中，生成含有水合 Ce（Ⅲ）离子的无色溶液和氢气（H$_2$）。Ce$^{3+}$（aq）极有可能是以配离子 Ce(H$_2$O)$_9^{3+}$ 的形式存在的。

$$2Ce(s) + 6H^+(aq) \longrightarrow 2Ce^{3+}(aq) + 3H_2(g)$$

（5）铈与碱的反应

铈不同碱发生反应。

**59  镨**

　　镨是一种质软的、有延展性的银白色金属。人们最先在 1931 年制得了比较纯净的金属镨。镨在空气中的抗腐蚀性能略好于铕、镧、铈和钕，但是暴露在空气中的镨，会在表面上产生一层绿色的氧化物碎屑。需要在惰性气氛、矿物油或石油中储存金属镨。

　　包括 $Pr_2O_3$ 在内的稀土金属氧化物是已知材料中最耐火的。镨是混合稀土合金的成分之一，可用于制造打火石和焊接工用的护目镜。

## 59.1　发现史

　　威斯巴赫通过反复分馏的硝酸铵镨溶液，于 1885 年在一种名叫氧化镨的稀土氧化物中分离出了两种稀土氧化物——氧化镨和氧化钕，它们可以形成不同颜色的盐。氧化镨是从铌钇矿中获得的。

## 59.2　用途

- 电影工业中使用的碳弧灯，其核心材料含镨。
- 镨盐可用于制造彩色玻璃和珐琅。当与某些特定种类的其他材料混合时，玻璃中的镨会产生一种很强烈的纯黄色。
- 镨（镨和钕）可作为玻璃中的着色剂用于制造焊接工用的护目镜。
- 用于打火机的混合稀土金属，含有大约 5% 的镨。
- 合金。

## 59.3　制备方法

　　镨可以实现工业化生产，所以通常无需在实验室中制备它。把镨同其他元素分离，并得到纯净的金属镨比较困难。这在很大程度上取决于它在自然界中的存在形式。在自然界中有多种稀土矿，其中以磷钇矿、独居石和氟碳铈矿最为重要；前两种矿物都是正磷酸盐矿 LnPO₄（Ln 表示除非常稀少的钷以外所有镧系元素组成的集合），而氟碳铈矿则是由氟化物和碳酸盐形成的复盐矿 LnCO₃F。原子序数为偶数的镧系元素比较常见。上述矿物中最常见的镧系元素主要依次为铈、镧、钕和镨，独居石中还含有锕系元素钍和铀。钍及其衰变产物有放射性，这使得它变得更加难以处理。

在很多时候并不需要把各种金属都分离开，但是如果需要那么做，其过程会非常复杂。分离时，用硫酸（H₂SO₄）、盐酸（HCl）和氢氧化钠（NaOH）把稀土金属以盐的形式浸取出来。分离纯化这些盐时，现在常用的方法包括选择性配位技术、萃取技术和离子交换树脂。

用金属钙还原 PrF₃，可以得到纯净的镨。

$$2PrF_3 + 3Ca \longrightarrow 2Pr + 3CaF_2$$

该反应也可以用其他卤化镨，但在所选用的反应条件下（在氩气中加热至高于金属熔点 50℃），生成的氟化钙会比其他卤化钙更易于处理。可在真空条件下把过量的钙从反应混合物中除去。

# 59.4　生物作用和危险性

在自然界中不存在镨的单质。独居石（LnPO₄）和氟碳铈矿（LnCO₃F）中含有镨，这些矿物中含有少量各种稀土元素。把镨同其他稀土元素分离开，比较困难。

镨没有生物作用，但是据说可以刺激新陈代谢。

大多数人都很少会遇到镨的化合物。虽然早先的证据表明镨的毒性似乎有限，但是镨的所有化合物都有剧毒。镨盐会刺激人的皮肤和眼睛。金属镨的粉末有引起火灾和爆炸的危险。

# 59.5　化学性质

（1）镨与空气的反应

金属镨在空气中会慢慢失去光泽。镨可以在空气中迅速燃烧，生成一种组成近似于 Pr₆O₁₁ 的氧化物。

$$12Pr + 11O_2 \longrightarrow 2Pr_6O_{11}$$

（2）镨与水的反应

银白色的金属镨的电负性相当低，能与冷水发生反应，并与热水迅速反应，生成氢氧化镨和氢气。

$$2Pr(s) + 6H_2O(aq) \longrightarrow 2Pr(OH)_3(aq) + 3H_2(g)$$

（3）镨与卤素单质的反应

金属镨可以与所有的卤素单质发生反应生成三卤化物。金属镨可与氟气（F₂）、氯气（Cl₂）、溴单质（Br₂）、碘单质（I₂）反应，生成氟化镨（Ⅲ）（PrF₃）、氯化镨（Ⅲ）（PrCl₃）、溴化镨（Ⅲ）（PrBr₃）和碘化镨（Ⅲ）（PrI₃）。

$$2Pr(s) + 3F_2(g) \longrightarrow 2PrF_3(s，绿色)$$
$$2Pr(s) + 3Cl_2(g) \longrightarrow 2PrCl_3(s，绿色)$$
$$2Pr(s) + 3Br_2(l) \longrightarrow 2PrBr_3(s，绿色)$$
$$2Pr(s) + 3I_2(s) \longrightarrow 2PrI_3(s)$$

（4）镨与酸的反应

金属镨可以迅速溶于硫酸中，生成含有水合 Pr（Ⅲ）离子的绿色溶液和氢气（H₂）。$Pr^{3+}$（aq）极有可能是以配离子 $Pr(H_2O)_9^{3+}$ 的形式存在的。

$$2Pr(s) + 6H^+(aq) \longrightarrow 2Pr^{3+}(aq) + 3H_2(g)$$

（5）镨与碱的反应

镨不同碱发生反应。

钕是一种稀土金属。在混合稀土金属中，最多可含有 18％ 的钕。金属钕带有一种明亮的银色金属光泽。在稀土金属中，金属钕是一种反应活性较高的金属，在空气中会迅速失去光泽，形成氧化物碎屑并使得金属本身被继续氧化。

# 60.1  发现史

威斯巴赫通过反复分馏含有铵盐的硝酸镨溶液，于 1885 年在一种名叫氧化镨的稀土氧化物中分离出了两种稀土氧化物——氧化钕和氧化镨，氧化镨则是从铌钇矿中获得的。人们于 1925 年才得到了相对纯净的金属钕。

# 60.2  用途

• 镨（镨和钕）可作为玻璃中的着色剂用于制造焊接工用的护目镜。

- 彩色玻璃。钕可以使玻璃产生从纯紫色到酒红色和暖灰色的颜色。光线通过这些玻璃后，会产生特殊的吸收峰。这种玻璃可用于天文学研究，产生可以校准光谱的吸收峰。
- 含有钕的玻璃可用作激光材料，替代红宝石产生干涉光。
- 钕盐是珐琅的着色剂。
- 合金。
- 钕可形成强力永久磁体 $Nd_2Fe_{14}B$。这种磁体的成本比钐钴磁体低。

# 60.3　制备方法

钕可以实现工业化生产，所以通常无需在实验室中制备它。把钕同其他元素分离，并得到纯净的金属钕比较困难。这在很大程度上取决于它在自然界中的存在形式。在自然界中有多种稀土矿，其中以磷钇矿、独居石和氟碳铈矿最为重要；前两种矿物都是正磷酸盐矿 $LnPO_4$（Ln 表示除非常稀少的钷以外所有镧系元素组成的集合），而氟碳铈矿则是由氟化物和碳酸盐形成的复盐矿 $LnCO_3F$。原子序数为偶数的镧系元素比较常见。上述矿物中最常见的镧系元素主要依次为铈、镧、钕和镨，独居石中还含有钍锕系元素和钇。钍及其衰变产物有放射性，这使得它变得更加难以处理。

在很多时候并不需要把各种金属都分离开，但是如果需要那么做，其过程会非常复杂。分离时，用硫酸（$H_2SO_4$）、盐酸（HCl）和氢氧化钠（NaOH）把稀土金属以盐的形式浸取出来。分离纯化这些盐时，现在常用的方法包括选择性配位技术、萃取技术和离子交换树脂。

用金属钙还原 $NdF_3$，可以得到纯净的钕。

$$2NdF_3 + 3Ca \longrightarrow 2Nd + 3CaF_2$$

该反应也可以用其他卤化钕，但在所选用的反应条件下（在氩气中加热至高于金属熔点 50℃），生成的氟化钙会比其他卤化钙更易于处理。可在真空条件下把过量的钙从反应混合物中除去。

# 60.4　生物作用和危险性

在自然界中不存在钕的单质。独居石（$LnPO_4$）和氟碳铈矿（$LnCO_3F$）中含有钕，这些矿物中含有少量各种稀土元素。把钕同其他稀土元素分离开，比较困难。

钕没有生物作用。

大多数人都很少会遇到钕的化合物。虽然早先的证据表明钕的毒性似乎有限，但是钕的所有化合物都有剧毒。钕盐会刺激人的皮肤和眼睛。金属钕的粉末有引起火灾和爆炸的危险。

## 60.5　化学性质

(1) 钕与空气的反应

金属钕在空气中会慢慢失去光泽。钕可以在空气中迅速燃烧，生成氧化钕（Ⅲ）（$Nd_2O_3$）。

$$4Nd + 3O_2 \longrightarrow 2Nd_2O_3$$

(2) 钕与水的反应

银白色的金属钕的电负性相当低，能与冷水发生反应，并与热水迅速反应，生成氢氧化钕和氢气。

$$2Nd(s) + 6H_2O(aq) \longrightarrow 2Nd(OH)_3(aq) + 3H_2(g)$$

(3) 钕与卤素单质的反应

金属钕可以与所有的卤素单质发生反应生成三卤化物。金属钕可与氟气（$F_2$）、氯气（$Cl_2$）、溴单质（$Br_2$）、碘单质（$I_2$）反应生成氟化钕（Ⅲ）（$NdF_3$）、氯化钕（Ⅲ）（$NdCl_3$）、溴化钕（Ⅲ）（$NdBr_3$）和碘化钕（Ⅲ）（$NdI_3$）。

$$2Nd(s) + 3F_2(g) \longrightarrow 2NdF_3(s，紫色)$$
$$2Nd(s) + 3Cl_2(g) \longrightarrow 2NdCl_3(s，紫红色)$$
$$2Nd(s) + 3Br_2(l) \longrightarrow 2NdBr_3(s，紫色)$$
$$2Nd(s) + 3I_2(s) \longrightarrow 2NdI_3(s，绿色)$$

(4) 钕与酸的反应

金属钕可以迅速溶于硫酸中，生成含有水合 Nd（Ⅲ）离子的绿色溶液和氢气（$H_2$）。$Nd^{3+}$（aq）极有可能是以配离子 Nd（$H_2O$）$_9^{3+}$ 的形式存在的。

$$2Nd(s) + 6H^+(aq) \longrightarrow 2Nd^{3+}(aq) + 3H_2(g)$$

(5) 钕与碱的反应

钕不同碱发生反应。

钷有放射性，所以在操作钷及其化合物时，需要非常小心，以防发生危险。因

为钷具有极高的放射性，钷盐在暗处会发出淡蓝色或绿色的冷光。在 1963 年初，人们用离子交换法从核废料中制备了大约 10g 的钷。

现在对金属钷的性质所知甚少。人们现已制备了超过 30 种钷的化合物。钷是一种稀土金属。现在尚未在地球的地壳中发现有钷的存在。

# 61.1 发现史

最早在 1924 年，便有人声称发现了第 61 号元素，但是没有得到证实。而后，在美国俄亥俄州的一个课题组也宣称在实验中用回旋加速器合成了第 61 号元素，但是这一次也没有得到令人信服的证据。在 1947 年，在美国田纳西州橡树岭工作的马林斯基、格兰德宁和科列尔通过使用离子交换套色技术处理核废料，首先用化学方法证实了钷的存在。

# 61.2 用途

- 手提式 X 射线装置。
- 作为热源，可用于航天探测器和人造卫星的辅助动力。
- 测量厚度。
- 把光转化为电流。

# 61.3 制备方法

钷可以实现工业化生产，所以通常无需在实验室中制备它。把钷同其他元素分离，并得到纯净的金属钷比较困难。这在很大程度上取决于它在自然界中的存在形式。在自然界中有多种稀土矿，其中以磷钇矿、独居石和氟碳铈矿最为重要；前两种矿物都是正磷酸盐矿 $LnPO_4$（Ln 表示除非常稀少的钷以外所有镧系元素组成的集合），而氟碳铈矿则是由氟化物和碳酸盐形成的复盐矿 $LnCO_3F$。原子序数为偶数的镧系元素比较常见。上述矿物中最常见的镧系元素主要依次为铈、镧、钕和镨，独居石中还含有钍（锕系元素）和钇。钍及其衰变产物有放射性，这使得它变得更加难以处理。

在很多时候并不需要把各种金属都分离开，但是如果需要那么做，其过程会非常复杂。分离时，用硫酸（$H_2SO_4$）、盐酸（HCl）和氢氧化钠（NaOH）把稀土金属以盐的形式浸取出来。分离纯化这些盐时，现在常用的方法包括选择性配位技术、萃取技术和离子交换树脂。

用金属钙还原 $PmF_3$，可以得到纯净的钷。

$$2PmF_3 + 3Ca \longrightarrow 2Pm + 3CaF_2$$

该反应也可以用其他卤化钷，但在所选用的反应条件下（在氩气中加热至高于金属熔点 50℃），生成的氟化钙会比其他卤化钙更易于处理。可在真空条件下把过量的钙从反应混合物中除去。

# 61.4   生物作用和危险性

除了在铀矿中有非常少量的、以铀的衰变产物而存在的钷以外，现在尚未在地球的地壳中发现有钷的存在。

钷没有生物作用。

大多数人都很少会遇到钷的化合物。钷不是生物圈中的天然元素，所以通常不存在危险。只有少数核研究实验室才研究钷。在这些实验室中，需要特殊的操作技术和预防措施，以防范钷的高放射性。钷的所有化合物都有由放射性引起的剧毒。金属钷的粉末有引起火灾和爆炸的危险。

# 61.5   化学性质

(1) 钷与空气的反应

可能钷没有进行过如下的反应。这主要是因为钷非常稀少。金属钷在空气中会慢慢失去光泽。钷可以在空气中迅速燃烧，生成氧化钷（Ⅲ）（$Pm_2O_3$）。

$$4Pm + 3O_2 \longrightarrow 2Pm_2O_3$$

(2) 钷与水的反应

可能钷没有进行过如下的反应。这主要是因为钷非常稀少。银白色的金属钷的电负性相当低，能与冷水发生反应，并与热水迅速反应，生成氢氧化钷和氢气。

$$2Pm(s) + 6H_2O(aq) \longrightarrow 2Pm(OH)_3(aq) + 3H_2(g)$$

(3) 钷与卤素单质的反应

可能钷没有进行过如下的反应。这主要是因为钷非常稀少。金属钷可以与所有的卤素单质发生反应生成三卤化物。金属钷可与氟气（$F_2$）、氯气（$Cl_2$）、溴单质（$Br_2$）、碘单质（$I_2$）反应，生成氟化钷（Ⅲ）（$PmF_3$）、氯化钷（Ⅲ）（$PmCl_3$）、溴化钷（Ⅲ）（$PmBr_3$）和碘化钷（Ⅲ）（$PmI_3$）。

$$2Pm(s) + 3F_2(g) \longrightarrow 2PmF_3(s)$$
$$2Pm(s) + 3Cl_2(g) \longrightarrow 2PmCl_3(s)$$
$$2Pm(s) + 3Br_2(l) \longrightarrow 2PmBr_3(s)$$
$$2Pm(s) + 3I_2(s) \longrightarrow 2PmI_3(s)$$

(4) 钷与酸的反应

金属钷可以迅速溶于硫酸中，生成含有水合 Pm（Ⅲ）离子的绿色溶液和氢气（$H_2$）。$Pm^{3+}$（aq）极有可能是以配离子 $Pm(H_2O)_9^{3+}$ 的形式存在的。

$$2Pm(s) + 6H^+(aq) \longrightarrow 2Pm^{3+}(aq) + 3H_2(g)$$

(5) 钷与碱的反应

钷不同碱发生反应。

钐是一种有明亮的、银白色光泽的稀土金属，在空气中相对稳定。钐可在150℃的空气中燃烧。钐可同其他稀土金属元素伴生在独居石和氟碳铈矿中。钐可用于电子工业。

# 62.1 发现史

马利纳克在 1853 年，通过分析光谱，在一种被称为氧化锚的"稀土"中发现了钐的吸收峰。布瓦邦德朗在 1879 年从铌钇矿［以俄国（现在俄罗斯）矿物官员萨马斯基上校的名字命名］中分离出了金属钐，并用矿物的名称命名了这种元素。

# 62.2 用途

- 电影工业中使用的碳弧灯的核心材料。
- $SmCo_5$ 是一种抗消磁性极强的材料，可用作永久磁体。
- 掺入钐的 $CaF_2$ 可用作光学激光设备。
- 钐的化合物可用作摄影胶片中红外光区的感光剂。
- 氧化钐是乙醇脱氢和脱水反应中的催化剂。
- 合金。
- 耳机。

# 62.3 制备方法

钐可以实现工业化生产，所以通常无需在实验室中制备它。把钐同其他元素分离，并得到纯净的金属钐比较困难。这在很大程度上取决于它在自然界中的存在形式。在自然界中有多种稀土矿，其中以磷钇矿、独居石和氟碳铈矿最为重要，前两种矿物都是正磷酸盐矿 $LnPO_4$（Ln 表示除非常稀少的钷以外所有镧系元素组成的集合），而氟碳铈矿则是由氟化物和碳酸盐形成的复盐矿 $LnCO_3F$。原子序数为偶数的镧系元素比较常见。上述矿物中最常见的镧系元素主要依次为铈、镧、钕和镨。独居石中还含有钍（锕系元素）和钇。钍及其衰变产物有放射性，这使得它变得更加难以处理。

　　在很多时候并不需要把各种金属都分离开，但是如果需要那么做，其过程会非常复杂。分离时，用硫酸（$H_2SO_4$）、盐酸（HCl）和氢氧化钠（NaOH）把稀土金属以盐的形式浸取出来。分离纯化这些盐时，现在常用的方法包括选择性配位技术、萃取技术和离子交换树脂。

　　用石墨电解槽作阳极，而用石墨电极作阴极，电解 $SmCl_3$ 和 NaCl 或 $CaCl_2$ 的熔融混合物，可以得到纯钐，同时还会生成氯气。

# 62.4　生物作用和危险性

　　在自然界中不存在钐的单质。独居石（$LnPO_4$）和氟碳铈矿（$LnCO_3F$）中含有钐。这些矿物中含有少量的各种稀土元素。把钐同其他稀土元素分离开，比较困难。

　　钐没有生物作用，但是据说可以刺激新陈代谢。

　　大多数人都很少会遇到钐的化合物。虽然早先的证据表明钐的毒性似乎有限，但是钐的所有化合物都有剧毒。钐盐会刺激人的皮肤和眼睛。金属钐的粉末有引起火灾和爆炸的危险。

# 62.5　化学性质

　　（1）钐与空气的反应

　　金属钐在空气中会慢慢失去光泽。钐可以在空气中迅速燃烧，生成氧化钐（Ⅲ）（$Sm_2O_3$）。

$$4Sm+3O_2 \longrightarrow 2Sm_2O_3$$

　　（2）钐与水的反应

　　银白色的金属钐的电负性相当低，能与冷水发生反应，并与热水迅速反应，生成氢氧化钐和氢气。

$$2Sm(s)+6H_2O(aq) \longrightarrow 2Sm(OH)_3(aq)+3H_2(g)$$

　　（3）钐与卤素单质的反应

　　金属钐可以与所有的卤素单质发生反应生成三卤化物。金属钐可与氟气（$F_2$）、氯气（$Cl_2$）、溴单质（$Br_2$）、碘单质（$I_2$）反应，生成氟化钐（Ⅲ）（$SmF_3$）、氯化钐（Ⅲ）（$SmCl_3$）、溴化钐（Ⅲ）（$SmBr_3$）和碘化钐（Ⅲ）（$SmI_3$）。

$$2Sm(s)+3F_2(g) \longrightarrow 2SmF_3(s，白色)$$
$$2Sm(s)+3Cl_2(g) \longrightarrow 2SmCl_3(s，黄色)$$
$$2Sm(s)+3Br_2(l) \longrightarrow 2SmBr_3(s，黄色)$$
$$2Sm(s)+3I_2(s) \longrightarrow 2SmI_3(s，橙色)$$

（4）钐与酸的反应

金属钐可以迅速溶于硫酸中，生成含有水合 Sm（Ⅲ）离子的绿色溶液和氢气 $H_2$。$Sm^{3+}$（aq）极有可能是以配离子 $Sm(H_2O)_9^{3+}$ 的形式存在的。

$$2Sm(s) + 6H^+(aq) \longrightarrow 2Sm^{3+}(aq) + 3H_2(g)$$

（5）钐与碱的反应

钐不同碱发生反应。

铕可在 150～180℃的空气中燃烧。铕的硬度与铅相当，具有很好的延展性。铕是反应活性最高的稀土元素，在空气中会被迅速氧化。在与水发生反应时，铕与钙很相似。铕可用于电视机荧光屏中的红色荧光粉。

# 63.1　发现史

德马塞通常会与铕的发现联系在一起。他在 1901 年从一种含有大量钐的材料中分离出了相对纯净的铕土。但是在很多年之后，人们才得到了纯净的金属铕。

# 63.2　用途

- 铕的同位素是性能良好的中子吸收剂，可用这些同位素控制核反应。
- 氧化铕可用作磷光剂。掺入了铕（媒触剂）的钒酸钇可用作电视机显像管中的红色荧光粉。
- 掺入铕的塑料可用作激光材料。
- 合金。

# 63.3　制备方法

铕可以实现工业化生产，所以通常无需在实验室中制备它。把铕同其他元素分离，并得到纯净的金属比较困难。这在很大程度上取决于它在自然界中的存在形式。在自然界中有多种稀土矿。其中以磷钇矿、独居石和氟碳铈矿最为重要，前两种矿物都是正磷酸盐矿 LnPO₄（Ln 表示除非常稀少的钷以外所有镧系元素组成的集合），而氟碳铈矿则是由氟化物和碳酸盐形成的复盐矿 LnCO₃F。原子序数为偶数的镧系元素比较常见。上述矿物中最常见的镧系元素主要依次为铈、镧、钕和镨。独居石中还含有钍（锕系元素）和钇。钍及其衰变产物有放射性，这使得它变得更加难以处理。

在很多时候并不需要把各种金属都分离开，但是如果需要那么做，其过程会非常复杂。分离时，用硫酸（$H_2SO_4$）、盐酸（HCl）和氢氧化钠（NaOH）把稀土金属以盐的形式浸取出来。分离纯化这些盐时，现在常用的方法包括选择性配位技术、萃取技术和离子交换树脂。

用石墨电解槽作阳极，用石墨电极作阴极，电解 $EuCl_3$ 和 NaCl 或 $CaCl_2$ 的熔融混合物，可以得到纯铕，同时还会生成氯气。

# 63.4　生物作用和危险性

在自然界中不存在铕的单质。独居石（$LnPO_4$）和氟碳铈矿（$LnCO_3F$）中含有铕。这些矿物中含有少量的各种稀土元素。把铕同其他稀土元素分离开，比较困难。通过使用光谱分析法，现已查明铕存在于太阳和其他行星上。

铕没有生物作用。

大多数人都很少会遇到铕的化合物。虽然早先的证据表明铕的毒性似乎有限，但是铕的所有化合物都有剧毒。金属铕的粉末有引起火灾和爆炸的危险。

# 63.5　化学性质

（1）铕与空气的反应

金属铕在空气中会慢慢失去光泽。铕可以在空气中迅速燃烧，生成氧化铕（Ⅲ）（$Eu_2O_3$）。

$$4Eu + 3O_2 \longrightarrow 2Eu_2O_3$$

（2）铕与水的反应

银白色的金属铕的电负性相当低，能与冷水发生反应，并与热水迅速反应，生成氢氧化铕和氢气。

$$2Eu(s) + 6H_2O(aq) \longrightarrow 2Eu(OH)_3(aq) + 3H_2(g)$$

（3）铕与卤素单质的反应

金属铕可以与所有的卤素单质发生反应生成三卤化物。金属铕可与氟气（$F_2$）、氯气（$Cl_2$）、溴单质（$Br_2$）、碘单质（$I_2$）反应，生成氟化铕（Ⅲ）（$EuF_3$）、氯化铕（Ⅲ）（$EuCl_3$）、溴化铕（Ⅲ）（$EuBr_3$）和碘化铕（Ⅲ）（$EuI_3$）。

$$2Eu(s) + 3F_2(g) \longrightarrow 2EuF_3(s，白色)$$
$$2Eu(s) + 3Cl_2(g) \longrightarrow 2EuCl_3(s，黄色)$$
$$2Eu(s) + 3Br_2(l) \longrightarrow 2EuBr_3(s，灰色)$$
$$2Eu(s) + 3I_2(s) \longrightarrow 2EuI_3(s，颜色未知)$$

（4）铕与酸的反应

金属铕可以迅速溶于硫酸中，生成含有水合 Eu（Ⅲ）离子的绿色溶液和氢气（$H_2$）。$Eu^{3+}$（aq）极有可能是以配离子 $Eu(H_2O)_9^{3+}$ 的形式存在的。

$$2Eu(s) + 6H^+(aq) \longrightarrow 2Eu^{3+}(aq) + 3H_2(g)$$

（5）铕与碱的反应

铕不同碱发生反应。

钆是一种带有银白色金属光泽的金属，具有很好的延展性。钆具有铁磁性，会被磁体强烈吸引。

钆在干燥的空气中相对稳定，但是在潮湿的空气中会失去光泽，形成氧化物碎屑并使得金属本身被继续氧化。钆可以与水缓慢反应，并可溶于稀酸。钆的热中子捕获截面是所有已知元素中最大的。

# 64.1 发现史

马里纳克于 1880 年在氧化镨和硅铍钇矿样品中发现了钆的光谱。布瓦邦德朗在 1886 年分离出了钆土，即氧化钆。"gadolinium"（钆）是以硅铍钇矿的名字命名的，这是该元素最初的来源。直到 21 世纪初，人们才刚刚分离出了纯净的金属钆。

# 64.2 用途

• 用于制造钆-钇石榴石，可用于微波领域。
• 钆的化合物可用于制造彩色电视机显像管的荧光粉。
• 合金。

- CD 光盘。
- 超导体。
- 向病人静脉注射含钆化合物的溶液，可增强 MRI（磁共振成像）的对比效果。

# 64.3　制备方法

钆可以实现工业化生产，所以通常无需在实验室中制备它。把钆同其他元素分离，并得到纯净的金属钆比较困难。这在很大程度上取决于它在自然界中的存在形式。在自然界中有多种稀土矿。其中以磷钇矿、独居石和氟碳铈矿最为重要，前两种矿物都是正磷酸盐矿 LnPO$_4$（Ln 表示除非常稀少的钷以外所有镧系元素组成的集合），而氟碳铈矿则是由氟化物和碳酸盐形成的复盐矿 LnCO$_3$F。原子序数为偶数的镧系元素比较常见。上述矿物中最常见的镧系元素主要依次为铈、镧、钕和镨。独居石中还含有钍（锕系元素）和钇。钍及其衰变产物有放射性，这使得它变得更加难以处理。

在很多时候并不需要把各种金属都分离开，但是如果需要那么做，其过程会非常复杂。分离时用硫酸（H$_2$SO$_4$）、盐酸（HCl）和氢氧化钠（NaOH）把稀土金属以盐的形式浸取出来。分离纯化这些盐时，现在常用的方法包括选择性配位技术、萃取技术和离子交换树脂。

用金属钙还原 GdF$_3$，可以得到纯净的钆。

$$2GdF_3 + 3Ca \longrightarrow 2Gd + 3CaF_2$$

该反应也可以用其他卤化钆，但在所选用的反应条件下（在氩气中加热至高于金属熔点 50℃），生成的氟化钙会比其他卤化钙更易于处理。可在真空条件下把过量的钙从反应混合物中除去。

# 64.4　生物作用和危险性

在自然界中不存在钆的单质。独居石（LnPO$_4$）和氟碳铈矿（LnCO$_3$F）中含有钆。这些矿物中含有少量的各种稀土元素。此外，钆的矿物还有硅铍钇矿。把钆同其他稀土元素分离开，比较困难。

钆没有生物作用，但是据说可以刺激新陈代谢。

大多数人都很少会遇到钆的化合物。虽然早先的证据表明钆的毒性似乎有限，但是钆的所有化合物都有剧毒。钆盐会刺激人的皮肤和眼睛。金属钆的粉末有引起火灾和爆炸的危险。

# 64.5　化学性质

(1) 钆与空气的反应

金属钆在空气中会慢慢失去光泽。钆可以在空气中迅速燃烧，生成氧化钆

（Ⅲ）（$Gd_2O_3$）。

$$4Gd + 3O_2 \longrightarrow 2Gd_2O_3$$

（2）钆与水的反应

银白色的金属钆的电负性相当低，能与冷水发生反应，并与热水迅速反应，生成氢氧化钆和氢气。

$$2Gd(s) + 6H_2O(aq) \longrightarrow 2Gd(OH)_3(aq) + 3H_2(g)$$

（3）钆与卤素单质的反应

金属钆可以与所有的卤素单质发生反应生成三卤化物。金属钆可与氟气（$F_2$）、氯气（$Cl_2$）、溴单质（$Br_2$）、碘单质（$I_2$）反应，生成氟化钆（Ⅲ）（$GdF_3$）、氯化钆（Ⅲ）（$GdCl_3$）、溴化钆（Ⅲ）（$GdBr_3$）和碘化钆（Ⅲ）（$GdI_3$）。

$$2Gd(s) + 3F_2(g) \longrightarrow 2GdF_3(s，白色)$$
$$2Gd(s) + 3Cl_2(g) \longrightarrow 2GdCl_3(s，黄色)$$
$$2Gd(s) + 3Br_2(l) \longrightarrow 2GdBr_3(s，黄色)$$
$$2Gd(s) + 3I_2(s) \longrightarrow 2GdI_3(s，橙色)$$

（4）钆与酸的反应

金属钆可以迅速溶于硫酸中，生成含有水合 Gd（Ⅲ）离子的绿色溶液和氢气（$H_2$）。$Gd^{3+}$（aq）极有可能是以配离子 $Gd(H_2O)_9^{3+}$ 的形式存在的。

$$2Gd(s) + 6H^+(aq) \longrightarrow 2Gd^{3+}(aq) + 3H_2(g)$$

（5）钆与碱的反应

钆不同碱发生反应。

铽是一种银白色的稀土金属，在空气中相对稳定。铽具有很好的延展性，质地柔软，可以用小刀切割。在铈硅石、硅铍钇矿和独居石中都含有铽。直到最近，人们才分离出了铽的金属单质。

# 65.1 发现史

莫桑德在 1843 年，从氧化钇的杂质中发现了铽。

## 65.2    用途

- 硼酸钠铽是一种激光材料，可以发出波长为 5460Å（$1Å=1×10^{-10}$ m，下同）的干涉光。
- 掺杂到氟化钙、钨酸钙和钼酸锶中的。这些材料，可用于制造固态电子元件。
- 氧化铽可能会用作彩色电视机显像管中绿色荧光粉的媒触剂。
- 与 $ZrO_2$ 一起用作在高温下工作的、燃料电池中的晶体稳定剂。
- 合金。

## 65.3    制备方法

铽可以实现工业化生产，所以通常无需在实验室中制备它。把铽同其他元素分离，并得到纯净的金属铽比较困难。这在很大程度上取决于它在自然界中的存在形式。在自然界中有多种稀土矿。其中以磷钇矿、独居石和氟碳铈矿最为重要，前两种矿物都是正磷酸盐矿 $LnPO_4$（Ln 表示除非常稀少的钷以外所有镧系元素组成的集合），而氟碳铈矿则是由氟化物和碳酸盐形成的复盐矿 $LnCO_3F$。原子序数为偶数的镧系元素比较常见。上述矿物中最常见的镧系元素主要依次为铈、镧、钕和镨。独居石中还含有钍（锕系元素）和钇。钍及其衰变产物有放射性，这使得它变得更加难以处理。

在很多时候并不需要把各种金属都分离开，但是如果需要那么做，其过程会非常复杂。分离时用硫酸（$H_2SO_4$）、盐酸（HCl）和氢氧化钠（NaOH）把稀土金属以盐的形式浸取出来。分离纯化这些盐时，现在常用的方法包括选择性配位技术、萃取技术和离子交换树脂。

用金属钙还原 $TbF_3$，可以得到纯净的铽。

$$2TbF_3+3Ca \longrightarrow 2Tb+3CaF_2$$

该反应也可以用其他卤化铽，但在所选用的反应条件下（在氩气中加热至高于金属熔点 50℃），生成的氟化钙会比其他卤化钙更易于处理。可在真空条件下把过量的钙从反应混合物中除去。

## 65.4    生物作用和危险性

在自然界中不存在铽的单质。独居石（$LnPO_4$）和氟碳铈矿（$LnCO_3F$）中含有铽。这些矿物中含有少量的各种稀土元素。此外还有铈硅石、硅铍钇矿、磷钇矿和黑稀金矿中也含有铽。把铽同其他稀土元素分离开，比较困难。

铽没有生物作用。

大多数人都很少会遇到铽的化合物。虽然早先的证据表明铽的毒性似乎有限，但是铽的所有化合物都有剧毒。铽盐会刺激人的皮肤和眼睛。金属铽的粉末有引起火灾和爆炸的危险。

## 65.5 化学性质

（1）铽与空气的反应

金属铽在空气中会慢慢失去光泽。铽可以在空气中迅速燃烧，生成一种组成近似于 $Tb_4O_7$ 的氧化物。

$$8Tb+7O_2 \longrightarrow 2Tb_4O_7$$

（2）铽与水的反应

银白色的金属铽的电负性相当低，能与冷水发生反应，并与热水迅速反应，生成氢氧化铽和氢气。

$$2Tb(s)+6H_2O(aq) \longrightarrow 2Tb(OH)_3(aq)+3H_2(g)$$

（3）铽与卤素单质的反应

金属铽可以与所有的卤素单质发生反应生成三卤化物。金属铽可与氟气（$F_2$）、氯气（$Cl_2$）、溴单质（$Br_2$）、碘单质（$I_2$）反应，生成氟化铽（Ⅲ）（$TbF_3$）、氯化铽（Ⅲ）（$TbCl_3$）、溴化铽（Ⅲ）（$TbBr_3$）和碘化铽（Ⅲ）（$TbI_3$）。

$$2Tb(s)+3F_2(g) \longrightarrow 2TbF_3(s，白色)$$
$$2Tb(s)+3Cl_2(g) \longrightarrow 2TbCl_3(s，白色)$$
$$2Tb(s)+3Br_2(l) \longrightarrow 2TbBr_3(s，白色)$$
$$2Tb(s)+3I_2(s) \longrightarrow 2TbI_3(s)$$

（4）铽与酸的反应

金属铽可以迅速溶于硫酸中，生成含有水合 Tb（Ⅲ）离子的绿色溶液和氢气（$H_2$）。$Tb^{3+}$（aq）极有可能是以配离子 $Tb(H_2O)_9^{3+}$ 的形式存在的。

$$2Tb(s)+6H^+(aq) \longrightarrow 2Tb^{3+}(aq)+3H_2(g)$$

（5）铽与碱的反应

铽不同碱发生反应。

## 66 镝

镝是一种带有明亮的、银色光泽的金属。镝在室温下的空气中相对稳定，但是会迅速溶于无机酸中并生成氢气。镝的质地柔软，可以用小刀切割。在避免过热的条件下加工镝，可以不产生火花。镝是一种稀土金属，磷钇矿、独居石和氟碳铈矿中含有镝。

# 66.1    发现史

1886 年，布瓦邦德朗从铒土（氧化铒）的杂质中发现了少量氧化镝，但是并未分离出镝的单质。不论是氧化镝还是金属镝，直到 20 世纪 50 年代，人们才获得了相对纯净的镝样品。这得益于离子交换分离技术和冶金还原技术的发展。

# 66.2    用途

• 镝具有很高的热中子吸收截面和高的熔点，这使得它在核反应控制方面可用，也用于金属加工，以形成特种不锈钢。
• 与钒和其他稀土元素结合的镝，可用于制造激光材料。
• 镝、钙的氧化物和硫属化物可产生红外辐射，可用于研究化学反应。
• 光盘。

# 66.3    制备方法

镝可以实现工业化生产，所以通常无需在实验室中制备它。把镝同其他元素分离，并得到纯净的金属镝比较困难。这在很大程度上取决于它在自然界中的存在形式。在自然界中有多种稀土矿。其中以磷钇矿、独居石和氟碳铈矿最为重要，前两种矿物都是正磷酸盐矿 $LnPO_4$（Ln 表示除非常稀少的钷以外所有镧系元素组成的集合），而氟碳铈矿则是由氟化物和碳酸盐形成的复盐矿 $LnCO_3F$。原子序数为偶数的镧系元素比较常见。上述矿物中最常见的镧系元素主要依次为铈、镧、钕和镨。独居石中还含有钍（锕系元素）和钇。钍及其衰变产物有放射性，这使得它变得更加难以处理。

在很多时候并不需要把各种金属都分离开，但是如果需要那么做，其过程会非常复杂。分离时用硫酸（$H_2SO_4$）、盐酸（HCl）和氢氧化钠（NaOH）把稀土金属以盐的形式浸取出来。分离纯化这些盐时，现在常用的方法包括选择性配位技术、萃取技术和离子交换树脂。

用金属钙还原 $DyF_3$，可以得到纯净的镝。

$$2DyF_3 + 3Ca \longrightarrow 2Dy + 3CaF_2$$

该反应也可以用其他卤化镝，但在所选用的反应条件下（在氩气中加热至高于金属熔点 50℃），生成的氟化钙会比其他卤化钙更易于处理。可在真空条件下把过量的钙从反应混合物中除去。

# 66.4 生物作用和危险性

在自然界中不存在镝的单质。独居石（$LnPO_4$）和氟碳铈矿（$LnCO_3F$）中含有镝。这些矿物中含有少量的各种稀土元素。把镝同其他稀土元素分离开，比较困难。

镝没有生物作用。

大多数人都很少会遇到镝的化合物。虽然早先的证据表明镝的毒性比较低，但是镝的所有化合物都有剧毒。金属镝的粉末有引起火灾和爆炸的危险。

# 66.5 化学性质

（1）镝与空气的反应

金属镝在空气中会慢慢失去光泽。镝可以在空气中迅速燃烧，生成氧化镝（Ⅲ）$Dy_2O_3$。

$$4Dy + 3O_2 \longrightarrow 2Dy_2O_3$$

（2）镝与水的反应

银白色的金属镝的电负性相当低，能与冷水发生反应，并与热水迅速反应，生成氢氧化镝和氢气。

$$2Dy(s) + 6H_2O(aq) \longrightarrow 2Dy(OH)_3(aq) + 3H_2(g)$$

（3）镝与卤素单质的反应

金属镝可以与所有的卤素单质发生反应生成三卤化物。金属镝可与氟气（$F_2$）、氯气（$Cl_2$）、溴单质（$Br_2$）、碘单质（$I_2$）反应，生成氟化镝（Ⅲ）($DyF_3$)、氯化镝（Ⅲ）($DyCl_3$)、溴化镝（Ⅲ）($DyBr_3$) 和碘化镝（Ⅲ）($DyI_3$)。

$$2Dy(s) + 3F_2(g) \longrightarrow 2DyF_3(s，绿色)$$
$$2Dy(s) + 3Cl_2(g) \longrightarrow 2DyCl_3(s，白色)$$
$$2Dy(s) + 3Br_2(l) \longrightarrow 2DyBr_3(s，白色)$$
$$2Dy(s) + 3I_2(s) \longrightarrow 2DyI_3(s，绿色)$$

（4）镝与酸的反应

金属镝可以迅速溶于硫酸中，生成含有水合镝（Ⅲ）离子的绿色溶液和氢气（$H_2$）。$Dy^{3+}$（aq）极有可能是以配离子 $Dy(H_2O)_9^{3+}$ 的形式存在的。

$$2Dy(s) + 6H^+(aq) \longrightarrow 2Dy^{3+}(aq) + 3H_2(g)$$

（5）镝与碱的反应

镝不同碱发生反应。

# 67    钬

钬是一种比较柔软的稀土金属，有较好的延展性，在室温下的干燥空气中比较稳定，但是在潮湿的空气或较高温度下会被迅速氧化。金属钬具有不同寻常的磁性。在独居石、硅铍钇矿等矿物中都含有钬。

## 67.1    发现史

瑞典人克利夫在研究尔铒土（氧化铒）时发现了钬，氧化钬（钬土）是其中的杂质。克利夫用他家乡的名字命名了这种元素。郝曼伯格在 1911 年分离出了纯净的黄色氧化物钬土。

## 67.2    用途

· 合金。

## 67.3    制备方法

钬可以实现工业化生产，所以通常无需在实验室中制备它。把钬同其他元素分离，并得到纯净的金属钬比较困难。这在很大程度上取决于它在自然界中的存在形式。在自然界中有多种稀土矿。其中以磷钇矿、独居石和氟碳铈矿最为重要，前两种矿物都是正磷酸盐矿 $LnPO_4$（Ln 表示除非常稀少的钷以外所有镧系元素组成的集合），而氟碳铈矿则是由氟化物和碳酸盐形成的复盐矿 $LnCO_3F$。原子序数为偶数的镧系元素比较常见。上述矿物中最常见的镧系元素主要依次为铈、镧、钕和镨。独居石中还含有钍（锕系元素）和钇。钍及其衰变产物有放射性，这使得它变得更加难以处理。

在很多时候并不需要把各种金属都分离开，但是如果需要那么做，其过程会非常复杂。分离时用硫酸（$H_2SO_4$）、盐酸（HCl）和氢氧化钠（NaOH）把稀土金属以盐的形式浸取出来。分离纯化这些盐时，现在常用的方法包括选择性配位技术、萃取技术和离子交换树脂。

用金属钙还原 $HoF_3$，可以得到纯净的钬。

$$2HoF_3 + 3Ca \longrightarrow 2Ho + 3CaF_2$$

该反应也可以用其他卤化钬，但在所选用的反应条件下（在氩气中加热至高于金属熔点50℃），生成的氟化钙会比其他卤化钙更易于处理。可在真空条件下把过量的钙从反应混合物中除去。

# 67.4 生物作用和危险性

在自然界中不存在钬的单质。独居石（LnPO$_4$）和氟碳铈矿（LnCO$_3$F）中含有钬。这些矿物中含有少量的各种稀土元素。把钬同其他稀土元素分离开，比较困难。

钬没有生物作用，但是据说可以刺激新陈代谢。

大多数人都很少会遇到钬的化合物。虽然早先的证据表明钬的毒性似乎有限，但事实上钬的所有化合物都有剧毒。金属钬的粉末有引起火灾和爆炸的危险。

# 67.5 化学性质

（1）钬与空气的反应

金属钬在空气中会慢慢失去光泽。钬可以在空气中迅速燃烧，生成氧化钬（Ⅲ）（Ho$_2$O$_3$）。

$$4Ho + 3O_2 \longrightarrow 2Ho_2O_3$$

（2）钬与水的反应

银白色的金属钬的电负性相当低，能与冷水发生反应，并与热水迅速反应，生成氢氧化钬和氢气。

$$2Ho(s) + 6H_2O(aq) \longrightarrow 2Ho(OH)_3(aq) + 3H_2(g)$$

（3）钬与卤素单质的反应

金属钬可以与所有的卤素单质发生反应生成三卤化物。金属钬可与氟气（F$_2$）、氯气（Cl$_2$）、溴单质（Br$_2$）、碘单质（I$_2$）反应，生成氟化钬（Ⅲ）（HoF$_3$）、氯化钬（Ⅲ）（HoCl$_3$）、溴化钬（Ⅲ）（HoBr$_3$）和碘化钬（Ⅲ）（HoI$_3$）。

$$2Ho(s) + 3F_2(g) \longrightarrow 2HoF_3(s，粉色)$$
$$2Ho(s) + 3Cl_2(g) \longrightarrow 2HoCl_3(s，黄色)$$
$$2Ho(s) + 3Br_2(l) \longrightarrow 2HoBr_3(s，黄色)$$
$$2Ho(s) + 3I_2(s) \longrightarrow 2HoI_3(s，黄色)$$

（4）钬与酸的反应

金属钬可以迅速溶于硫酸中，生成含有水合 Ho（Ⅲ）离子的绿色溶液和氢气（H$_2$）。Ho$^{3+}$（aq）极有可能是以配离子 Ho(H$_2$O)$_9^{3+}$ 的形式存在的。

$$2Ho(s) + 6H^+(aq) \longrightarrow 2Ho^{3+}(aq) + 3H_2(g)$$

（5）钛与碱的反应

钛不同碱发生反应。

纯净的金属铒质地柔软、有延展性，具有一种明亮的银色金属光泽。像其他稀土金属一样，铒的性质会因其中所含的杂质及其含量的不同而异。铒在空气中相当稳定，不会像一些其他的稀土金属那样被迅速氧化。

# 68.1　发现史

莫桑德在 1842 年把从硅铍钇矿中得到的"钇土"分成了三部分，并把它们分别称作"钇土""铒土"和"铽土"。在早期的文献中，"铒土"和"铽土"的名称经常被混淆。莫桑德所称的"铽土"在 1860 年之后被确认为"铒土"；而早先所知的"铒土"在 1877 年之后又被称作"铽土"。后来发现，在这个时期所说的铒土中含有 5 种氧化物，即现在已知的氧化铒、氧化钪、氧化钬、氧化铥和氧化钇。克莱姆和鲍默在 1934 年通过用钾的蒸气还原无水氯化铒，获得了比较纯净的金属铒。

# 68.2　用途

- 核工业。
- 冶金工业，可与钒形成合金。铒可以降低硬度，并降低加工难度。
- 粉红色的氧化铒是玻璃和搪瓷釉料的着色剂。
- 摄影滤镜。

# 68.3　制备方法

铒可以实现工业化生产，所以通常无需在实验室中制备它。把铒同其他元素分离，并得到纯净的金属铒比较困难。这在很大程度上取决于它在自然界中的存在形式。在自然界中有多种稀土矿。其中以磷钇矿、独居石和氟碳铈矿最为重要，前两种矿物都是正磷酸盐矿 $LnPO_4$（Ln 表示除非常稀少的钷以外所有镧系元素组成的集合），而氟碳铈矿则是由氟化物和碳酸盐形成的复盐矿 $LnCO_3F$。原子序数为偶数的镧系元素比较常见。上述矿物中最常见的镧系元素主要依次为铈、镧、钕和镨。独居石中还含有钍（锕系元素）和钇。钍及其衰变产物有放射性，这使得它变得更加难以处理。

在很多时候并不需要把各种金属都分离开，但是如果需要那么做，其过程会非常复杂。分离时用硫酸（$H_2SO_4$）、盐酸（HCl）和氢氧化钠（NaOH）把稀土金属以盐的形式浸取出来。分离纯化这些盐时，现在常用的方法包括选择性配位技术、萃取技术和离子交换树脂。

用金属钙还原 $ErF_3$，可以得到纯净的铒。

$$2ErF_3 + 3Ca \longrightarrow 2Er + 3CaF_2$$

该反应也可以用其他卤化铒，但在所选用的反应条件下（在氩气中加热至高于金属熔点 50℃），生成的氟化钙会比其他卤化钙更易于处理。可在真空条件下把过量的钙从反应混合物中除去。

# 68.4　生物作用和危险性

在自然界中不存在铒的单质。独居石（$LnPO_4$）和氟碳铈矿（$LnCO_3F$）中含有铒。这些矿物中含有少量的各种稀土元素。把铒同其他稀土元素分离开，比较困难。

铒没有生物作用，但是据说可以刺激新陈代谢。

大多数人都很少会遇到铒的化合物。虽然早先的证据表明铒的毒性似乎有限，但是铒的所有化合物都有剧毒。金属铒的粉末有引起火灾和爆炸的危险。

# 68.5　化学性质

（1）铒与空气的反应

金属铒在空气中会慢慢失去光泽。铒可以在空气中迅速燃烧，生成氧化铒（Ⅲ）（$Er_2O_3$）。

$$4Er + 3O_2 \longrightarrow 2Er_2O_3$$

（2）铒与水的反应

银白色的金属铒的电负性相当低，能与冷水发生反应，并与热水迅速反应，生成氢氧化铒和氢气。

$$2Er(s) + 6H_2O(aq) \longrightarrow 2Er(OH)_3(aq) + 3H_2(g)$$

（3）铒与卤素单质的反应

金属铒可以与所有的卤素单质发生反应生成三卤化物。金属铒可与氟气（$F_2$）、氯气（$Cl_2$）、溴单质（$Br_2$）、碘单质（$I_2$）反应，生成氟化铒（Ⅲ）（$ErF_3$）、氯化铒（Ⅲ）（$ErCl_3$）、溴化铒（Ⅲ）（$ErBr_3$）和碘化铒（Ⅲ）（$ErI_3$）。

$$2Er(s) + 3F_2(g) \longrightarrow 2ErF_3(s)$$
$$2Er(s) + 3Cl_2(g) \longrightarrow 2ErCl_3(s)$$
$$2Er(s) + 3Br_2(l) \longrightarrow 2ErBr_3(s)$$
$$2Er(s) + 3I_2(s) \longrightarrow 2ErI_3(s)$$

（4）铒与酸的反应

金属铒可以迅速溶于硫酸中，生成含有水合 Er（Ⅲ）离子的黄色溶液和氢气（$H_2$）。$Er^{3+}$（aq）极有可能是以配离子 $Er(H_2O)_9^{3+}$ 的形式存在的。

$$2Er(s) + 6H^+(aq) \longrightarrow 2Er^{3+}(aq) + 3H_2(g)$$

（5）铒与碱的反应

铒不同碱发生反应。

铥的丰度与银、金和镉相当，是自然界稀土元素中丰度最低的元素。

铥是一种稀土元素。纯净的金属铥有明亮的银色光泽。铥在空气中相对稳定，但是必须在干燥的环境下保存这种金属。银灰色金属铥的延展性好，质地柔软，可以用小刀切割。独居石中含有铥。

# 69.1　发现史

1879年，瑞典人克利夫在研究铒土（氧化铒）时发现了铥，氧化铥（铥土）是其中的杂质。克里夫用斯堪的纳维亚半岛的古代名称"Thule"命名了这种元素。

# 69.2　用途

- 可在核反应堆中用于轰击 $^{169}$Tm，也可以用于手提式 X 射线机的放射源。
- 天然铥可用于铁素体中，铁素体是一种可用于微波设备的磁性陶瓷材料。
- 合金。

# 69.3　制备方法

　　铥可以实现工业化生产，所以通常无需在实验室中制备它。把铥同其他元素分离，并得到纯净的金属铥比较困难。这在很大程度上取决于它在自然界中的存在形式。在自然界中有多种稀土矿。其中以磷钇矿、独居石和氟碳铈矿最为重要，前两种矿物都是正磷酸盐矿 $LnPO_4$（Ln 表示除非常稀少的钷以外所有镧系元素组成的集合），而氟碳铈矿则是由氟化物和碳酸盐形成的复盐矿 $LnCO_3F$。原子序数为偶数的镧系元素比较常见。上述矿物中最常见的镧系元素主要依次为铈、镧、钕和镨。独居石中还含有钍（锕系元素）和钇。钍及其衰变产物有放射性，这使得它变得更加难以处理。

　　在很多时候并不需要把各种金属都分离开，但是如果需要那么做，其过程会非常复杂。分离时用硫酸（$H_2SO_4$）、盐酸（HCl）和氢氧化钠（NaOH）把稀土金属以盐的形式浸取出来。分离纯化这些盐时，现在常用的方法包括选择性配位技术、萃取技术和离子交换树脂。

　　用金属钙还原 $TmF_3$，可以得到纯净的铥。

$$2TmF_3 + 3Ca \longrightarrow 2Tm + 3CaF_2$$

　　该反应也可以用其他卤化铥，但在所选用的反应条件下（在氩气中加热至高于金属熔点 50℃），生成的氟化钙会比其他卤化钙更易于处理。可在真空条件下把过量的钙从反应混合物中除去。

# 69.4　生物作用和危险性

　　在自然界中不存在铥的单质。独居石（$LnPO_4$）和氟碳铈矿（$LnCO_3F$）中含有铥。这些矿物中含有少量的各种稀土元素。把铥同其他稀土元素分离开，比较困难。

　　铥没有生物作用，但是据说可以刺激新陈代谢。

　　大多数人都很少会遇到铥的化合物。虽然早先的证据表明铥的毒性似乎有限，但是铥的所有化合物都有剧毒。金属铥的粉末有引起火灾和爆炸的危险。

# 69.5　化学性质

　　(1) 铥与空气的反应

　　金属铥在空气中会慢慢失去光泽。铥可以在空气中迅速燃烧，生成氧化铥（Ⅲ）（$Tm_2O_3$）。

$$4Tm + 3O_2 \longrightarrow 2Tm_2O_3$$

　　(2) 铥与水的反应

　　银白色的金属铥的电负性相当低，能与冷水发生反应，并与热水迅速反应，生成氢氧化铥和氢气。

$$2Tm(s) + 6H_2O(aq) \longrightarrow 2Tm(OH)_3(aq) + 3H_2(g)$$

（3）铥与卤素单质的反应

金属铥可以与所有的卤素单质发生反应生成三卤化物。也就是说，金属铥可与氟气（$F_2$）、氯气（$Cl_2$）、溴单质（$Br_2$）、碘单质（$I_2$）反应，生成氟化铥（Ⅲ）（$TmF_3$）、氯化铥（Ⅲ）（$TmCl_3$）、溴化铥（Ⅲ）（$TmBr_3$）和碘化铥（Ⅲ）（$TmI_3$）。

$$2Tm(s) + 3F_2(g) \longrightarrow 2TmF_3(s, 白色)$$
$$2Tm(s) + 3Cl_2(g) \longrightarrow 2TmCl_3(s, 黄色)$$
$$2Tm(s) + 3Br_2(l) \longrightarrow 2TmBr_3(s, 白色)$$
$$2Tm(s) + 3I_2(s) \longrightarrow 2TmI_3(s, 黄色)$$

（4）铥与酸的反应

金属铥可以迅速溶于硫酸中，生成含有水合 Tm（Ⅲ）离子的溶液和氢气（$H_2$）。$Tm^{3+}$（aq）极有可能是以配离子 $Tm(H_2O)_9^{3+}$ 的形式存在的。

$$2Tm(s) + 6H^+(aq) \longrightarrow 2Tm^{3+}(aq) + 3H_2(g)$$

（5）铥与碱的反应

铥不同碱发生反应。

镱是一种具有明亮的银色光泽、质地柔软、延展性好的金属。虽然镱的单质比较稳定，但是仍需把它保存在密闭容器中，以使其免受空气和潮气的侵蚀。镱可以迅速与无机酸发生反应，并能与水缓慢反应。

# 70.1  发现史

马里纳克于 1878 年在当时所知的"铒土"中发现了新成分。他把发现的新成分称作"镱土"。乌尔班在 1907 年把镱土一分为二，既"新镱土"和"镥土"。现在已知，这些氧化物中含有的元素分别是镱和镥，与威斯巴赫几乎在同时独立发现的铷和铈分别是一种元素。克勒姆和鲍默首先在 1937 年通过用金属钾还原三氯化镱得到了不纯的金属镱。汤尼、丹尼森和斯派丁在 1953 年得到了比较纯净的镱，并可由此测定了这种金属的化学性质和物理性质。

# 70.2  用途

- 可用于改进不锈钢的晶粒大小、硬度和其他机械性能。
- 在缺乏电力的地区，镱的一种同位素可以用作辐射源，作为手提式 X 射线设备中的替代源。
- 激光。

# 70.3  制备方法

镱可以实现工业化生产，所以通常无需在实验室中制备它。把镱同其他元素分离，并得到纯净的金属镱比较困难。这在很大程度上取决于它在自然界中的存在形式。在自然界中有多种稀土矿。其中以磷钇矿、独居石和氟碳铈矿最为重要。前两种矿物都是正磷酸盐矿 $LnPO_4$（Ln 表示除非常稀少的钷以外所有镧系元素组成的集合），而氟碳铈矿则是由氟化物和碳酸盐形成的复盐矿 $LnCO_3F$。原子序数为偶数的镧系元素比较常见。上述矿物中最常见的镧系元素主要依次为铈、镧、钕和镨。独居石中还含有钍（锕系元素）和钇。钍及其衰变产物有放射性，这使得它变得更加难以处理。

在很多时候并不需要把各种金属都分离开，但是如果需要那么做，其过程会非常复杂。分离时用硫酸（$H_2SO_4$）、盐酸（HCl）和氢氧化钠（NaOH）把稀土金属以盐的形式浸取出来。分离纯化这些盐时，现在常用的方法包括选择性配位技术、萃取技术和离子交换树脂。

在石墨电解池中电解氯化镱（$YbCl_3$）和氯化钠（NaCl）或氯化钙（$CaCl_2$）的混合物，可以得到纯净的金属镱。其中金属镱会在阴极析出，而石墨作阳极。电解的另一种产物是氯气。

# 70.4  生物作用和危险性

在自然界中不存在镱的单质。独居石（$LnPO_4$）和氟碳铈矿（$LnCO_3F$）中含有镱。这些矿物中含有少量的各种稀土元素。在黑稀金矿和磷钇矿中也含有镱。把镱同其他稀土元素分离开，比较困难。

镱没有生物作用，但是据说可以刺激新陈代谢。

大多数人都很少会遇到镱的化合物。虽然早先的证据表明镱的毒性似乎有限，但是镱的所有化合物都有剧毒。镱盐会刺激人的皮肤和眼睛，并且可能会导致畸形。金属镱的粉末有引起火灾和爆炸的危险。

## 70.5　化学性质

（1）镱与空气的反应

金属镱在空气中会慢慢失去光泽。镱可以在空气中迅速燃烧，生成氧化镱（Ⅲ）（$Yb_2O_3$）。

$$4Yb + 3O_2 \longrightarrow 2Yb_2O_3$$

（2）镱与水的反应

银白色的金属镱的电负性相当低，能与冷水发生反应，并与热水迅速反应，生成氢氧化镱和氢气。

$$2Yb(s) + 6H_2O(aq) \longrightarrow 2Yb(OH)_3(aq) + 3H_2(g)$$

（3）镱与卤素单质的反应

金属镱可以与所有的卤素单质发生反应生成三卤化物。也就是说，金属镱可与氟气（$F_2$）、氯气（$Cl_2$）、溴单质（$Br_2$）、碘单质（$I_2$）反应，生成氟化镱（Ⅲ）（$YbF_3$）、氯化镱（Ⅲ）（$YbCl_3$）、溴化镱（Ⅲ）（$YbBr_3$）和碘化镱（Ⅲ）（$YbI_3$）。

$$2Yb(s) + 3F_2(g) \longrightarrow 2YbF_3(s，白色)$$
$$2Yb(s) + 3Cl_2(g) \longrightarrow 2YbCl_3(s，白色)$$
$$2Yb(s) + 3Br_2(l) \longrightarrow 2YbBr_3(s，白色)$$
$$2Yb(s) + 3I_2(s) \longrightarrow 2YbI_3(s，白色)$$

（4）镱与酸的反应

金属镱可以迅速溶于硫酸中，生成含有水合 Yb（Ⅲ）离子的溶液和氢气（$H_2$）。$Yb^{3+}$（aq）极有可能是以配离子 $Yb(H_2O)_9^{3+}$ 的形式存在的。

$$2Yb(s) + 6H^+(aq) \longrightarrow 2Yb^{3+}(aq) + 3H_2(g)$$

（5）镱与碱的反应

镱不同碱发生反应。

71　镥

直到最近，人们才得到了纯净的金属镥。这种金属是一种非常难于纯化的单质，可通过用碱金属或碱土金属还原 $LuCl_3$ 或 $LuF_3$ 来制备它。

镥是一种银白色的稀土金属，在空气中比较稳定。镥可能是所有稀有金属中最昂贵的。镥以很小的含量与其他稀土金属伴生。要想把镥同其他稀土金属分离，非常困难。

# 71.1　发现史

乌班在 1907 年把马里纳克的镱（1879 年）分成两种元素"镱"（新镱）和"镥"。几乎在同时，维斯巴赫也独立发现了这两种元素，并把它们分别命名为"钶"和"铼"。

# 71.2　用途

- 镥的稳定同位素可用作裂解、烷基化、氢化和聚合反应中的催化剂。
- 合金。

# 71.3　制备方法

镥可以实现工业化生产，所以通常无需在实验室中制备它。把镥同其他元素分离，并得到纯净的金属镥比较困难。这在很大程度上取决于它在自然界中的存在形式。在自然界中有多种稀土矿。其中以磷钇矿、独居石和氟碳铈矿最为重要，前两种矿物都是正磷酸盐矿 $LnPO_4$（Ln 表示除非常稀少的钷以外所有镧系元素组成的集合），而氟碳铈矿则是由氟化物和碳酸盐形成的复盐矿 $LnCO_3F$。原子序数为偶数的镧系元素比较常见。上述矿物中最常见的镧系元素主要依次为铈、镧、钕和镥。独居石中还含有钍（锕系元素）和钇。钍及其衰变产物有放射性，这使得它变得更加难以处理。

在很多时候并不需要把各种金属都分离开，但是如果需要那么做，其过程会非常复杂。分离时用硫酸（$H_2SO_4$）、盐酸（HCl）和氢氧化钠（NaOH）把稀土金属以盐的形式浸取出来。分离纯化这些盐时，现在常用的方法包括选择性配位技术、萃取技术和离子交换树脂。

用金属钙还原 $LuF_3$，可以得到纯净的镥。
$$2LuF_3 + 3Ca \longrightarrow 2Lu + 3CaF_2$$
这步反应也可以用其他卤化镥，但在所选用的反应条件下（在氩气中加热至高于金属熔点 50℃），生成的氟化钙会比其他卤化钙更易于处理。可在真空条件下把过量的钙从反应混合物中除去。

# 71.4　生物作用和危险性

在自然界中不存在镥的单质。独居石（$LnPO_4$）和氟碳铈矿（$LnCO_3F$）中含有镥。这些矿物中含有少量的各种稀土元素。把镥同其他稀土元素分离开，比较困难。

镥没有生物作用，但是据说可以刺激新陈代谢。

大多数人都很少会遇到镥的化合物。虽然早先的证据表明镥的毒性似乎有限，但是镥的所有化合物都有剧毒。金属镥的粉末有引起火灾和爆炸的危险。

# 71.5　化学性质

（1）镥与空气的反应

金属镥在空气中会慢慢失去光泽。镥可以在空气中迅速燃烧，生成氧化镥（Ⅲ）（$Lu_2O_3$）。

$$4Lu + 3O_2 \longrightarrow 2Lu_2O_3$$

（2）镥与水的反应

银白色的金属镥的电负性相当低，能与冷水发生反应，并与热水迅速反应，生成氢氧化镥和氢气。

$$2Lu(s) + 6H_2O(aq) \longrightarrow 2Lu(OH)_3(aq) + 3H_2(g)$$

（3）镥与卤素单质的反应

金属镥可以与所有的卤素单质发生反应生成三卤化物。金属镥可与氟气（$F_2$）、氯气（$Cl_2$）、溴单质（$Br_2$）、碘单质（$I_2$）反应，生成氟化镥（Ⅲ）（$LuF_3$）、氯化镥（Ⅲ）（$LuCl_3$）、溴化镥（Ⅲ）（$LuBr_3$）和碘化镥（Ⅲ）（$LuI_3$）。

$$2Lu(s) + 3F_2(g) \longrightarrow 2LuF_3(s，白色)$$
$$2Lu(s) + 3Cl_2(g) \longrightarrow 2LuCl_3(s，白色)$$
$$2Lu(s) + 3Br_2(l) \longrightarrow 2LuBr_3(s，白色)$$
$$2Lu(s) + 3I_2(s) \longrightarrow 2LuI_3(s，棕色)$$

（4）镥与酸的反应

金属镥可以迅速溶于硫酸中，生成含有水合 Lu（Ⅲ）离子的黄色溶液和氢气（$H_2$）。$Lu^{3+}(aq)$ 极有可能是以配离子 $Lu(H_2O)_9^{3+}$ 的形式存在的。

$$2Lu(s) + 6H^+(aq) \longrightarrow 2Lu^{3+}(aq) + 3H_2(g)$$

（5）镥与碱的反应

镥不同碱发生反应。

# 72　铪

铪是一种第ⅣB族元素。大多数的锆矿中都会含有 1‰～3‰ 的铪。铪的延展性好，带有一种明亮的银色光泽。铪的性质明显受到其中所含的杂质锆的影响。在所有元素中，锆和铪是最难分离的一组元素。

因为铪的热中子吸收截面很高，几乎是锆的 600 倍，并且具有极好的可加工性和抗腐蚀性，所以铪可用于核反应堆的控制棒。

碳化铪是已知的最难熔的二元化合物，而氮化铪则是金属氮化物中熔点（3310℃）最高的。

# 72.1　发现史

考斯特和哈夫瑟在 1923 年发现了铪。但是在此之前的多年间，这种元素就被认为存在于多种锆矿之中了。他们在挪威出产的锆石（一种锆矿）中用 X 射线光谱分析发现了铪，并用这种元素的发现地命名了它。

大多数的锆矿中都含有 1%～3% 的铪，锆与铪的化学性质非常相似，这使得把它们相互分离十分困难。人们分离这两种元素的最早方法是，重复进行枯燥无味的重结晶过程，处理铵或钾的六氟合锆酸盐和六氟合铪酸盐。

# 72.2　用途

铪可用于与铁、钛、铌以及其他金属形成合金。因为铪能够"吸收"氧气和氮气，它也可用作核反应堆的控制棒。铪还可用于充气白炽灯。

# 72.3　制备方法

所有锆矿中都含有杂质铪，所以铪的提炼往往与从锆中分离其中的铪联系在一起。可用溶液萃取法分离这两种元素，但是其过程并不容易。其原理是这两种元素的硫氰化物（$SCN^-$）在甲基异丁基酮溶液中的溶解度差异。

# 72.4　生物作用和危险性

在自然界中不存在铪的金属单质。铪的主要矿物是铪石 [（Hf, Th, Zr）$SiO_4 \cdot x H_2O$]。所有的锆矿石中都含有 1%～3% 的铪（有关锆矿的分布，请参见元素锆相关部分）。大多数的铪其实是生产锆的副产品，这大概是因为在核工业中需要用到除去了铪的纯锆。

铪没有生物作用。

大多数人都很少会遇到铪的化合物。金属铪本身通常并不会引起危害。虽然早先的证据表明铪的毒性似乎有限，但是铪的所有化合物都有剧毒。金属铪的粉末有引起火灾和爆炸的危险。

## 72.5　化学性质

（1）铪与空气的反应

金属铪的表面附着有一层氧化物，这使得它通常并不活泼。但是铪一旦在空气中开始燃烧，就会形成二氧化物氧化铪（Ⅳ）（$HfO_2$）。

$$Hf(s) + O_2(g) \longrightarrow HfO_2(s)$$

（2）铪与卤素单质的反应

加热的铪同卤素单质反应，其反应产物是卤化铪（Ⅳ）。铪与氟的反应在约200℃时发生。铪与氟气（$F_2$）、氯气（$Cl_2$）、溴单质（$Br_2$）、碘单质（$I_2$）反应，分别生成氟化铪（Ⅳ）（$HfF_4$）、氯化铪（Ⅳ）（$HfCl_4$）、溴化铪（Ⅳ）（$HfBr_4$）和碘化铪（Ⅳ）（$HfI_4$）。

$$Hf(s) + 2F_2(g) \longrightarrow HfF_4(s，白色)$$
$$Hf(s) + 2Cl_2(g) \longrightarrow HfCl_4(l，白色)$$
$$Hf(s) + 2Br_2(l) \longrightarrow HfBr_4(s，白色)$$
$$Hf(s) + 2I_2(l) \longrightarrow HfI_4(s，橙黄色)$$

（3）铪与酸的反应

铪不能在室温下与无机酸发生反应，但是能与热的氢氟酸反应。据推测，可能生成了 Hf 的配合物。

（4）其他

在通常情况下，金属铪不会与水发生反应；即使加热，铪也不会与碱发生反应。

钽是一种银灰色的金属，密度和硬度都很高。纯钽的延展性很好，可以拉成很细的导线。这种导线可用于使铝等金属气化。钽在 150℃ 以下时很难被腐蚀，只会与氢氟酸、含有氟离子的酸性溶液和游离的三氧化硫发生反应。金属钽的熔点仅次于钨和铼。

## 73.1　发现史

埃克伯格在 1802 年发现了钽，但是很多化学家都认为铌和钽是同一种元素，有些人则认为钽是铌的同素异形体。罗斯和马里纳克随后分别于 1844 年和 1866 年先后表明，铌酸和钽酸是两种不同的物质。

博尔顿首先在 1907 年得到了比较纯净的钽。

## 73.2　用途

金属钽有许多种重要的用途。钽钢有多种重要的性质，如高熔点、高硬度、高延展性。这使得钽钢可用于制造飞机和导弹。钽的性质非常不活泼，所以在化工业和核工业中可用作线电抗器，早期的灯泡中使用钽丝（现在则更多使用钨丝）。钽可以不被体液侵蚀，并可以与有机组织很好地契合在一起，因此钽被大量用于外科手术。例如，钽可用于缝合伤口以及修复脑部。在电子工业中，金属钽可用于制造电容。

氧化钽可用于制造高折射率的特种玻璃，这种玻璃可用于摄影镜头。

## 73.3　制备方法

一般来说，制备钽的过程比较复杂。钽矿中往往同时含有铌和钽。因为这两种元素的化学性质非常相似，因此把它们分离开是十分困难的。首先用碱处理钽矿，然后用氢氟酸（HF）萃取所得的混合物，使钽从矿物中分离出来。现在一般使用液-液萃取技术，把钽从酸性溶液中分离出来。在萃取过程中，钽盐进入甲基异丁基酮（4-甲基-2-戊酮，MIBK），而铌则留在 HF 溶液中。

接下来把上述产物转化为氧化物，最后再用钠或碳还原，就可以得到金属钽。此外，还可以通过电解熔融的钽的氟化物来生产钽。

## 73.4　生物作用和危险性

钽主要存在于钽铁矿 $[(Fe，Mn)^{II}(TaO_3)_2]$ 中，人们很容易把它与钶铁矿（铌替代钽所形成的类似物）混淆，黑稀金矿中也含有钽。钽矿主要分布在澳大利亚、巴西、莫桑比克、泰国、葡萄牙、尼日利亚、扎伊尔和加拿大。钽也是精炼锡时的副产品。

钽没有生物作用。

大多数人都很少会遇到钽的化合物。金属钽本身通常并不会引起危害，但是在实验室中钽的所有化合物都有剧毒。钽的某些化合物可能与肿瘤的产生有关。金属钽的粉末有引起火灾和爆炸的危险。

## 73.5　化学性质

（1）钽与卤素单质的反应

金属钽在加热时能同所有的卤素单质发生反应，生成卤化钽（Ⅴ）。也就是说，它同氟气（$F_2$）、氯气（$Cl_2$）、溴单质（$Br_2$）和碘单质（$I_2$）反应，分别生成氟化钽（Ⅴ）($TaF_5$)、氯化钽（Ⅴ）($TaCl_5$)、溴化钽（Ⅴ）($TaBr_5$）和碘化钽（Ⅴ）($TaI_5$)。

$$2Ta(s) + 5F_2(g) \longrightarrow 2TaF_5(s，白色)$$
$$2Ta(s) + 5Cl_2(g) \longrightarrow 2TaCl_5(l，白色)$$
$$2Ta(s) + 5Br_2(g) \longrightarrow 2TaBr_5(s，淡黄色)$$
$$2Ta(s) + 5I_2(g) \longrightarrow 2TaI_5(s，黑色)$$

（2）钽与酸的反应

钽在常温下与多种酸都不会发生反应，但可溶于氢氟酸、发烟硫酸。

（3）钽与碱的反应

钽会被熔融的碱腐蚀。

（4）其他

钽的表面覆盖了一层很薄的氧化物。钽在通常条件下不与水发生反应。

纯钨是一种铁灰色或锡白色的金属。在所有金属中，钨的熔点最高，而蒸气压最低。在1650℃时，钨的抗张强度是所有材料中最强的。钨在较高温度的空气中会被氧化，必须小心保存。钨的抗腐蚀性能好，与大多数的无机酸只会发生很轻微的反应。

## 74.1　发现史

"tungsten"（钨）常常被写作"wolfram"，后者来自于"铁锰重石"，这种矿物（铁锰重石）会妨碍锡的冶炼。当时的人们认为，是这种矿物"吞吃"了锡。埃尔胡耶兄弟于 1783 年在铁锰重石中发现了一种酸。他们由此用木炭成功地还原了这种酸，得到了金属钨。

# 74.2　用途

- 钨的热膨胀系数与硼酸盐玻璃的相当，因此可用于密封玻璃。
- 钨及其合金可广泛用于灯丝、电子管、电视显像管和金属熔炼设备。
- 汽车配电器的电触点。
- X 射线源。
- 在电热炉中的绕组、加热元件。
- 导弹和高温方面的应用。
- 高速钢和很多其他合金中都含有钨。
- 碳化钨可用于金属加工、采矿和石化工业。
- 钨酸钙和钨酸镁可广泛用于荧光灯照明。
- 钨盐可用于化学工业和皮革工业。
- 二硫化钨是一种洁净的高温润滑剂，在 500℃ 下都很稳定。
- 钨青铜和其他的钨化合物可用作颜料。

# 74.3　生物作用和危险性

在铁锰重石（钨酸铁和钨酸锰，$FeWO_4/MnWO_4$）和白钨矿（钨酸钙，$CaWO_4$）中都含有钨。中国的钨产量占全球的 75%。

钨的生物作用有限。在数种氧化还原酶中，以喋呤配合物的形式存在的钨，其作用都在某种程度上与钼有关。现已确知醛钨氧转移酶铁氧化还原蛋白（蛋白质数据库编码 1AOR）的结构，这种酶中含有钨。

金属钨本身通常并不会引起危害，但是钨的所有化合物都有剧毒。金属钨的粉末有引起火灾和爆炸的危险。

# 74.4　化学性质

（1）钨与空气的反应

在室温下，钨不与空气或氧气（$O_2$）发生反应。在红热时，钨可以与氧气发生反应，生成三氧化物氧化钨（Ⅵ）($WO_3$)。钨粉可以产生火花。

$$2W(s) + 3O_2(g) \longrightarrow 2WO_3(s)$$

（2）钨与卤素单质的反应

钨在室温下与氟气（$F_2$）发生直接反应，生成氟化钨（Ⅵ）($WF_6$)。反应所需的条件比铬（钨的同族元素，在钨的上面两个周期）的相似反应所需的条件，要温和得多。

$$W(s) + 3F_2(g) \longrightarrow WF_6(l，无色)$$

金属钨同氯气（$Cl_2$）可直接发生反应，可以生成氯化钨（Ⅵ）（$WCl_6$）。在250℃时，钨也可以同溴发生类似的反应，生成溴化钨（Ⅵ）（$WBr_6$）。在精心控制的条件下，金属钨同氯气（$Cl_2$）发生反应，可以生成氯化钨（Ⅴ）（$WCl_5$）。即使在红热时，钨也不会同碘发生某种程度的反应。

$$W(s) + 3Cl_2(g) \longrightarrow WCl_6(s，深蓝)$$
$$W(s) + 3Br_2(g) \longrightarrow WBr_6(s，深蓝)$$
$$2W(s) + 5Cl_2(g) \longrightarrow 2WCl_5(s，深绿)$$

（3）其他

钨不与大多数种类的酸、氢氧化物的稀溶液、水发生反应。

**75　铼**

铼是一种带有银白色金属光泽的金属。铼的密度仅次于铂、铱和锇；其熔点仅仅低于钨和碳。铼有很多有用的性能。铼十分昂贵，但也被用作痕量合金成分。

# 75.1　发现史

铼的发现主要应归功于诺达克、泰克-诺达克和博格。他们在1925年宣布，在铂矿和钶铁矿中探测到了这种元素。

# 75.2　用途

- 在钼和钨中添加少量铼所形成的合金，具有非常有用的性能。
- 质谱仪和离子探测仪的导线。
- 铼-钼合金在温度为10K时具有超导性。
- 铼的抗磨性能和抗腐蚀性能都很高，因此可用于电气插头。

- 用铼-钨合金制作的热电偶可用于测量最高可达 2200℃的高温。
- 铼丝可用作照相机中的闪光灯。
- 铼可用作催化剂。铼与氮气、硫黄和磷接触时不会与之反应，所以可用于精细化工中的氢化反应以及氢化裂解、重整和烯烃的歧化。

# 75.3 生物作用和危险性

在自然界中不存在游离态的金属铼。铼伴生在含铍的硅铍钇矿和含钼的辉钼矿中。铼其实主要是作为精炼钼的副产品而从熔炉烟道灰中提炼的。

铼没有生物作用。

金属铼本身通常并不会引起危害。虽然铼的毒性数据很少，但是铼的所有化合物都应有剧毒。金属铼的粉末有引起火灾和爆炸的危险。

# 75.4 化学性质

(1) 铼与空气的反应

铼在空气中的反应活性，比在周期表中在铼上面两个周期的锰弱，而与在周期表中紧挨在铼上面的锝相当。铼在潮湿的空气中只能缓慢地失去光泽。在氧气中加热铼，会生成氧化铼（Ⅶ）（七氧化二铼，$Re_2O_7$）。

$$4Re(s) + 7O_2(g) \longrightarrow 2Re_2O_7(s)$$

(2) 铼与卤素单质的反应

与在周期表中紧挨在铼上面的锝相似，生产出来的铼一般是粉末状或海绵状的，这样会大大提高铼的反应活性。在氟气中加热铼，会生成氟化铼（Ⅵ）（六氟化铼，$ReF_6$）和氟化铼（Ⅶ）（七氟化铼，$ReF_7$）的混合物。

$$Re(s) + 3F_2(g) \longrightarrow ReF_6(s)$$

$$2Re(s) + 7F_2(g) \longrightarrow 2ReF_7(s)$$

如果于 400℃下在加压的氟气中燃烧铼，其唯一的产物就是七氟化铼（$ReF_7$）。即使加热，铼也不会溶解在溴水中。

(3) 铼与酸的反应

与在周期表中紧挨在铼上面的锝相似，铼不溶于盐酸（HCl）和氢氟酸（HF）。铼可溶于硝酸（$HNO_3$）或浓硫酸（$H_2SO_4$），并都被氧化为高铼酸（$HReO_4$）溶液。在高铼酸中，铼的化合价是+7。

(4) 其他

在通常条件下，铼不与水或碱发生反应。

# 76  锇

钌、铑、钯、锇、铱和铂组成了元素周期表中的铂系元素。

锇是一种带有蓝白色光泽的金属。锇非常硬，即使在高温下也很脆。在铂系金属中，锇的熔点最高，蒸气压最低。锇非常难以熔炼，但是在氢气气氛中，可以在2000℃下熔结锇粉。在室温下，空气不能腐蚀锇锭，但是粉末状或海绵状的金属锇可以在室温下被缓慢氧化成四氧化锇。四氧化锇是强氧化剂，带有很强的异味，并且有剧毒，在1个标准大气压下的沸点是130℃。在空气中，即使浓度只有$10^{-7}\,g/m^3$的四氧化锇，也会导致人体肺出血，并伤害皮肤和眼睛。

## 76.1  发现史

滕纳特在1803年从粗铂溶解于王水后所剩的深色残渣中发现了锇。这种残渣中同时含有锇（根据"osme"命名，含义是"臭味"）和铱。

## 76.2  用途

- 几乎全部的锇都被用于与其他铂系金属一起生产极高硬度的合金，制造钢笔尖、仪器转轴和电气插头。
- $OsO_4$可用于检测指纹以及给显微镜载玻片上的脂肪组织着色。
- 成分为90∶10的铂-锇合金可用于移植手术，如心脏起搏器和人工瓣膜。

## 76.3  制备方法

因为锇可以实现工业化生产，并可以一定的价格购买，所以通常无需在实验室中制备它。工业生产锇的过程很复杂，这是因为锇的矿物中还会含有其他金属，如钌、铑、钯、银、铂和金。分离铱、铑、铂和钯等贵金属有时是一些特殊行业的主要活动，有时它们则是一些其他行业的副产品。存在于矿物中的其他金属使分离过程变得十分复杂。分离锇的唯一目的是，锇是一种有着很多用途的特种材料，是制造很多工业催化剂的基础。

制备锇时首先需要对矿石或生产贱金属后的副产品进行预处理，以除去银、金、钯和铂。然后把残渣与重硫酸盐（NaHSO₄）共熔，再用水浸泡所得到的混合物。这样就得到了含有硫酸铑 [Rh₂(SO₄)₃] 的溶液，而铱则留在沉淀中。把沉淀与 Na₂O₂ 共熔，再用水浸泡，这样就得到了含有钌和锇的盐的溶液 {含有 $RuO_4^{2-}$ 和 $[OsO_4(OH)_2]^{2-}$}，沉淀中含有二氧化铱（IrO₂）。把含有钌和锇的盐溶液与氯气反应，可以得到挥发性的 RuO₄ 和 OsO₄。锇的氧化物可溶于氢氧化钠的酒精溶液，并生成 Na₂[OsO₂(OH)₄]。用 NH₄Cl 处理所得的溶液，锇就会以纯净的 OsCl₂O₂(NH₃)₄的形式沉淀下来。蒸干并在氢气中燃烧沉淀，就可以得到纯净的金属锇。

# 76.4 生物作用和危险性

在自然界中可以找到天然的铱-锇合金以及锇-铂共生的矿物。

锇没有生物作用。

金属锇的反应活性很低，所以通常并不会引起危害。但是锇的所有化合物都有剧毒。金属锇的粉末有刺激性，并有引起火灾和爆炸的危险。四氧化锇只能由具有足够资质的化学家操作。

# 76.5 化学性质

（1）锇与空气的反应

在空气中，块状的锇基本上不会被氧化。在氧气中加热金属锇，会生成高挥发性的氧化锇（Ⅷ）(OsO₄)（熔点 30℃，沸点 130℃）。显然，锇粉在空气中会被氧化，并发出剧毒物 OsO₄ 的特征性气味。

$$Os(s) + 2O_2(g) \longrightarrow OsO_4(s)$$

一般来说，第二和第三过渡系的相应元素的化学性质会比较接近。但是在这一列元素中，周期表中紧靠在锇上面的钌会在空气中燃烧，并生成氧化铼（Ⅳ）(ReO₂)。

（2）锇与卤素单质的反应

在 600℃ 和 400 个大气压下，锇可以与过量的氟气发生反应，生成氟化锇（Ⅶ）(OsF₇)。

$$2Os(s) + 7F_2(g) \longrightarrow 2OsF_7(s, 黄色)$$

在较温和的条件下，可以生成六氟化物 OsF₆。

$$Os(s) + 3F_2(g) \longrightarrow OsF_6(s, 黄色)$$

在加压的氯气或溴中加热金属锇，会生成四卤化物氯化锇（Ⅳ）(OsCl₄) 或溴化锇（Ⅳ）(OsBr₄)。

$$Os(s) + 2Cl_2(g) \longrightarrow OsCl_4(s, 红色)$$
$$Os(s) + 2Br_2(l) \longrightarrow OsBr_4(s, 黑色)$$

（3）其他

在通常条件下，锇不与水、酸或碱发生反应。

# 77 铱

钌、铑、钯、锇、铱和铂组成了元素周期表中的铂系元素。

"iridium"（铱）的名称来自于这种元素所形成的有色盐类。铱是一种外观与铂相似的银白色金属，但是略带黄色光泽。铱非常坚硬，质地也非常脆。这使得这种金属难于设计、成型和加工。在所有的金属中，铱的防腐蚀性能是最好的。因此，在巴黎存放的标准米尺所用的材料就是含有 90% 的铂和 10% 的铱的合金。现在，米制已不再采用这个标准（参见第 36 章"氪"）。

铱不会被包括王水在内的任何一种酸腐蚀，但是会被 NaCl 和 NaCN 等熔融的盐腐蚀。

## 77.1 发现史

滕纳特在 1803 年从粗铂溶解于王水后所剩的深色残渣中发现了铱。这种残渣中同时含有锇和铱。铱（"iridium"）能够形成五彩缤纷的化合物，故以希腊语"iris"命名，含义是"彩虹"。

## 77.2 用途

- 制造坩埚和高温设备。
- 电气插头。
- 铂的增硬剂。
- 锇-铱合金可用于制造钢笔尖和罗盘。
- 铂-铱合金可产生火花，可用于 MG-F。

## 77.3 制备方法

因为铱可以实现工业化生产，并可以一定的价格购买到，所以通常无需在实验室中制备它。工业生产铱的过程很复杂，这是因为铱的矿物中还会含有其他金属，如铑、钯、银、铂和金。分离铱、铑、铂和钯等贵金属有时是一些特殊的行业的主要活动，有时它们则是一些其他行业的副产品。存在于矿物中的其他金属使分离过程变得十分复杂。分离铱的唯一目的是，铱是一种有着很多用途的特种材料，是制造很多工业催化剂的基础。

制备铱时首先需要对矿石或生产贱金属后的副产品进行预处理，以除去银、金、钯和铂。然后把残渣与重硫酸盐（$NaHSO_4$）共熔，再用水浸泡所得到的混合物，这样就得到了含有硫酸铑 $[Rh_2(SO_4)_3]$ 的溶液，而沉淀中则含有铱。用 $Na_2O_2$ 处理沉淀，并用水溶解，以除去钌和锇的盐类，沉淀中则含有二氧化铱（$IrO_2$）。用王水溶解这种氧化物，会生成含有 $(NH_4)_3IrCl_6$ 的溶液。蒸干并在氢气中燃烧沉淀，就可以得到纯净的金属铱。

# 77.4　生物作用和危险性

在自然界中存在游离态的金属铱。这些铱以与铂等铂系金属形成合金而存在。天然合金中含有锇和铱，是这两种金属的混合物。

金属铱的反应活性很低，所以通常并不会引起危害。但是铱的所有化合物都有剧毒。

# 77.5　化学性质

（1）铱与空气的反应

铱在空气中几乎不会被腐蚀。在空气中把铱加热到 600℃ 时，会生成氧化铱（Ⅳ）（$IrO_2$）。

$$Ir(s) + O_2(g) \longrightarrow IrO_2(s，黑色)$$

一般来说，第二和第三过渡系的相应元素的化学性质会比较接近。但是在这一列元素中，周期表中紧靠在铱上面的铑会在空气中燃烧，并生成氧化铑（Ⅲ）（$Rh_2O_3$）。在空气中即使生成了 $Ir_2O_3$，它也会被继续氧化成 $IrO_2$。

（2）铱与卤素单质的反应

金属铱可以直接同氟气发生反应，并生成具有强腐蚀性的氟化铱（Ⅵ）（$IrF_6$）。小心加热这种物质，可以生成黄色的四聚氟化铱（Ⅴ）$[IrF_5]_4$。

$$Ir(s) + 3F_2(g) \longrightarrow IrF_6(s，黄色)$$

用金属铱和卤素单质在无水条件下发生直接反应，可以生成相应的三氟化铱（Ⅲ）（$IrF_3$）、三氯化铱（Ⅲ）（$IrCl_3$）、三溴化铱（Ⅲ）（$IrBr_3$）和三碘化铱（Ⅲ）（$IrI_3$）。在所选用的反应条件下，也会生成少量的 $[IrF_5]_4$。

$$2Ir(s) + 3F_2(g) \longrightarrow 2IrF_3(s，黑色)$$

$$2Ir(s) + 3Cl_2(g) \longrightarrow 2IrCl_3(s，红色)$$

$$2Ir(s) + 3Br_2(g) \longrightarrow 2IrBr_3(s，红棕)$$

$$2Ir(s) + 3I_2(g) \longrightarrow 2IrI_3(s，深棕)$$

（3）其他

在通常条件下，铱不与水或碱以及包括王水在内的酸发生反应。

钌、铑、钯、锇、铱和铂组成了元素周期表中的铂系元素。

铂是一种美丽的银白色金属。纯铂的延展性很好。铂的膨胀系数与钠钙硅酸盐玻璃的相近，因此可用于制造密封在玻璃中的电极。

铂不会被空气氧化。铂不会溶解于盐酸或硝酸，但是可溶于这两种酸的混合物，也就是王水，并生成一种重要的化合物六氯合铂（Ⅳ）酸（$H_2PtCl_6$）。铂会被卤素、氰化物、硫黄和碱金属腐蚀。在铂丝的存在下，氢气和氧气的混合物会发生爆炸。

## 78.1　发现史

印第安人在哥伦布发现美洲以前，便已开始使用铂。乌罗阿于 1735 年以及伍德于 1741 年在南美洲"重新发现"了铂。在 1822 年，在俄国乌拉尔山脉发现了大量的铂。

## 78.2　用途

铂是一种昂贵的金属，其价值甚至高于金，这限制了它的用途。谢弗早在 1751 年便把它分类为贵金属。埃及人从公元前 1200 年起，便把铂用作陪葬用的珠宝。

- 珠宝。
- 实验用的导线和器皿。
- 热电偶。
- 电气插头。
- 抗腐蚀设备。
- 牙科。
- 铂-钴合金有磁性。
- 覆盖导弹鼻锥和喷气发动机燃料喷嘴。
- 金属铂像钯一样可以吸收大量的氢气，并且在红热时释放出氢气。

- 细铂粉是很好的催化剂，如接触式硫酸生产法。铂也是裂解石油、燃料电池和汽车中催化式排气净化器的催化剂。
- 铂阳极广泛用于大型船舶、远洋货轮、管道和码头的阴极保护系统。
- 红热的铂丝可作为催化剂，把甲醇蒸气转化为甲醛。在工业上已经应用了这个反应，生产打火机和小型电热炉。
- 在密封玻璃内的电极。
- 顺-$[PtCl_2(NH_3)_2]$是治疗特定部位的癌症（如白血症和睾丸癌）的特效药。
- 成分为90：10的铂-铱合金可用于移植手术，如心脏起搏器和人工瓣膜。

# 78.3  制备方法

因为铂可以实现工业化生产，所以通常无需在实验室中制备它。工业生产铂的过程很复杂。这是因为铂的矿物中还会含有其他金属，如钯和金。分离铂和钯等贵金属有时是一些特殊的行业的主要活动，有时它们则是一些其他行业的副产品。分离过程十分复杂。分离铂的唯一目的是，铂是一种有着很多用途的特种材料，是制造很多工业催化剂的基础。

制备铂时首先需要用王水［盐酸（HCl）和硝酸（$HNO_3$）的混合物］对矿石或生产贱金属后的副产品进行预处理，以得到含有金和铂（如 $H_2PtCl_4$）的配合物的溶液。向溶液中加入氯化亚铁，可以使金沉淀下来并从溶液中分离出去。向溶液中加入 $NH_4Cl$，可以使铂以（$NH_4$）$_2PtCl_6$ 的形式沉淀下来，而把 $H_2PdCl_4$ 留在溶液中。燃烧沉淀，可以得到海绵状的粗铂。用王水重新溶解粗铂，再向溶液中加入溴化钠溶液，以除去铑和铱的杂质。然后加入氨水，使铂再次以氯铂酸铵的形式沉淀下来。最后，燃烧这种化合物，就可以得到金属铂。

# 78.4  生物作用和危险性

在自然界中可以找到游离态的金属铂。天然的铂一般与金、镍、铜、钯、钌、铑、铱和锇混合在一起，它主要分布在哥伦比亚、美国、加拿大安大略省和俄罗斯乌拉尔。铂铱是天然的铂-铱合金。砷铂矿（砷化铂，$PtAs_2$）和硫铂矿（硫化铂，$PtS$）中也含有铂。

铂没有生物作用。

金属铂的反应活性很低，所以通常并不会引起危害。但是铂的所有化合物都有剧毒。

# 78.5  化学性质

（1）铂与空气的反应

在通常条件下，铂不与空气或氧气发生反应。

（2）铂与卤素单质的反应

铂与氟气（$F_2$）在可控条件下进行反应，可以生成挥发性的氟化铂（Ⅵ）（$PtF_6$）或四聚氟化铂（Ⅴ）[（$PtF_5$）$_4$]。后者的结构类型与（$IrF_5$）$_4$、（$RhF_5$）$_4$、（$OsF_5$）$_4$ 和（$RuF_5$）$_4$ 的相同，并且会歧化为氟化铂（Ⅵ）和氟化铂（Ⅳ）（$PtF_4$）。

$$Pt(s) + 3F_2(g) \longrightarrow PtF_6(s，暗红)$$

$$4Pt(s) + 10F_2(g) \longrightarrow (PtF_5)_4(s，深红)$$

$$(PtF_5)_4(s) \longrightarrow 2PtF_6(s) + 2PtF_4(s，棕黄)$$

通过金属铂同氯气（$Cl_2$）、溴单质（$Br_2$）和碘单质（$I_2$）的直接反应，可以生成四氯化铂（$PtCl_4$）、四溴化铂（$PtBr_4$）和四碘化铂（$PtI_4$）。

$$Pt(s) + 2Cl_2(g) \longrightarrow PtCl_4(s，红棕)$$

$$Pt(s) + 2Br_2(g) \longrightarrow PtBr_4(s，棕黑)$$

$$Pt(s) + 2I_2(g) \longrightarrow PtI_4(s，棕黑)$$

同样地，在可控条件下，通过铂和氯气之间的反应可以生成氯化铂（Ⅱ）（$PtCl_2$）。

$$Pt(s) + Cl_2(g) \longrightarrow PtCl_2(s，深红或油绿)$$

（3）铂与酸的反应

在通常条件下，铂不与非氧化性酸发生反应。

铂与王水的反应如下：

$$Pt(s) + 4HNO_3(aq) + 6HCl(aq) \longrightarrow H_2[PtCl_6](aq) + 4NO_2(g) + 4H_2O(l)$$

（4）其他

在通常条件下，铂不与水或碱发生反应。

79 金

与大多数拥有银灰色或银白色外观的金属不同，金具有独特的黄色金属光泽，或称金黄色。铯也有相似的金色外观。这种颜色似乎与外层电子排布构型有关。

通常用少量其他金属与金形成合金。这样做是为了改变颜色，并改善硬度等加工性能。虽然特定比例的金银合金是绿色的，但是用于珠宝的白金是金与铂、银或镍形成的合金。白金在美国常用于婚戒。金与少量铜形成的合金被称为"玫瑰金"，带有一种柔和的粉红色。此外，金还能形成紫色（铝）、蓝色（铟）甚至黑色（钴）

的合金。

通常以合金的形式提高金的硬度。珠宝中金的纯度以克拉计。24 克拉的金就是纯金。据估计，到目前为止，全球所提炼的金，能够装满一个棱长为 60ft（1ft＝30.48cm）的立方体。金块是黄色的，但是金粉可能是黑色、红色或紫色的。

在所有的金属中，金的延展性是最好的。1 盎司（1 盎司＝31.1g，金衡盎司）黄金可以展成 300ft² 的箔。金的质地柔软，形成合金可以提高金的硬度。金是热和电的良导体，不会被空气和大多数化学试剂腐蚀。

金易于实现工业化生产。金价（参见"金市行情"网站）每天都会变化，是一种受到人们极大关注的商品价格。

最常见的金化合物是三氯化金（$AuCl_3$）和四氯合金（Ⅲ）酸。一份硝酸和三份盐酸的混合物，既所谓的王水，可以溶解金这种金属之王。在自然界中存在金的单质。金也会伴生在石英和黄铁矿等矿物中。全球金产量的 2/3 都来自南非，而美国所产的黄金，有 2/3 都来自南达科他州和内华达州。海水中也含有金，但是尚无有经济价值的方法从中提取这种金属。

# 79.1　发现史

在远古时期，人们便已发现了金。金肯定是一种被很早发现的金属。无人知晓是谁首先捡起了金块，但可以肯定的是捡起它是因为它十分闪亮。在人类最早的文献中便已提及，金有很高的价值。古埃及人似乎在约 5600 年前（公元前 3600 年）便已掌握了熔炼金的技术，他们使用黏土吹管加热熔融物。公元前 2600 年左右的埃及碑文中描述到了金。同一时期，美索不达米亚（现在的伊拉克）的炼金工匠制作了一些已知最早的金首饰。图坦卡门（埃及法老）棺椁中的金面在已知的金器中很具有标志性意义，这面面具制于公元前 1223 年，是古代金饰工艺的瑰宝。

# 79.2　用途

在很长时间中，金都被用作珠宝和饰品。除了比较常见的指环、胸针、项链和耳环以外，还可以把金做成金叶，并用于装饰和保护以及丝网印刷（直接印刻在骨灰盒、陶器、瓷器和玻璃的表面或彩釉上）。

纯金（100％，24K）过于柔软，不是理想的珠宝材料。近来发展出了质量比为 99∶1 的金钛合金，这就是"九九金"。九九金十分经久耐用，适用于铸币和珠宝。这种合金的制造过程如下：

把纯度为 99.99％的金放入氧化铝或氧化锆的真空感应炉内的坩埚中。排空真空室，并加热到 800℃，直到除去大部分空气，并以氩气替代。熔化金并加热到 1300℃，再把纯度为 99.7％、质量为金块 1％的钛块投入熔融物中。在熔化过程中会产生一道闪光。熔化后的合金随后在石墨或陶瓷的模具中，铸件暴露在空气中之

前就已经冷却了。❶

金是"流金"的关键成分。流金中最多会含有12％的金，是理想的饰品和丝网印刷中的贴金。因为金的稀缺性、耐腐蚀性和装饰性，可用于铸币。有很多国家在很长时间中都实行金本位。不论是纯金还是金合金，除了金币、金锭和金条以外，还有包括片状、箔状（网格）、颗粒、粉末、薄片、海绵状、管状和丝状等在内的多种形状的金和金合金，甚至还有单晶金，它们都有应用价值。

卡修斯紫是一种紫色颜料，由金（Ⅲ）的盐类与氯化锡（Ⅱ）作用而成。它会使玻璃产生红色（茶色玻璃），并且也可以作为化学分析试剂以确认金的存在。一般来说，制备这种物质需要先把金溶解在王水中，再与氯化锡（Ⅱ）溶液反应。用氯化锡（Ⅱ）还原金氯酸，溶解在王水中的金生成红色或紫色的金单质胶体。用作分析时，颜色的深度与溶液中金的浓度相关。

近来，镀在碳或金属氧化物上的金催化剂在化工生产中有了越来越多的用途。包括金的卤化物（$AuBr_3$等）、配合盐（$K[AuBr_4]$等）、氰化物、氧化物、膦配合物、氢氧化物和硝酸盐在内的多种金的化合物都有工业价值。四氯合金（Ⅲ）酸（$HAuCl_4$）可用于摄影，以调节胶卷照片的颜色。

金的化学性质不活泼，并且具有很多有用的物理性质，因此金在电子行业中有很大的用途。金可用于电气插头、弹簧触点、半导体键合金线、焊料合金、凸点、电镀和阴极贱镀靶。金是很好的焊接材料，还可用于人造卫星的镀层。性质不活泼的金也是很好的红外线反射体。

金的性质不活泼以及金合金具有优良性能，因此金被广泛用于医学用途，如金牙、手术器械、移植和搭桥。与之相似的是，金被越来越大量的用于眼睛和耳朵的器官移植以及许多其他的医用丝、管、板和箔。金硫苹果酸二钠［2-（金代巯基）丁二酸二钠，化学式为$NaOOCCH(SAu)CH_2COONa$］可用于治疗关节炎。金的同位素$^{198}Au$可用于治疗癌症和其他疾病。

金在纳米技术中可用于胶体、共轭物、纳米墨水、纳米溶液和纳米粉末。

# 79.3　制备方法

## （1）制备

金易于实现工业化生产，因此通常无需在实验室中制备它。生产金的最浪漫的方式，是在某些令人神往的山谷中，用溪流淘选含金的矿砂。因为金的密度比砂子以及其他颗粒大得多，所以金在淘洗时会沉积在底部。但是适合这种操作条件的金矿如今大多都被耗尽了。

有人认为在1500年之前，人们把绵羊毛从木框中抻出，再淹没在水流之中。

---

❶ Gafner G. The development of 990 gold-titanium, and its production, use, and properties. J S Afr Inst Min Metall, 1989, 89: 173-181.

金粒会被从上游冲下来，再沉积到羊毛中。羊毛会被放到树上干燥。随后人们再把金粒抖出来或梳出来。与之相似的是，人们也把羊毛用于冲击型金矿的洗矿台，以产生相似的效果。这种方法的历史可能比用平底锅淘洗河沙的方法更为悠久。

大多数的金现在是从矿石中精炼而来的。这些矿石往往仅含有很少的金。有些生产方式会引起环境问题。大量的金是用氰化物从含金量很低的矿石中富集的。麦克阿瑟于 1887 年在格拉斯哥，首先发明了用氰化物提炼金的麦克阿瑟-福雷斯特法。这种方法会导致严重的环境问题，并且大量使用氰化物也十分危险。这个方法主要有三步。

首先是浸取，矿石被压成粉末，以使金的颗粒暴露在外，并与水混合。然后在存在氧气的环境中用氰化钠溶液处理这种混合物。

$$4Au + 8NaCN + O_2 + 2H_2O \longrightarrow 4Na[Au(CN)_2] + 4NaOH$$

反应的结果是氧气得到电子，使金从金属转变为一价配合物 $Au(CN)_2^-$。在反应过程中应该使溶液保持在弱碱性（如 pH 为 10.1），以减少释放剧毒的氰化氢气体，并提高产率。

接下来是浓缩。溶液中的金必须能还原为单质。可以用活性炭吸附金，大多数杂质则留在溶液中。这可能会导致部分阴离子 $Au(CN)_2^-$ 与其他附着在碳上的阴离子、不溶于水的沉淀—氰化金（AuCN）以及碳孔中的金单质发生交换。

最后是还原和精炼。把含有金的活性炭与氰化钠或氢氧化钠溶液在 110℃ 时混合，使金和碳分离，并再次形成 $Au(CN)_2^-$ 溶液。因为通过活性炭去除了很多杂质，故此时的溶液相当纯净。把金从溶液中还原为金属，需要通过电解，反应过程是：

阳极：$4OH^- \longrightarrow O_2 + 2H_2O + 4e^-$

阴极：$e^- + [Au(CN)_2]^- \longrightarrow Au + 2CN^-$

总反应：$4OH^- + 4[Au(CN)_2]^- \longrightarrow 4Au + 8CN^- + O_2 + 2H_2O$

金会沉积在不锈钢电极表面，或以黑泥形式沉积下来。随后熔化金泥并倒入模具中，便可得到金锭。

作为一种替代方法，也可以向含有相对纯净的 $Au(CN)_2^-$ 的盐溶液中加入锌粉。这是一个金属置换反应。

$$2Au(CN)_2^-(aq) + Zn(s) \longrightarrow Zn(CN)_4^{2-}(aq) + 2Au(s)$$

这样会得到黑色的金泥和残留的锌形成的混合物，随后熔炼混合物即可。

（2）从海水中提炼金

海水中含有一些金，但是浓度很低，只有大约 10ng/L。哈伯对从海水中提炼金做出了最大的努力。他在第一次世界大战后深入研究了这个课题[1]，想帮助德国找到偿还战争赔款的方法。他的方法是用多硫化钠还原金的化合物，再用过滤器去除硫包裹的沙子。装备了提炼设备的船一共出海四次，但是结果令人失望。哈伯根

---

❶　Haber F Z Angew Chem，1927，40：303.

据结果估计，海水中的含金量是 4 ng/L，只有他所期望的浓度的大约 1/1000。

根据现在的估计，海水中的含金量大约是 10 ng/L，而海水的总体积是 $1.37 \times 10^9$ km³。由此可以推算，海水中的总含金量是约 1370 万吨。这个数量的确很大，但是没有工业提取的价值。

# 79.4    生物作用和危险性

在自然界中存在金的单质，并伴生在石英和黄铁矿等矿物中。全球金产量的 2/3 都来自南非，而美国所产的黄金，大部分都来自南达科他州和内华达州。海水中也含有金，含量大约是每 100 万吨海水中含有 5~6g 的金。现在尚没有经济的方法从中提取这种金属。

与其他 5d 区元素一样，金不是生物体必需的微量元素。部分原因可能是生物体在生物界中几乎不可能遇到金。这也可能是因为生命体没有办法把金转化为稳定的溶液形式。有那么几种植物可以富集金，这或许是因为它们与一些微生物有关。而这些微生物含有特殊的氨基酸，可以配合金。

金有令人神往的美丽。人们试图寻找金的药用价值也就不值得惊奇了。8 世纪的炼金师曾试图用金制作长生仙丹。他们曾经试图用这些仙丹医治百病并想借此永驻青春。在 13 世纪，金溶于王水所得的混合物与迷迭香油或其他 "精油" 混合后，形成 "可饮用的金"，据说这可以治疗麻风病。随之而来的便是黄金疗法被经常用于各种情况，但是没有什么证据证明它们实际有效。在 19 世纪 90 年代，事情开始发生了更加有趣的变化。氰合金酸盐 $K[Au(CN)_2]$ 被发现可以杀灭会引起肺结核的微生物。这可用于治疗肺结核，但或许这种疗法会伴有相当严重的毒副作用。

第一次世界大战后出现了硫醇金药物。它们是金（Ⅰ）的配合物，如硫代硫酸金钠、硫代苹果酸金钠和硫代葡萄糖金。它们比 $K[Au(CN)_2]$ 的毒性低，但最终还是过时了。然而硫代硫酸金钠和硫代葡萄糖金现在被用于治疗类风湿性关节炎，在药物试验中获得了成功。不过也有一些病人会受到副作用的折磨。

金的磷化氢配合物通式为 $[AuX(PR_3)]$，其中 X 为卤素，R 为烷基。近年来测试了这类物质的抗炎效果。它们可以通过口服摄入，而硫代苹果酸金钠等早期药物必须通过注射，这使得前者具有优势。磷化氢配合物药物似乎对肾脏的毒性较低。$[AuCl(PEt_3)]$ 有最佳的治疗效果。

金诺芬（商品名 "瑞得"）是一种有机金化合物。它被世界卫生组织（WHO）分类为一种抗风湿药物。国际理论和应用化学联合会（IUPAC）将其命名为：gold（1＋）；3，4，5-triacetyloxy-6-(acetyloxymethyl) oxane-2-thiolate；triethylphos-phanium❶。其结构如图 79-1 所示：

---

❶    按中国化学会制定的命名规则，命名为：三乙基膦合 3,4,5-三乙酰基-6-乙酰甲氧基环氧戊烷-2-硫醇金。

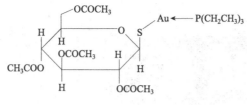

图 79-1　金诺芬的结构

其他可能有抗炎效果的药物包括 $Au\{[SCH(CH_2CO_2H)(CO_2H)](PR_3)\}$，其中 R 为烷基、烷氧基或苯基。

金的同位素[198]Au，可用于治疗癌症和其他疾病。

人体不能很好地吸收金。金的化合物通常并没有明显的毒性。最多可达 50％ 的关节炎患者会使用含金的药物。这些药物可能会有一定的毒性，会损害肝脏和肾形矿脉。

可能重金属都有毒，金当然是一种重金属元素，但是金单质没有特别的毒性。其实有些饮料中含有小金片，如金匠酒和金水酒（goldwasser）。欧盟确实允许把金用作食品添加剂，并给设定了 E 编码。金的 E 编码为 E175。

放射性同位素[198]Au 可用于治疗癌症和其他疾病。以胶体形式使用的[198]Au，可用于肝显像的诊断；用于治疗带有腹水的腹部癌细胞的大面积扩散、带有积液的胸膜癌变、淋巴瘤、转移性肿瘤的组织间隙。[198]Au 会产生 β 衰变。必须在治疗效果与放射性危害之间做出权衡。

# 79.5　化学性质

（1）金与空气的反应

金在空气中是稳定的。但是在空气的存在下，金可溶于氰化物溶液。

（2）金与卤素单质的反应

金与氯气和溴单质发生反应，分别生成卤化物氯化金（Ⅲ）（$AuCl_3$）和溴化金（Ⅲ）（$AuBr_3$）。此外，金与碘的反应会生成一卤化物碘化金（Ⅰ）（AuI）。

$$2Au(s) + 3Cl_2(g) \longrightarrow 2AuCl_3(s)$$
$$2Au(s) + 3Br_2(g) \longrightarrow 2AuBr_3(s)$$
$$2Au(s) + I_2(g) \longrightarrow 2AuI(s)$$

氯气（$Cl_2$）和氯化三甲基铵 $[(NHMe_3)Cl]$ 的乙腈（MeCN）溶液能溶解金。

（3）金与酸的反应

一份硝酸和三份盐酸的混合物，即所谓的王水，可以溶解金。"王水"的名称来自于炼金术，是因为它能够溶解金属之王，也就是金。

（4）其他

金不同水或碱发生反应。

汞是在室温下唯一呈液态的金属。汞有时被称作"水银"。在自然界中几乎不存在汞的单质。汞的主要矿物是辰砂，出现在西班牙和意大利。汞是一种高密度的银白色液态金属。与其他金属相比，汞是热的不良导体，但其导电性却非常好。汞能与金、银、锡等金属形成合金，这些合金被统称为"汞齐"。汞易于与金形成合金，这在金矿的冶炼中有很大的用途。

汞最重要的盐类是氯化汞（$HgCl_2$，腐蚀性的挥发性物质，有剧毒）、氯化亚汞（$Hg_2Cl_2$，甘汞，有时仍被用作药物）、雷酸汞［$Hg(ONC)_2$，可用作雷管炸药］和硫化汞（$HgS$，辰砂，高级颜料）。

汞的有机化合物也很重要，虽然也同样的危险。甲基汞是一种致命的污染物，可能会出现在河流和湖泊中。这种污染物的主要来源是排放到河、湖中的工业废水。

汞有挥发性，所以它在空气中会很容易达到危险的浓度。空气中的气态汞浓度不能超过 $0.1mg/m^3$。在 20℃ 时，汞在空气中的饱和蒸气压远远高于这个限度。随着温度的提高，这个危险还会变得更大。因此，在操作汞的时候，应该格外小心。应当仔细密封汞的容器，并避免汞的外溢。只能在通风良好的场所内操作汞。如果身处有汞存在的环境中，应联系有足够资质的化学家或公共健康实验室，咨询安全处理的方法。

如果发现溢出了少量的汞，应通过播撒硫粉的方法清理现场，也应小心处理所生成的混合物。

## 80.1　发现史

在公元前 2000 年之前，古代中国人和印度人便已发现了汞。从公元前 1500 年的埃及墓葬中出土的文物中也发现了汞。在公元前 500 年左右，人们便已用汞与其他金属形成汞齐。希腊人把汞用作药膏。不幸的是，罗马人把汞用于化妆品。

## 80.2　用途

在实验室中，汞被用于制造温度计、气压计、扩散泵等很多设备。汞可用于水银开关等多种电学仪器。在有些电解过程中，汞被用作电极材料以及制造电池的材料（汞极电池）。

气态的汞可用于汞蒸气灯和广告招牌。汞在一些工业生产中非常重要，如生产烧碱和氯气。汞被用于生产一些杀虫剂和防污涂料。汞也可以作为牙科用汞齐的基础和配置剂。

# 80.3　制备方法

因为汞被广泛用于温度计，所以人们都很熟悉汞的外观。把实验室中制备汞的方法解释清楚并不困难：加热硫化汞（辰砂，HgS）即可。但是因为会产生有剧毒的汞蒸气，现在应当强烈制止进行这个实验，绝对不要尝试！然而，这是工业生产汞的基础：首先在空气中加热处理过的辰砂，并收集汞的蒸气，得到粗汞。

$$HgS(s) + O_2(g) \xrightarrow{600℃} Hg(l) + SO_2(g)$$

然后用硝酸清洗粗汞，再用空气进行处理，以除去氧化物等杂质，或溶于溶液。可使用减压蒸馏的方法进行汞的进一步纯化。

# 80.4　生物作用和危险性

西班牙阿尔玛登从公元前 400 年起就一直出产汞矿。在南斯拉夫地区、俄罗斯和北美洲也有汞矿。

汞没有生物作用，但广泛分布于生物圈和食物链。这其中也包括我们人类所处的食物链。

汞是一种可怕的剧毒物。人体很容易通过呼吸道、消化道和皮肤吸收汞。人体几乎没有排泄汞的途径，所以汞是一种累积性毒物。

汞的所有化合物都有剧毒。只能由有足够资质的人员在严格的预防措施下操作这些物质。有机汞化合物的毒性更大，其中以甲基汞的毒性为甚。汞会损害中枢神经系统，并且会损害口腔、齿龈和牙齿。此外，暴露在高浓度的汞中会致死。

# 80.5　化学性质

（1）汞与空气的反应

在约 350℃时，金属汞在空气中会被氧化成氧化汞（Ⅱ）。

$$2Hg(s) + O_2(g) \longrightarrow 2HgO(s，红色)$$

（2）汞与卤素单质的反应

金属汞同卤素单质氟气（$F_2$）、氯气（$Cl_2$）、溴单质（$Br_2$）和碘单质（$I_2$）发生反应，分别生成二卤化物氟化汞（Ⅱ）（$HgF_2$）、氯化汞（Ⅱ）（$HgCl_2$）、溴化汞

（Ⅱ）（$HgBr_2$）和碘化汞（Ⅱ）（$HgI_2$）。同溴单质和碘单质的反应需要加热，以确保能够生成产物。

$$Hg(s) + F_2(g) \longrightarrow HgF_2(s，白色)$$
$$Hg(s) + Cl_2(g) \longrightarrow HgCl_2(s，白色)$$
$$Hg(s) + Br_2(g) \longrightarrow HgBr_2(s，白色)$$
$$Hg(s) + I_2(g) \longrightarrow HgI_2(s，红色)$$

（3）汞与酸的反应

金属汞不同非氧化性酸发生反应，但是会与浓硝酸或浓硫酸发生反应，并生成二氧化氮或二氧化硫。

$$Hg + 2H_2SO_4(浓) \longrightarrow HgSO_4 + SO_2 + 2H_2O$$
$$Hg + 4HNO_3(浓) \longrightarrow Hg(NO_3)_2 + 2NO_2 + 2H_2O$$

汞缓慢溶于稀硝酸，并生成硝酸汞（Ⅰ）$Hg_2(NO_3)_2$。

$$6Hg + 8HNO_3(稀) \longrightarrow 3Hg_2(NO_3)_2 + 2NO + 4H_2O$$

（4）其他

在通常条件下，汞不与水或碱发生反应。

铊的新鲜切面会呈现明亮的金属光泽，但是会迅速失去光泽，变成与铅的外观类似的蓝灰色。放置在空气中的铊，表面上会产生一厚层氧化物。如果有水存在，则会生成氢氧化物。金属铊非常柔软，有很好的延展性。用小刀就可以切割铊。

金属铊及其化合物均有剧毒，处理含铊物质时应格外小心。铊会致癌。

# 81.1　发现史

克鲁克斯在1861年用光谱分析法发现了铊，并用识别出这种元素的绿色谱线命名了这种元素（希腊语"thallos"，绿色的嫩芽）。克鲁克斯和拉米在1862年都分离出了这种金属。他们本想从工业生产硫酸的副产品中除掉硒而分离出碲，但是却发现了新元素铊。

## 81.2 用途

· 硫酸铊广泛用于灭鼠和灭蚁。硫酸铊没有气味，也没有味道，这使得它的存在不会受到注意。

· 硫化铊的电导率随着照射在它上面的红外线的强度而变化，因此可用于光电池中。

· 铊的溴化物-碘化物晶体可用作红外线探测仪。

· 与硫或硒以及砷一起使用的铊可用于制造低熔点的玻璃。这种玻璃在125～150℃就可以熔化。

· 铊早年曾被用于治疗癣和其他皮肤病。但因为中毒和获得疗效的用量差异很小，使得铊在这方面的应用受到了限制。

· 含有8.5%的铊的汞齐的熔点最低，为−60℃，比汞的还低约20℃。

## 81.3 制备方法

铊可以实现工业化生产，所以通常无需在实验室中制备它。粗铊通常与砷、镉、铟、锗、铅、镍、硒、碲和锌共存于烟灰中。用稀酸溶解烟灰，再把硫酸铅沉淀下来，然后加入盐酸把铊以氯化铊（Ⅰ）(TlCl)的形式沉淀下来。最后再电解可溶性铊盐的溶液，就可以得到纯净的金属铊。

## 81.4 生物作用和危险性

铊矿很稀少，但硒铊铜银矿、红铊矿、硫铁矿和硫砷铊铅矿等矿物中也有铊的存在。铊也会与钾伴生在氯化钾矿和铯榴石中。铊也是精炼锌和铅，特别是硫酸工业的副产品。

铊没有生物作用。

应避免与铊的所有化合物发生接触。这些物质只能由具有足够资质的人员在足够的预防措施下进行处理。铊的所有化合物都有剧毒。铊的毒性是累积性的，并且会通过皮肤进入人体。铊中毒会有几天的潜伏期。铊会损害神经系统，并可能导致畸形。

## 81.5 化学性质

(1) 铊与空气的反应

在铊的新切面上，会慢慢地产生一层灰色的氧化物，这使得铊可不被继续氧化。把铊在空气中加热到红热，就能生成有剧毒的氧化铊（Ⅰ）($Tl_2O$)。

$$2Tl(s) + O_2(g) \longrightarrow Tl_2O(s)$$

（2）铊与水的反应

铊与不含空气的水不发生反应。铊在潮湿的空气中会慢慢失去光泽，或溶解于水中生成有毒的氢氧化铊（Ⅰ）。

$$2Tl(s) + 2H_2O(l) \longrightarrow 2TlOH(aq) + H_2(g)$$

（3）铊与卤素单质的反应

金属铊与卤素单质剧烈反应，形成卤化铊。铊与氟气（$F_2$）、氯气（$Cl_2$）和溴单质（$Br_2$）分别反应，生成氟化铊（Ⅲ）（$TlF_3$）、氯化铊（Ⅲ）（$TlCl_3$）和溴化铊（Ⅲ）（$TlBr_3$）。

$$2Tl(s) + 3F_2(g) \longrightarrow 2TlF_3(s)$$
$$2Tl(s) + 3Cl_2(g) \longrightarrow 2TlCl_3(s)$$
$$2Tl(s) + 3Br_2(l) \longrightarrow 2TlBr_3(s)$$

（4）铊与酸的反应

铊只能缓慢溶于硫酸（$H_2SO_4$）和盐酸（HCl）中。这是因为反应所生成的 Tl（Ⅰ）盐（有毒！）的溶解度比较低。

（5）铊与碱的反应

铊不与碱发生反应。

# 82  铅

铅有蓝白色的金属光泽。铅的质地非常柔软，延展性也很好，但导电性相对较差。铅有很好的抗腐蚀性，但是放置在空气中的铅会失去光泽。有些带有罗马帝国标识的铅管，时至今日仍然被用于浴池的排水沟。白镴和焊料都是铅合金。有些标号的汽油中仍然在使用四乙基铅（$PbEt_4$）。但是因为这会产生严重的环境问题，四乙基铅正在被逐步淘汰。

目前发现，共有三种天然放射性元素的衰变途径，它们都以铅的同位素为终点。

## 82.1  发现史

自然界中没有游离态铅存在，主要矿石是方铅矿。公元前 3000 年，人类已会从矿石中提炼铅。我国在殷代末年纣王时便已会炼铅，古代的罗马人喜欢用铅做水管，而古代的荷兰人，喜欢用铅做屋顶。

# 82.2 用途

- 金属铅和二氧化铅可用于制造蓄电池。
- 铅质水管、弹药。
- 制造四乙基铅（$PbEt_4$），可用作汽油中的抗爆剂。但由此引起的环境问题以及廉价的无铅汽油的产生，都会使含铅汽油的产量逐渐减少。
- 金属铅是性能优良的消声材料。
- X射线设备和核反应堆周围的核防护罩。
- 大量用作颜料。但是近年来含铅颜料的使用量急剧下降，以消除或缓解对人的健康的危害。
- 氧化铅可用于生产"水晶玻璃"和"无色玻璃"。这些玻璃的折射率都很高，可用于制造消色差滤镜。
- 焊料。
- 腐蚀性液体的容器。
- 合金。
- 覆盖电缆。
- 杀虫剂。

# 82.3 制备方法

铅的价格很便宜，并且很容易获取，所以通常无需在实验室中制备铅。铅主要是从硫化物PbS中提炼而来的。精炼时，首先需要在严格控制流量的空气中燃烧硫化物，然后再用碳还原一氧化铅（PbO）。

$$2PbS+3O_2 \longrightarrow 2PbO+2SO_2$$
$$PbO+C \longrightarrow Pb+CO$$
$$PbO+CO \longrightarrow Pb+CO_2$$

这样生产出来的铅往往会含有锑、砷、铜、金、银、锡和锌等杂质。需要经过非常复杂的过程才能除去这些杂质。

# 82.4 生物作用和危险性

在自然界中存在少量的金属铅。主要的铅矿包括方铅矿（硫化铅，PbS）、铅矾矿（硫酸铅，$PbSO_4$）、氧化铅矿（铅的氧化物矿，$Pb_3O_4$）和白铅矿（碳酸铅，$PbCO_3$）等矿物。方铅矿是最重要的铅矿。

铅没有生物作用。

摄取或吸入的铅有剧毒。然而，绝大多数被人体摄入的铅都没有被吸收。有些标号的汽油中仍然在使用四乙基铅（PbEt₄），这是铅在生物圈中的很大一部分来源。许多国家因为环境问题正在逐步淘汰四乙基铅。铅会损害内脏和中枢神经系统，并引起贫血。铅会在体内聚集，这是一种常见的职业病。铅的化合物可能会致癌和致畸。

# 82.5   化学性质

（1）铅与空气的反应

铅的表面被覆盖着的一层氧化物 PbO。只有把铅在空气中加热到 $600\sim800℃$，铅才会同氧气发生反应，生成氧化铅（PbO）。

$$2Pb(s) + O_2(g) \longrightarrow 2PbO(s)$$

细铅粉会引起火星，也就是说它可能会引起火灾。

（2）铅与水的反应

铅的表面被覆盖着的一层氧化物 PbO 保护着。在通常条件下，铅不与水发生反应。

（3）铅与卤素单质的反应

金属铅同卤素单质氟气（$F_2$）和氯气（$Cl_2$）剧烈反应，分别生成二卤化物氟化铅（Ⅱ）($PbF_2$）和氯化铅（Ⅱ）($PbCl_2$）。同氯气（$Cl_2$）的反应需要加热。

$$Pb(s) + F_2(g) \longrightarrow PbF_2(s)$$
$$Pb(s) + Cl_2(g) \longrightarrow PbCl_2(s)$$

（4）铅与酸的反应

铅的表面被氧化物 PbO 覆盖，这使得铅基本上不会溶于硫酸，因此以前曾把铅用作盛放硫酸的容器。铅能与盐酸（HCl）和硝酸（$HNO_3$）缓慢反应。铅与硝酸的反应会生成氮氧化物和硝酸铅（Ⅱ）[$Pb(NO_3)_2$]。

$$Pb(s) + 2HCl(aq) \xrightarrow{\triangle} PbCl_2(aq) + H_2(g)$$

$$Pb(s) + 4HNO_3(浓) \xrightarrow{\triangle} Pb(NO_3)_2(aq) + 2NO_2(g) + 2H_2O(l)$$

$$3Pb(s) + 8HNO_3(稀) \xrightarrow{\triangle} 3Pb(NO_3)_2(aq) + 2NO(g) + 4H_2O(l)$$

（5）铅与碱的反应

铅可缓慢溶于碱溶液中，生成亚铅酸盐。

$$Pb + 2OH^- + 2H_2O \longrightarrow Pb(OH)_4^- + H_2(g)$$

铋是一种带有粉白色金属光泽的、易碎的金属晶体。在所有的金属中，铋的反磁性最强，导热性也仅比汞高。铋的电阻很高，在所有金属中具有最强的霍耳效应。也就是说，铋的电阻会随着磁场的变化而以所有金属中最快的速率迅速增加。

# 83.1  发现史

虽然人们在很久以前就已经多次谈到了铋，但是人们早先把铋同锡和铅混淆在一起。乔弗里在 1753 年首先明确阐述了铋和铅之间的区别。

# 83.2  用途

- 生产可锻铸铁。
- 制造丙烯酸纤维的催化剂。
- 金属铋可用作热电偶材料。
- 核反应堆中铀燃料的载体。
- 火情探测装置、防火系统。
- 化妆品。
- 医药。

# 83.3  制备方法

铋可以实现工业化生产，因此通常无需在实验室中制备它。在自然界中，铋大量以铋华（$Bi_2O_3$）、辉铋矿（$Bi_2S_3$）和泡铋矿 $[(BiO)_2CO_3]$ 的形式存在。然而，铋主要是作为生产铜、铅、锡、银、金和锌的副产品而生产的。生产铋的最后一步反应通常是用木炭还原三氧化二铋。

# 83.4  生物作用和危险性

金属铋的单质晶体经常与镍、钴、银、锡和铀的硫化物矿伴生。辉铋矿（$Bi_2S_3$）、铋华（α-$Bi_2O_3$）和泡铋矿［$(BiO)_2CO_3$］中都含有铋。这些铋矿主要分布于秘鲁、日本、墨西哥、玻利维亚、英格兰、挪威、巴西和加拿大。

铋没有生物作用。然而有时可把由柠檬酸铋（Ⅲ）和柠檬酸三钾所形成的复盐用于治疗消化不良的药物。把它与抗生素结合使用，可用于治疗胃溃疡。铋的化合物还可用于痔疮膏，如安那素霜中的三氧化二铋和安娜素软膏中的没食子酸铋。

在重金属元素中，铋是一种毒性较低的元素。摄入过量的铋会导致轻度肾中毒。

## 83.5　化学性质

（1）铋与空气的反应

在加热时，铋会与空气中的氧气反应，产生蓝色的火焰，并生成三氧化物氧化铋（Ⅲ）($Bi_2O_3$）。

$$4Bi(s) + 3O_2(g) \longrightarrow 2Bi_2O_3(s)$$

（2）铋与水的反应

在加热时，铋同水蒸气发生反应，生成三氧化物氧化铋（Ⅲ）($Bi_2O_3$）。

$$2Bi(s) + 3H_2O(g) \longrightarrow Bi_2O_3(s) + 3H_2(g)$$

（3）铋与卤素单质的反应

铋可同氟气（$F_2$）发生反应，生成五氟化物氟化铋（Ⅴ）($BiF_5$）。

$$2Bi(s) + 5F_2(g) \longrightarrow 2BiF_5(s，白色)$$

在一定的条件下，铋可与氟气（$F_2$）、氯气（$Cl_2$）、溴单质（$Br_2$）、碘单质（$I_2$）分别反应生成三卤化物氟化铋（Ⅲ）($BiF_3$）、氯化铋（Ⅲ）($BiCl_3$）、溴化铋（Ⅲ）($BiBr_3$）和碘化铋（Ⅲ）($BiI_3$）。

$$2Bi(s) + 3F_2(g) \longrightarrow 2BiF_3(s)$$
$$2Bi(s) + 3Cl_2(g) \longrightarrow 2BiCl_3(s)$$
$$2Bi(s) + 3Br_2(l) \longrightarrow 2BiBr_3(s)$$
$$2Bi(s) + 3I_2(s) \longrightarrow 2BiI_3(s)$$

（4）铋与酸的反应

铋可溶于浓硫酸（$H_2SO_4$）和硝酸（$HNO_3$）中，生成含有 Bi（Ⅲ）的溶液，与硫酸的反应会生成二氧化硫气体。在氧气的存在下，铋可溶于盐酸，并生成氯化铋（Ⅲ）。

$$2Bi(s) + 6H_2SO_4(浓，aq) \longrightarrow Bi_2(SO_4)_3(aq) + 3SO_2(g) + 6H_2O(l)$$
$$4Bi(s) + 3O_2(g) + 12HCl(aq) \longrightarrow 4BiCl_3(aq) + 6H_2O(l)$$

（5）铋与碱的反应

铋不与碱发生反应。

钋的同位素种类是所有元素中最多的，这些同位素都是放射性同位素。钋易溶于稀酸，但与碱只会略微发生反应。

钋的毒性是相同质量的氢氰酸（HCN）的 $2.5 \times 10^{11}$ 倍。现已发现钋污染了一些烟草。铀矿中也含有钋。

# 84.1 发现史

钋是居里夫人在 1898 年发现的一种元素。她在探寻导致沥青铀矿产生放射性的原因时发现了这种元素。这种沥青铀矿产自波希米亚（今属捷克共和国）约阿希姆斯塔尔，当时从几吨的铀矿中只提炼出很少量的钋。

# 84.2 用途

- 钋与铍的合金可用作中子源。
- 在纺织厂中用于排除静电（β 源更加常见，也更安全）。
- 用于从照相软片上擦除尘土的刷子上。
- 钋制的热电源可用于航天飞机。

# 84.3 制备方法

钋是一种放射性元素，在自然界中非常稀少。可在核反应堆中由铋生产钋，但产量很少。用中子照射 $^{209}_{83}Bi$，可以得到 $^{210}_{84}Po$。

$$^{209}_{83}Bi + {}^1n \longrightarrow {}^{210}_{84}Po + e^-$$

可从铋中蒸馏出极少量的钋，或把钋电镀到银等金属的表面。

# 84.4 生物作用和危险性

可用铋的同位素 $^{210}Bi$ 的衰变制备少量的钋，但是数量非常少。$^{210}Bi$ 存在于沥青铀矿（铀云母，主要是 $UO_2$）中。1t 铀矿中可能含有 0.1mg 的钋。钋更主要的来源是用中子轰击[209]Bi。

钋没有生物作用。

在生物圈中不存在任何宏观浓度的钋，所以通常不会带来相应的危险。钋是 α 射线源。只有几个核研究实验室才研究钋。钋会放出 α 粒子。在这些实验室中，需要特殊的操作技术和预防措施，以防范钋的高放射性。

## 84.5   化学性质

（1）钋与空气的反应

钋在空气中燃烧，生成二氧化物氧化钋（Ⅳ）。

$$Po(s) + O_2(g) \longrightarrow PoO_2(s)$$

（2）钋与卤素单质的反应

如果控制反应条件，钋会同氯气（$Cl_2$）、溴（$Br_2$）和碘单质（$I_2$）发生反应，分别生成相应的四卤化物氯化钋（Ⅳ）、溴化钋（Ⅳ）和碘化钋（Ⅳ）。

$$Po(s) + 2Cl_2(g) \longrightarrow PoCl_4(s，黄色)$$
$$Po(s) + 2Br_2(g) \longrightarrow PoBr_4(s，红色)$$
$$Po(s) + 2I_2(g) \longrightarrow PoI_4(s，黑色)$$

（3）钋与酸的反应

钋会溶于浓盐酸（HCl）、硫酸（$H_2SO_4$）或浓硝酸（$HNO_3$）中，并首先生成含有 Po（Ⅱ）的溶液。

（4）其他

在通常条件下，钋不与水或碱发生反应。

85  砹

砹有 20 种同位素，它们都是放射性同位素。半衰期只有 8.3h 的[210]At 是它们中寿命最长的。砹是一种卤族元素，可能会像碘一样聚集在人体甲状腺中。

# 85.1 发现史

1940年，奥森等人在美国加州大学用α粒子轰击铋靶时得到了砹。

# 85.2 制备方法

砹是一种放射性元素，基本上不存在于自然界，只能在核反应堆中制备砹。用α粒子（氦核，$_2^4He$）轰击$_{83}^{209}Bi$可以得到砹的短寿命同位素和中子。在制备砹时，需要冷却铋，以免砹因挥发而散失。

$$_{83}^{209}Bi + _2^4He \longrightarrow _{85}^{211}At + 2_0^1n$$

砹的同位素$^{211}At$的半衰期只有7个多小时，因此操作时必须动作迅速！人们获得的砹的数量曾达到过$1\mu g$。

在$N_2$中把铋加热到$300 \sim 600℃$，可以得到砹单质的蒸气，可用冷凝设备收集这些蒸气。

# 85.3 生物作用和危险性

在地球的岩石圈中不存在任何宏观数量的砹。一些砹的同位素（如$^{215}At$、$^{218}At$和$^{219}At$）是铀或钍的衰变产物，故而存在于相应的矿物中。地球的地壳中所含有的砹，可能从未超过30g。

砹没有生物作用。

生物圈中不存在宏观数量的砹，所以通常不存在危险。只有少数核研究实验室才研究砹。在这些实验室中，需要特殊的操作技术和预防措施，以防范砹的高放射性。砹的化学毒性据估计应与碘十分相近。

# 85.4 化学性质

（1）砹与卤素单质的反应

砹$At_2$可以同溴单质（$Br_2$）或碘单质（$I_2$）发生反应生成卤素间化合物溴化砹（Ⅰ）（AtBr）和碘化砹（Ⅰ）（AtI）。

$$At_2 + Br_2 \longrightarrow 2AtBr$$
$$At_2 + I_2 \longrightarrow 2AtI$$

（2）砹与酸的反应

砹可溶于稀硝酸（$HNO_3$）或稀盐酸（HCl）。

氡在常温下是一种无色气体。氡在凝固点以下会呈现明亮的荧光，而在低温下会呈现黄色。氡在液态空气的温度范围内会呈现橙红色。氡的主要危害来自吸入附着在粉尘上的氡及其衰变产物。氡在自然界中会积累在土壤和岩石中，这个问题近来引起了一些对安全的忧虑。全球各地都正在检测氡气的来源。氡是已知的气体中分子量最大的。有些温泉水中含有氡。

# 86.1　发现史

道恩在 1900 年发现了氡，并把它称作"niton"。这个名称一直沿用到 1923 年。在这之后，这种元素便被改称为"radon"。一般而言，氡的性质不活泼。

# 86.2　用途

- 在医院中偶尔可用于放射性治疗。
- 地震预报。

# 86.3　制备方法

大气中含有痕量的氡。氡在原则上是液化和分馏液态空气的副产品。然而人们实际上只得到了很少量的氡。此外，氡的寿命很短，其同位素中半衰期最长的也不到 4d。这都使得人们只能从 $^{226}$Ra（半衰期为 1599 年）的放射性衰变产物中收集氡。

$$^{226}\text{Ra} \longrightarrow {}^{222}\text{Rn} + {}^{4}\text{He}$$

用这种方法，每个月可以从每克镭中得到 0.64 cm³ 的氡。

# 86.4　生物作用和危险性

氡是已知的气体中分子量最大的。氡往往出现在铀矿中。氡气有时可能会溶解在一些泉水中，如美国阿肯色州的温泉。

氡没有生物作用。

氡会衰变出 α 粒子。氡的危害主要来自吸入附着在粉尘上的氡及其衰变产物，这种危险可能会出现在一些铀矿中。氡气不会造成化学方面的危险。

# 86.5　化学性质

（1）氡与水的反应

氡不与水发生反应，但可微溶于水。在 20℃（293K）时，氡在水中的溶解度大约是 230cm³/kg。

（2）氡与卤素单质的反应

氡不与除氟气以外的卤素单质发生反应。氡与氟气之间的反应，会生成二氟化物氟化氡（Ⅱ）（$RnF_2$）。但是人们尚未仔细研究过这种化合物的性质。

（3）氡与酸的反应

氡不与空气、酸或碱发生反应。

钫是锕的 α 衰变产物。钫会出现在铀矿中。用质子轰击钍，可以得到钫。钫是元素周期表前 101 种元素中最不稳定的元素。钫有大约 20 种同位素，由 $^{227}Ac$ 衰变而来的 $^{223}Fr$ 是钫寿命最长的同位素，其半衰期为 22min，这也是钫唯一的天然同位素。在地球的地壳中，钫的含量似乎一直都只维持在 20～30g。现在从未制得或分离出达到可称量数量的钫。

# 87.1　发现史

门捷列夫在 19 世纪 70 年代就预言了钫的存在。因为它应该与铯具有相似的性质，他把这种元素称为"类铯"。但这种元素的是由法国巴黎居里研究所的皮雷于 1939 年发现的。她发现了锕的 α 衰变产物。这就是现在已知的 $^{223}_{87}Fr$，它是钫寿命最长的同位素，其半衰期是 22min。皮雷把这种新元素命名为"francium"，以纪念她的国家。

## 87.2 制备方法

钫非常稀少，只在铀矿中含有痕量的钫。人们从未获得过纯净的金属钫。钫有放射性，任何数量的钫都会迅速衰变成其他元素。

锕的衰变途径一般是 β 衰变，但是有 1% 的锕会发生 α 衰变，后者的衰变产物曾被称作"锕 K"。这也就是现在所知的 $^{223}_{87}$Fr。

## 87.3 生物作用和危险性

在铀矿中会含有非常少量的钫。

钫没有生物作用。

在生物圈中不存在宏观数量的钫，所以通常不存在危险。只有少数核研究实验室才研究钫。在这些实验室中，需要特殊的操作技术和预防措施，以防范钫的高放射性。钫的化学毒性估计应与铯十分相近。

## 87.4 化学性质

### (1) 钫与空气的反应

据知，尚未有人一次性制得足够的钫，以确定这种金属的外观。固态的金属钫可能非常软，易于切割。钫可能会在室温下呈现液态。钫的新切的表面有光泽，但会因为由钫与空气中的氧气和水蒸气反应而很快变暗。钫在空气中燃烧，所得的产物应该是以橙色的超氧化钫（$FrO_2$）为主。

$$Fr(s) + O_2(g) \longrightarrow FrO_2(s)$$

### (2) 钫与水的反应

钫非常稀少，并且十分昂贵。似乎不可能有人进行过这种金属和水的反应。但是像所有其他的第ⅠA族元素一样，金属钫应该能与水迅速反应，形成氢氧化钫（$FrOH$）的无色碱性溶液和氢气。虽然未经验证，但据估计钫与水的反应可能快于铯（在元素周期表中紧靠在钫的上面）的相应反应。换言之，钫与水之间的反应，会以非常危险的速率快速进行。

$$2Fr(s) + 2H_2O(l) \longrightarrow 2FrOH(aq) + H_2(g)$$

### (3) 钫与卤素单质的反应

据知，尚未有人一次性制得足够的钫，并用于研究这种金属与卤素单质的反应。但是可以预测的是，金属钫同所有的卤素单质都剧烈反应，生成卤化钫。也就是说，它同氟气（$F_2$）、氯气（$Cl_2$）、溴单质（$Br_2$）和碘单质（$I_2$）反应，分别生成氟化钫（Ⅰ）（$FrF$）、氯化钫（Ⅰ）（$FrCl$）、溴化钫（Ⅰ）（$FrBr$）和碘化钫（Ⅰ）（$FrI$）。

$$2Fr(s) + F_2(g) \longrightarrow 2FrF(s)$$
$$2Fr(s) + Cl_2(g) \longrightarrow 2FrCl(s)$$
$$2Fr(s) + Br_2(g) \longrightarrow 2FrBr(s)$$
$$2Fr(s) + I_2(g) \longrightarrow 2FrI(s)$$

（4）钫与酸的反应

不知是否有人进行过这个反应，但是可以预测的是，金属钫能迅速溶解在稀硫酸中，形成氢气和包含 Fr（Ⅰ）水合离子的溶液。

$$2Fr(s) + 2H^+(aq) \longrightarrow 2Fr^+(aq) + H_2(g)$$

新制备的、纯净的金属镭有耀眼的白色光芒。暴露在空气中的镭会迅速变黑，这可能是生成了氮化物。镭及其盐类都会发光。镭可以与水发生反应，其反应速率比钡的相应反应会更快一些。镭在焰色反应中会呈现洋红色。

镭会发出 α、β 和 γ 射线，与铍混合后会产生中子。摄入或吸入镭，或身体暴露在有镭的环境中，都可能会引发癌症等疾病。镭会发出冷光，放出放射性的氡气，并最终变成稳定的铅。镭的放射性比同质量的某些铀的同位素要强至少一百万倍。

# 88.1 发现史

居里夫妇在 1898 年从沥青铀矿中发现了镭。这种铀矿产自北波希米亚（今属捷克共和国）。玛丽·居里和德比埃纳在 1911 年通过用汞作阴极，电解纯净的氯化镭溶液得到了镭汞齐。在氢气气氛中蒸馏镭汞齐，就得到了纯净的金属镭。

# 88.2 用途

- 发光涂料。
- 中子源。
- 在医疗上用于治疗癌症，但是现在已被 $^{60}Co$ 替代。

## 88.3  制备方法

镭的所有同位素都有放射性。镭只用于科研,产量非常小。镭极其稀少,但是在沥青铀矿等铀矿中会含有非常少量的镭。大约每 10t 铀矿中会含有略多于 1g 的镭。可以通过电解熔融的氯化镭($RaCl_2$)小批量生产金属镭。电解时需要使用水银阴极。这样可以得到镭汞齐。蒸馏镭汞齐,就可以得到金属镭。

阴极:$Ra^{2+}(l) + 2e^- \longrightarrow Ra(s)$

阳极:$2Cl^-(l) \longrightarrow Cl_2(g) + 2e^-$

## 88.4  生物作用和危险性

在自然界中,沥青铀矿(主要是 $UO_2$)等铀矿中含有镭。1t 沥青铀矿中含有大约 0.15g 的镭。含有镭的矿物主要出产自扎伊尔、澳大利亚和加拿大以及美国的新墨西哥州和犹他州。此外,美国科罗拉多州的钒钾铀矿中也含有少量的镭。提炼的镭过程,成本很高。据估计,每平方千米深 40cm 的土层中,会含有大约 1g 镭。

镭没有生物作用。

在生物圈中不存在宏观数量的镭,所以通常不存在危险。只有少数核研究实验室才研究镭。在这些实验室中,需要特殊的操作技术和预防措施,以防范镭的高放射性。在镭的毒性中,来自放射性的毒性比来自化学性质的毒性要严重得多。镭的化学毒性据估计应与钡十分相近。

## 88.5  化学性质

(1)镭与空气的反应

镭是一种银白色金属。金属镭的表面覆盖了一层很薄的氧化物。这使得镭可以免受空气的进一步侵蚀。镭的这层氧化物要比镁的相应保护层要薄得多。在空气中点燃金属镭可能会发生燃烧,并生成白色的氧化镭($RaO$)和氮化镭($Ra_3N_2$)的混合物,这个反应没有得到证实。这是因为在空气中燃烧镭会产生过氧化镭($RaO_2$)。镭在元素周期表中在镁的下边四个位置,在空气中比镁有更大的反应活性。

$$2Ra(s) + O_2(g) \longrightarrow 2RaO(s)$$
$$Ra(s) + O_2(g) \longrightarrow RaO_2(s)$$
$$3Ra(s) + N_2(g) \longrightarrow Ra_3N_2(s)$$

(2)镭与水的反应

镭可能会与水迅速反应,反应生成 $Ra(OH)_2$ 和氢气。镭与水的反应要快于钡(在元素周期表中紧靠在镭的上面)的相应反应。

$$Ra(s) + 2H_2O(g) \longrightarrow Ra(OH)_2(aq) + H_2(g)$$

（3）镭与卤素单质的反应

虽然现在已经得到了镭的两种卤化物——氯化镭和溴化镭，但是使镭和卤素单质之间进行直接反应的实验尚未得到证实。

（4）镭与酸的反应

金属镭应该能迅速溶解在不同浓度的盐酸中，形成氢气和含有 Ra（Ⅱ）水合离子的溶液。

$$Ra(s) + 2H^+(aq) \longrightarrow Ra^{2+}(aq) + H_2(g)$$

（5）镭与碱的反应

不详。

89　锕

锕的放射性十分危险，超过镭的 150 倍。锕的化学性质与稀土金属，特别是镧的性质相似。在自然界中，锕存在于铀矿中。

# 89.1　发现史

德比尔恩于 1899 年发现了锕，纪塞尔独立地于 1902 年，在分离稀土金属氧化物时发现了锕。

# 89.2　用途

- 热电源。
- 中子源。

# 89.3　生物作用和危险性

在自然界中，锕存在于沥青铀矿（主要成分是 $UO_2$）等铀矿中。从 1t 沥青铀矿中可能会提炼出 0.1g 的锕。

锕没有生物作用。

在生物圈中不存在宏观数量的锕,所以通常不存在危险。只有少数核研究实验室才研究锕。在这些实验室中,需要特殊的操作技术和预防措施,以防范锕的高放射性。

## 89.4  化学性质

(1) 锕与空气的反应

金属锕在空气中会慢慢失去光泽。锕可以在空气中迅速燃烧,生成氧化锕(Ⅲ)($Ac_2O_3$)。

$$4Ac + 3O_2 \longrightarrow 2Ac_2O_3$$

(2) 锕与水的反应

银白色的金属锕的电负性相当低,能与冷水发生反应,并与热水迅速反应,生成氢氧化锕和氢气。

$$2Ac(s) + 6H_2O(aq) \longrightarrow 2Ac(OH)_3(aq) + 3H_2(g)$$

(3) 锕与卤素单质的反应

金属锕可以与所有的卤素单质发生反应,生成三卤化物。也就是说,金属锕可与氟气($F_2$)、氯气($Cl_2$)、溴单质($Br_2$)、碘单质($I_2$) 反应,生成氟化锕(Ⅲ)($AcF_3$)、氯化锕(Ⅲ)($AcCl_3$)、溴化锕(Ⅲ)($AcBr_3$) 和碘化锕(Ⅲ)($AcI_3$)。

$$2Ac(s) + 3F_2(g) \longrightarrow 2AcF_3(s)$$
$$2Ac(s) + 3Cl_2(g) \longrightarrow 2AcCl_3(s)$$
$$2Ac(s) + 3Br_2(l) \longrightarrow 2AcBr_3(s)$$
$$2Ac(s) + 3I_2(s) \longrightarrow 2AcI_3(s)$$

(4) 锕与酸的反应

金属锕可以迅速溶于硫酸中,形成含有水合 Ac(Ⅲ) 离子的溶液和氢气($H_2$)。$Ac^{3+}$ (aq) 极有可能是以配离子 $[Ac(H_2O)_9]^{3+}$ 的形式存在的。

$$2Ac(s) + 6H^+(aq) \longrightarrow 2Ac^{3+}(aq) + 3H_2(g)$$

(5) 锕与碱的反应

不详。

钍是一种核能元素。与石化能源和铀矿相比,来自地壳中钍矿的可用能源似乎

开发程度较低。铀和钍是地球内部的主要热源。

　　纯钍是一种银白色金属，在空气中比较稳定，可以历经数月而不失去光泽。含有氧化物杂质的钍在空气中会慢慢失去光泽，变成灰色，并最终变为黑色。氧化钍的熔点大约是3300℃，在所有氧化物中最高。只有很少的几种单质（如钨）和化合物（如碳化钽）的熔点比氧化钍的更高。

　　钍会被水缓慢侵蚀，但不会迅速溶于除盐酸外的常用酸。钍粉会自燃，所以需要小心操作。在空气中加热钍，就会以明亮的白色火焰燃烧。

　　钍是根据北欧神话中的战神托尔命名的。产于美国新英格兰等地的硅酸钍石和方钍矿中都含有钍。

# 90.1　发现史

　　贝采利乌斯在1828年从埃斯马克牧师给他的矿物中发现了钍。

# 90.2　用途

　　• 生产"韦尔斯拔涂层"，可用于便携式煤气灯，是含约1%的氧化铈等成分的二氧化钍。用气体火焰加热该涂层，就可产生耀眼的光芒。

　　• 与镁形成合金。这种合金在高温下有高强度和高抗蠕变力。

　　• 钍的功函数很低而电子发射能力很强，故可用于包裹电器中的钨丝。

　　• 氧化钍可用于控制钨的晶粒大小。而钨可用于制造灯泡。

　　• 氧化钍可用于制造实验用的高温坩埚。

　　• 含有氧化钍的玻璃的折射率很高，而色散很低，因此可用于制造高级相机镜片和科研仪器。

　　• 氧化钍是氨法硝酸、生产硫酸和裂解石油时的催化剂。

　　• 核能。

# 90.3　生物作用和危险性

　　工业上，钍的主要来源是独居石。独居石是钙、铈、钍和其他稀土金属的磷酸盐矿。产于美国新英格兰等地的钍石和方钍矿（氧化钍，$ThO_2$）中都含有钍。铀和钍是地球内部的主要热源。与石化能源和铀矿相比，来自地壳中钍矿的可用能源储量更大。

　　钍没有生物作用。

　　生物圈中不存在任何宏观数量的钍，所以通常不存在危险。钍有少数几种工业用途。只有少数核研究实验室才研究钍。在这些研究时，需要特殊的操作技术和预防措施，以防范钍的高放射性。少量的钍似乎会导致皮炎，而大量的钍则会致癌。

## 90.4　化学性质

(1) 钍与空气的反应

含有杂质的金属钍在空气中会慢慢失去光泽。钍可以在空气中迅速燃烧,生成氧化钍（IV）(ThO₂)。

$$Th + O_2 \longrightarrow ThO_2$$

(2) 钍与水的反应

银白色的金属钍的电负性相当低,能与冷水发生反应,并与热水迅速反应,生成氢氧化钍和氢气。

$$2Th(s) + 6H_2O(aq) \longrightarrow 2Th(OH)_3(aq) + 3H_2(g)$$

(3) 钍与卤素单质的反应

金属钍可以与所有的卤素单质发生反应,生成三卤化物。也就是说,金属钍可与氟气（F₂）、氯气（Cl₂）、溴单质（Br₂）、碘单质（I₂）反应,生成氟化钍（III）(ThF₃)、氯化钍（III）(ThCl₃)、溴化钍（III）(ThBr₃) 和碘化钍（III）(ThI₃)。

$$2Th(s) + 3F_2(g) \longrightarrow 2ThF_3(s,白色)$$
$$2Th(s) + 3Cl_2(g) \longrightarrow 2ThCl_3(s,白色)$$
$$2Th(s) + 3Br_2(l) \longrightarrow 2ThBr_3(s,白色)$$
$$2Th(s) + 3I_2(s) \longrightarrow 2ThI_3(s,黄色)$$

(4) 钍与酸的反应

金属钍可以溶于盐酸中,形成含有水合 Th（III）离子的无色溶液和氢气(H₂)。$Th^{3+}$ (aq) 极有可能是以配离子 $[Th(H_2O)_9]^{3+}$ 的形式存在的。

$$2Th(s) + 6H^+(aq) \longrightarrow 2Th^{3+}(aq) + 3H_2(g)$$

(5) 钍与碱的反应

钍不同碱发生反应。

镁具有闪亮的金属光泽,可在空气中保持一段时间。镁在 1.4K 以下具有超导

性。金属镤的毒性十分强烈。操作镤时需要与操作钚相似的特殊防护技术。镤是一种丰度很低、价格很高的天然元素。镤会放出 α 射线，其放射性毒性与钋相似。扎伊尔沥青铀矿中含有镤。

# 91.1 发现史

法江斯和格林在 1913 年鉴别出了镤。他们把这种元素称作 "brevium"，（含义是"简洁的"）元素符号 "Bv"，中文名称"鉟"。直到 1934 年，金属镤才由格罗斯用两种方法分离出来：一种方法是用电子流在真空中还原五氧化二镤（$Pa_2O_5$）；另一种方法则是在真空中加热碘化物 $PaI_5$。

# 91.2 生物作用和危险性

扎伊尔沥青铀矿中含有镤。镤在这些矿物中是作为 $^{238}U$ 的衰变产物而存在的。镤没有生物作用。

生物圈中不存在任何宏观数量的镤，所以通常不存在危险。只有少数核研究实验室才研究镤。在这些实验室中，需要特殊的操作技术和预防措施，以防范镤的高放射性。

铀因其在核能和核武器方面的价值而受到了广泛关注。铀污染会引起很严重的环境问题。铀并不是一种很稀有的元素，其比铍或钨更常见。

与其他添加剂一起使用时，含铀的玻璃会产生美丽的黄色和绿色，并发出荧光。在英国和美国，这种玻璃有时会被称作"凡士林玻璃"，而在德国则被称作"Annagelb"（黄色）或"Annagruen"（绿色）。

# 92.1 发现史

在意大利那不勒斯附近发现了产于公元 79 年的玻璃制品，该玻璃中含有超过 1% 的铀。克拉普罗斯在 1789 年从现在被称作的沥青铀矿中发现了一种未知元素，并尝试着分离它的单质。他用在此不久之前刚刚发现的天王星的名字命名了这种元素。然而，直到 1841 年，派利哥特才用金属钾还原无水氯化物 $UCl_4$，首先得到了金属铀。铀的放射性直到 55 年后的 1896 年，才被法国科学家贝克勒尔发现。

## 92.2 用途

- 发电用的核燃料。
- 在快中子增殖反应堆中被转化为钚。
- 生产同位素。
- 核武器。
- 产生高能 X 射线所用的靶。
- 铀的硝酸盐可用作相片调色剂。
- 铀的醋酸盐可用于分析化学。

## 92.3 生物作用和危险性

铀最重要的矿物是铀云母，也就是通常所说的沥青铀矿。铀云母是不纯净的 $UO_2$。令人吃惊的是，铀在地球地壳中的丰度比较高，比汞、银或镉高，而与钼或砷的丰度相当。铀和钍是地球内部的主要热源。

铀没有生物作用。

生物圈中不存在任何宏观数量的铀，所以通常不存在危险。然而现在在一些地区的生物圈中已经出现了少量的铀，这是由原子弹爆炸和核泄漏产生的核尘埃带来的。铀有放射性危险。所以铀及其化合物只能由受过足够训练的专业人士在特殊的环境中操作。铀的化合物会损害肾脏，还会致癌。铀的放射性使得在操作铀时需要特殊的操作技术和预防措施。

## 93 镎

镎是一种放射性的锕系元素。镎至少有三种同素异形体。镎是以 "neptune"（海王星）的名字命名的。$^{237}Np$ 是核反应堆的副产品。

## 93.1  发现史

镎是锕系元素中第一种人造超铀元素，也是最早被发现的超铀元素。1940 年，麦克米伦和亚伯森在美国加利福尼亚州的伯克利首先发现了它。他们用回旋加速器产生的中子轰击铀靶而得到了这种元素。

## 93.2  用途

- $^{237}Np$ 是中子探测仪的成分之一。

## 93.3  生物作用和危险性

铀矿中含有痕量的镎。数量足以进行分离的镎，其实一般是从核反应堆中用完了的铀燃料棒上提取的。

镎没有生物作用。

生物圈中不存在任何宏观数量的镎，所以通常不存在危险。只有少数核研究实验室才研究镎。在这些实验室中，需要特殊的操作技术和预防措施，以防范镎的高放射性。

钚是锕系元素中的第二个超铀元素。目前钚最重要的同位素是半衰期超过 2 万年的 $^{239}Pu$。1kg 的 $^{239}Pu$ 会产生大约 2.2MW·h 的能量。1kg 的钚完全爆炸，其效果与大约 2 万吨的化学爆炸物相当。众所周知，钚在核能方面的用途广泛。美国的阿波罗登月计划曾使用同位素 $^{233}Pu$，作为月面地震仪和其他设备的能源。钚的污染已经引起了很严重的环境问题。

## 94.1  发现史

在 1940 年的美国加利福尼亚州的伯克利，西伯格、麦克米伦和沃夫通过在回旋加速器中用氘核轰击铀靶首先合成了钚。钚是锕系元素中第二个被发现的超铀元素。1808年，"plutonium"（钚）曾被建议用作第56号元素的名称。但是戴维爵士把这种元素（第56号元素）命名为"barium"（钡），这个名称沿用至今。

## 94.2　用途

- 核武器。
- 核能源。
- 心脏起搏器。

## 94.3　生物作用和危险性

铀矿中含有痕量的钚。但是在实际上，钚通常是以铀为原料生产的。然而，现在一些地区的自然界中已经出现了非常少量的钚。这是由原子弹爆炸和其他核设施的核泄漏产生的核尘埃造成的。

钚没有生物作用。

在生物圈中不存在任何宏观数量的钚，所以通常不存在危险。即使极少量的钚也会产生极大的放射性危害。因为钚可被骨髓吸收并可放出数量极为巨大的 α 粒子，所以钚是毒性极大的放射性毒物。这使得钚只能由受过足够训练的专业人士进行操作，并需要极为特殊的仪器和预防措施。在全世界范围内也只有极少数的地方有这些人员和仪器。环境中钚的允许浓度是所有元素中最低的。

金属镅的新切面带有白色光泽，并比用相同方法制备的金属钚和镎更接近银白色。镅是烟雾探测器的成分之一。

镅的延展性似乎比铀和镎更好。在室温下的干燥空气中，镅会慢慢失去光泽。镅是一种放射性稀土金属，会放出大量 α 射线和 γ 射线。在操作镅时必须仔细小心，并避免直接接触。这种元素以"America"（美洲）命名。$^{241}$Am 衰变出 α 射线的能力，是镭的大约三倍。在英国和美国，具有相应资质的使用者可以得到镅。

## 95.1　发现史

西伯格等人在 1944 年发现了镅。镅是通过核反应堆中用钚捕获中子而生成的。

## 95.2　用途

- 烟雾探测器的电离源。
- $^{241}$Am 是一种轻便的 $\gamma$ 射线源。

## 95.3　生物作用和危险性

镅是一种放射性元素，在自然界中不存在任何宏观数量的镅。

镅没有生物作用。

镅不是生物圈中的天然元素，所以通常不存在危险。只有少数核研究实验室才研究镅。镅其实只以一定的丰度存在于实验室和核设施的可控环境内。镅会发出 $\alpha$ 射线，所以会以极小的数量应用于烟雾探测器。所有与镅相关的设备都应注明含有放射性同位素。

镌是一种坚硬易碎、有放射性的银白色金属。它不存在于自然界中，只能通过钚和镅在核反应堆中的中子捕获反应制备。镌在室温下干燥的空气中会慢慢失去光泽。通过在回旋加速器中用 $\alpha$ 粒子轰击 $^{239}$Pu，人们于 1944 年在美国伯克利加州大学首次得到了镌，并于 1947 年分离出了宏观数量的氢氧化物，Cm(OH)$_3$。

绝大部分 Cm（Ⅲ）化合物呈淡黄色。镌进入体内后会沉积在骨骼中，其具有的放射性会破坏生成红细胞的过程，所以有剧毒。镌是一种放射性稀土元素。镌最稳定的同位素是半衰期为 1600 万年的 $^{247}$Cm。铀矿中可能会含有镌。镌有一些特殊的用途，但是人们只发现了它的少数几种化合物。

## 96.1　发现史

1944 年，西博格等人在用氦核轰击钚的同位素 $^{239}$Pu 时发现了镌。3 年后，沃纳和珀尔曼分离出了宏观数量的氢氧化锔。他们又在 1951 年首先分离出了金属锔。

## 96.2    用途

锔有放射性，只在十分特殊的领域有很少的用量，例如热电源中。$^{244}$Cm 可用于火星探测的 α 核 X 射线分光仪的 α 粒子源，关于$^{244}$Cm 的更多细节可访问 NASA 官方网站。

## 96.3    生物作用和危险性

锔没有生物作用。

锔是一种放射性元素，在自然界中不存在任何宏观数量的锔，所以通常不存在危险。只有少数核研究实验室才研究锔。在这些实验室中，需要特殊的操作技术和预防措施，以防范锔的高放射性。锔可明显地积累在骨髓中，它的放射性会破坏红细胞，所以它十分危险。

锫是一种放射性的稀土元素。它的名称来自美国加州大学的伯克利分校。锫元素在工业上并不重要，人们已知的锫的化合物种类很少。

## 97.1    发现史

吉奥索等人在 1949 年 12 月的美国加利福尼亚州伯克利发现了锫。他们通过在回旋加速器中用氢核轰击毫克级的镅而得到了它。人们首次获得"大量"（可称量）纯净的锫的化合物，可能是在 1962 年，当时可能生成了大约 3ng 的氯化锫。

## 97.2    用途

锫的放射性很强，其产量很少。锫似乎没有什么用途。

## 97.3　生物作用和危险性

锫是一种人造元素，不存在于自然界中。

锫没有生物作用。

锫不是生物圈中的天然元素，所以通常不存在危险。只有少数核研究实验室才研究锫。在这些实验室中，需要特殊的操作技术和预防措施，以防范锫的高放射性。锫显然会聚集在骨骼中，因此它的放射性会造成非常大的危险。

锎是一种放射性的稀土元素，它的名称来自美国加利福尼亚州和加州大学。锎252 是一种很强的中子源。$1\mu g$ 的 $^{252}Cf$ 可在每分钟内放出 1.7 亿个中子，这使得它对生物体有害。锎有少数几种特殊用途。人们已知的锎的化合物种类很少。

# 98.1　发现史

1950 年，吉奥索等人通过在回旋加速器中用氦核轰击 $^{242}Cm$，在位于美国伯克利市的加州大学内发现了锎。

# 98.2　用途

锎是一种放射性元素，其产量很少，所以锎的用途有些特殊。$^{252}Cf$ 的箔片在科研中是核裂变碎片的来源。锎是很好的中子源，可用于手提式探测仪的中子源。通过即时活化分析，这种探测仪可用于探测金或银。锎还可用于湿度计以及在油田中探测含油层。

# 98.3　生物作用和危险性

锎是一种人造元素，不存在于自然界中。

锎没有生物作用。

锎不是生物圈中的天然元素，所以通常不存在危险。锎在特殊的探测领域有有限的用途。在这些探测中，需要特殊的操作技术和预防措施，以防范锎的高放射性。

# 98.4　化学性质

锎与卤素的反应

锎的产量很少。它与卤素之间的反应活性尚未被人所知。据估计，锎的反应活性应与在元素周期表中紧靠在它上面的镝相近。

镍是一种放射性的稀土元素，它的名称来自爱因斯坦。镍元素在工业上并不重要。人们已知的镍的化合物种类很少。

# 99.1　发现史

吉奥索等人在 1952 年美国加利福尼亚州的伯克利市，从首枚爆炸的大型热核弹（1952 年 11 月爆炸于太平洋）的放射性碎片中发现了镍。人们在 1961 年得到了足够的镍，足以分离出宏观量的 $^{253}$Es。

# 99.2　用途

镍的产量极少，所以镍没有用途。

# 99.3　生物作用和危险性

镍是一种人造元素，不存在于自然界中。

镍没有生物作用。

镍不是生物圈中的天然元素，所以通常不存在危险。但是若某地积聚了足够的镍，它就会导致放射性危害。

## 99.4　化学性质

因为镄的产量很少（只有数毫克），所以它与空气、水、卤素、酸或碱的反应尚未为人所知。据估计，镄在空气中的反应活性应与在元素周期表中紧靠在镄上方的钬相似。

镄的化学性质在很大程度上尚未被人们所知。镄是一种放射性的稀土元素。半衰期为 80d 的 $^{257}$Fm 是镄寿命最长的同位素。镄元素在工业上并不重要。

## 100.1　发现史

吉奥索及其合作者在 1952 年美国加利福尼亚州的伯克利市，从首枚爆炸的大型热核炸弹（1952 年 11 月爆炸于太平洋）的放射性爆炸碎片中发现了镄。比较值得注意的是，在发现镄时，它的同位素是由 $^{238}$U 和 17 个中子结合而成的。现在已知的镄的同位素质量数是 243～258。

## 100.3　生物作用和危险性

镄是一种人造元素，不存在于自然界中。

镄没有生物作用。

镄不是生物圈中的天然元素，所以通常不存在危险。但是若某地积聚了足够的镄，它就会导致放射性危害。

## 100.3　化学性质

因为镄的产量很少，所以它与空气、水、卤素、酸或碱的反应尚未为人所知。据估计，镄在空气中的反应活性应与在元素周期表中紧靠在镄上方的铒相似。

钔是一种放射性的稀土元素。它的名称来自元素周期表的奠基人门捷列夫。

## 101.1 发现史

钔是锕系元素中的第 9 个被发现的超铀元素。西伯格等人在 1955 年，用氦核轰击锿的同位素$^{253}$Es 的产物中发现了钔。当时生成的同位素是半衰期为 $1\frac{1}{4}$ h 的$^{256}$Md。

## 101.2 生物作用和危险性

钔没有生物作用。

钔不是生物圈中的天然元素，所以通常不存在危险。但是若某地积聚了足够的钔，它就会导致放射性危害。

## 101.3 化学性质

因为钔的产量很少（只有数毫克），所以它与空气、水、卤素、酸或碱的反应尚未为人所知。据估计，钔在空气中的反应活性应与在元素周期表中紧靠在钔上方的铥相似。

锘是一种放射性的稀土元素，它的名称来自于发明了黄色炸药的"Alfred

Nobel"（诺贝尔）。

## 102.1　发现史

瑞典斯德哥尔摩的一个研究小组在 1957 年报告了第 102 号元素的一种同位素。他们的方法是用 $^{13}C$ 轰击 $^{244}Cm$ 靶。他们把这种元素称为 "nobelium"，以纪念诺贝尔。苏联杜布纳的一个研究小组证实了这个发现，但美国加利福尼亚州伯克利的一个研究小组在 1958 年报告说不能重复这个实验。然而，西博格等人的研究小组在 1958 年于伯克利宣布发现了锘，并得到了确认。目前已得到了质量数在 250～259 的锘的同位素。

## 102.2　生物作用和危险性

锘是一种人造元素，不存在于自然界中。

锘没有生物作用。

锘不是生物圈中的天然元素，所以通常不存在危险。但是若某地积聚了足够的锘，它就会导致放射性危害。

## 102.3　化学性质

因为锘的产量很少，所以它与空气、水、卤素、酸或碱的反应尚未为人所知。据估计，锘在空气中的反应活性应与在元素周期表中紧靠在锘上方的铒相似。

103　铹

铹是一种人造稀土元素，不存在于自然界中。

## 103.1　发现史

吉奥索等人在 1961 年美国加利福尼亚州的伯克利市，通过用硼离子轰击锎靶而首先得到了第 103 号元素铹，当时他们得到了 2μg 的铹。现在人们已经发现了质量数在 253～260 的所有锘的同位素。

## 103.2　生物作用和危险性

　　锘是一种人造元素，不存在于自然界中。

　　锘没有生物作用。

　　锘不是生物圈中的天然元素，所以通常不存在危险。但是若某地积聚了足够的锘，它就会导致放射性危害。

## 103.3　化学性质

　　因锘的产量很少（只有数毫克），所以它与空气、水、卤素、酸或碱的反应尚未为人所知。据估计，锘在空气中的反应活性应与元素周期表中同族的、上一个周期的镥及上两个周期的钇相似。

104　鈩

　　鈩是一种人造元素，不存在于自然界中。

## 104.1　发现史

　　苏联杜布纳的科学家在 1964 年宣布，通过 $^{242}Pu$ 与 $^{22}Ne$ 之间的核反应发现了第 104 号元素，并把这种元素命名为 "Kurchatovium"（鿭，元素符号 "Ku"），以纪念苏联核能研究领导人库尔查托夫（1903—1960）。在 1969 年，美国加州伯克利的一个研究小组也宣布通过 $^{249}Cf$ 和 $^{12}C$ 发生高能碰撞而发现了第 104 号元素的一种同位素。他们同时宣称，不能重复苏联科学家在 1964 年的实验。美国科学家建议把这种元素命名为 "rutherfordium"（鈩，符号 "Rf"），以纪念新西兰物理学家卢瑟福。IUPAC 现已采纳了这个命名。

## 104.2　制备方法

　　第 104 号元素鈩的产量极少。首次合成鈩的途径是钚的同位素 $^{242}Pu$ 和氖的同位素$^{22}$Ne 之间的核聚变反应。现在尚未得到宏观数量的铲。

$$^{22}_{10}Ne + ^{242}_{94}Pu \longrightarrow ^{260}_{104}Rf + 4^1n$$

## 104.3 生物作用和危险性

铲是一种人造元素，不存在于自然界中。

铲没有生物作用。

铲不是生物圈中的天然元素，所以通常不存在危险。但是若某地积聚了足够的铲，它就会导致放射性危害。

## 104.4 化学性质

因铲的产量很少，所以它与空气、水、卤素、酸或碱的反应尚未为人所知。据估计，铲在空气中的反应活性应与元素周期表中同族的、上一个周期的铪及上两个周期的锆相似。

铿是一种人造元素，不存在于自然界中。

## 105.1 发现史

很显然，苏联和美国的科学家分别独立发现了铿。现在其实尚未成功分离到游离态的铿。富赖若夫在 1967 年宣称，苏联联合研究所用$^{22}$N 和$^{243}$Am 反应后，得到了第 105 号元素。而后，吉奥索等人在 1970 年宣布，他们在美国加利福尼亚州的伯克，利用$^{15}$N 轰击$^{249}$Cf 合成了铿。

## 105.2 制备方法

第 105 号元素铿的产量极少。首次合成铿的途径是锎的同位素$^{249}$Cf 和氮的同位素$^{15}$N 之间的核聚变反应。此外，还可通过镄生产同一种同位素。

$$^{15}N + ^{249}Cf \longrightarrow ^{261}_{105}Db + 3^1n$$
$$^{16}N + ^{249}Bk \longrightarrow ^{261}_{105}Db + 4^1n$$

现在尚未得到宏观数量的𨧀。

## 105.3　生物作用和危险性

𨧀是一种人造元素，不存在于自然界中。

𨧀没有生物作用。

𨧀不是生物圈中的天然元素，所以通常不存在危险。但是若某地积聚了足够的𨧀，它就会导致放射性危害。

## 105.4　化学性质

因𨧀的产量很少，所以它与空气、水、卤素、酸或碱的反应尚未为人所知。据估计，𨧀在空气中的反应活性应与元素周期表中同族的、上一个周期的钽及上两个周期的铌相似。

106 𨭎

𨭎是一种人造元素，不存在于自然界中。

## 106.1　发现史

现在可在离子加速器中人工合成𨭎等超铀元素。𨭎的同位素的半衰期很短，不超过 1s。苏联核能联合实验室在 1974 年，首先报道发现了第 106 号元素。随后，美国加利福尼亚州伯克利的科学家也得到了这种元素，并在 1993 年证实了这个发现。苏联科学家的方法是用高能$^{54}Cr$粒子轰击铅靶，而美国科学家的方法是用$^{18}O$和$^{249}Cf$碰撞。

## 106.2　制备方法

第 106 号元素𨭎的产量极少。最初合成𨭎的途径是铜的同位素$^{249}Cf$和氧的同位

素 $^{18}$O 之间的核聚变反应。

$$^{18}O + {}^{249}Cf \longrightarrow {}^{263}_{106}Sg + 4 \, {}^{1}n$$

现在尚未得到宏观数量的𬭳。

后来，位于瑞士的雪莱研究所（PSI）合成了𬭳的其他同位素。他们的方法是用氖原子轰击锎靶。

$$^{248}Cf + {}^{22}Ne \longrightarrow {}^{266}Sg + 4 \, {}^{1}n$$

## 106.3　生物作用和危险性

𬭳是一种人造元素，不存在于自然界中。

𬭳没有生物作用。

𬭳不是生物圈中的天然元素，所以通常不存在危险。但是若某地积聚了足够的𬭳，它就会导致放射性危害。

## 106.4　化学性质

因𬭳的产量很少，所以它与空气、水、卤素、酸或碱的反应尚未为人所知。据估计，𬭳在空气中的反应活性应与元素周期表中同族的、上一个周期的钨及上两个周期的钼相似。

铍是一种人造元素，不存在于自然界中。德国重离子研究实验室（GSI）的发现者们建议，把它命名为"nielsbohrium"（元素符号为"Ns"），以纪念玻尔。IUPAC 愿意以玻尔的名字命名这种元素，但是根据提议把名称改为"bohrium"（Bh）。这是因为还没有名字（而不是姓氏）用于以人名命名的元素名称中。科学界已广泛接受了修改后的名称。

## 107.1　发现史

苏联科学家在 1976 年报告说他们得到了铍的一种同位素。这个报告后来得到了德国科学家的证实。

# 107.2　制备方法

目前，人们只得到了第 107 号元素铍的几个原子。第一个铍原子是通过铅的同位素 $^{209}$Pb 和铬的同位素 $^{54}$Cr 的核聚变反应生成的。

$$^{209}\text{Pb} + ^{54}\text{Cr} \longrightarrow ^{262}\text{Bh} + ^{1}\text{n}$$

现在尚未得到宏观数量的铍，而且这几乎永远不可能实现。这是因为铍原子的半衰期很短，会放出大量的 α 粒子。

后来，位于瑞士的雪莱研究所（PSI）合成了铍的其他同位素。他们的方法是用氖原子轰击锫靶。

$$^{249}\text{Bk} + ^{22}\text{Ne} \longrightarrow ^{266}\text{Bh} + 5^{1}\text{n}$$
$$^{249}\text{Bk} + ^{22}\text{Ne} \longrightarrow ^{267}\text{Bh} + 4^{1}\text{n}$$

通过这种方法，似乎可以形成铍的氯酸盐 $BhClO_3$，这已引起了科学家的广泛兴趣。

# 107.3　生物作用和危险性

铍是一种人造元素，不存在于自然界中。

铍没有生物作用。

铍不是生物圈中的天然元素，所以通常不存在危险。但是若某地积聚了足够的铍，它就会导致放射性危害。

# 107.4　化学性质

因铍的产量很少，所以它与空气、水、卤素、酸或碱的反应尚未为人所知。据估计，铍在空气中的反应活性应与元素周期表中同族的、上一个周期的铼及上两个周期的锝相似。

铼是一种人造元素，不存在于自然界中。

## 108.1　发现史

镙是阿姆布鲁斯特、门泽伯等人于 1984 年在德国达姆施塔特的重离子研究实验室（GSI）发现的。

## 108.2　制备方法

目前，人们只得到了第 108 号元素镙的几个原子。第一个镙原子是通过铅的同位素$^{208}$Pb 和铁的同位素$^{58}$Fe 的核聚变反应生成的。

$$^{208}\text{Pb} + {}^{58}\text{Fe} \longrightarrow {}^{265}\text{Hs} + {}^{1}\text{n}$$

现在尚未得到宏观数量的镙，而且这几乎永远不可能实现。这是因为镙原子的半衰期很短，会放出大量的 α 粒子。

## 108.3　生物作用和危险性

镙是一种人造元素，不存在于自然界中。

镙没有生物作用。

镙不是生物圈中的天然元素，所以通常不存在危险。但是若某地积聚了足够的镙，它就会导致放射性危害。

## 108.4　化学性质

因镙的产量很少，所以它与空气、水、卤素、酸或碱的反应尚未为人所知。据估计，镙在空气中的反应活性应与元素周期表中同族的、上一个周期的锇及上两个周期的钌相似。

镜是一种人造元素，不存在于自然界中，这种元素的名称并没有引起什么争议。

## 109.1　发现史

在 1982 年 8 月，德国黑森州达姆斯塔特的重离子研究实验室（GSI）的科学家们，探测到了第 109 号元素鿏的第一个原子。它的质量数是 266，亦即它的质量是氢原子的 266 倍。通过铁原子（$^{58}$Fe）和铋原子（$^{209}$Bi）的核聚变反应生成了这种元素，同时还会产生一个中子。这个反应需要在重离子加速器 UNILAC 中把铁原子加速到高能状态。

## 109.2　制备方法

目前，人们只得到了第 109 号元素鿏的几个原子。第一个鿏原子是通过铋的同位素 $^{209}$Bi 和铁的同位素 $^{58}$Fe 的核聚变反应生成的。

$$^{209}Bi + ^{58}Fe \longrightarrow ^{266}Mt + ^{1}n$$

现在尚未得到宏观数量的鿏，而且这几乎永远不可能实现。这是因为鿏原子的半衰期很短，会放出大量的 α 粒子。

## 109.3　生物作用和危险性

鿏是一种人造元素，不存在于自然界中。

鿏没有生物作用。

鿏不是生物圈中的天然元素，所以通常不存在危险。但是若某地积聚了足够的鿏，它就会导致放射性危害。

## 109.4　化学性质

因鿏的产量很少，所以它与空气、水、卤素、酸或碱的反应尚未为人所知。据估计，鿏在空气中的反应活性应与元素周期表中同族的、上一个周期的铱及上两个周期的铑相似。

# 110　鿏

鿏是一种人造元素，不存在于自然界中。有关这种元素的更多信息，参见德国重离子研究实验室的网站❶。对这种元素感兴趣的读者，可以查阅《原子和原子核的奇妙世界》一书的网络版，这本书展现了超重离子研究的一角。

在化学上，铋与镍、钯和铂同属周期表上的一族（第10列）。与这些较轻的元素不同，铋会在生成后的不到1ms内放射出α粒子（既氦核），并衰变成较轻的元素。

# 110.1　发现史

1994年11月9日16点39分，在位于德国黑森州达姆斯塔特的重离子研究实验室（GSI）的科学家们探测到了第110号元素铋的第一个原子。这个原子的质量数是269，亦即它的质量是氢原子的269倍。

科学家们通过镍原子和铅原子发生核聚变反应得到了这种元素。这个反应需要在重离子加速器UNILAC中把镍原子加速到高能状态。实验过程为，连续多日将数以百克计的镍原子射到了铅靶上，为的是生成一个铋原子，并探测到它的存在。

铋是第4种被GSI发现的元素。在1981和1984年之间，他们还生产并探测到了第107号元素（铍）、108号元素（镙）和第109号元素（镂）。在这之后，他们又发现了第111号元素（轮）和第112号元素（镉）。

# 110.2　制备方法

目前，人们只得到了第110号元素铋的几个原子。第一个铋原子是通过铅的同位素$^{208}$Pb和镍的同位素$^{62}$Ni的核聚变反应生成的。

$$^{208}Pb + {}^{62}Ni \longrightarrow {}^{269}Ds + {}^{1}n$$

现在尚未得到宏观数量的铋，而且这几乎永远不可能实现。这是因为铋原子的半衰期很短，只有270μs，会放出大量的α粒子。铋的另外一种同位素也可由铅和另一种镍的同位素制备。

$$^{208}Pb + {}^{64}Ni \longrightarrow {}^{271}Ds + {}^{1}n$$

# 110.3　生物作用和危险性

铋是一种人造元素，不存在于自然界中。

铋没有生物作用。

铋不是生物圈中的天然元素，所以通常不存在危险。但是若某地积聚了足够的铋，它就会导致放射性危害。

---

❶　http://www-gsi-vms.gsi.de/ship/el110.html。

## 110.4 化学性质

因铋的产量很少，所以它与空气、水、卤素、酸或碱的反应尚未为人所知。据估计，铋在空气中的反应活性应与元素周期表中同族的、上一个周期的铂及上两个周期的钯相似。

德国达姆斯塔特重离子研究实验室，在 1994 年 12 月 8 日发现了第 111 号元素铊。有关这种元素的更多信息，参见德国重离子研究实验室的网站❶。对这种元素感兴趣的读者，可以查阅《原子和原子核的奇妙世界》❷ 一书的网络版，这本书展现了超重离子研究的一角。

在化学上，铊与铜、银和金同属元素周期表上的一族（第 11 列）。

## 111.1 发现史

位于德国黑森州达姆斯塔特的重离子研究实验室（GSI）的科学家们在 1994 年发现了第 111 号元素铊。他们通过用被重离子加速器加速过的高能 $^{64}Ni$ 轰击 $^{209}Bi$ 靶，得到了 3 个铊原子。

## 111.2 制备方法

目前，人们只得到了第 111 号元素铊的几个原子。第一个铊原子是通过铋的同位素 $^{209}Bi$ 和镍的同位素 $^{64}Ni$ 的核聚变反应生成的。

$$^{209}Bi + ^{64}Ni \longrightarrow ^{272}Rg + ^{1}n$$

现在尚未得到宏观数量的铊，而且这几乎永远不可能实现。

---

❶ http：//www-gsi-vms. gsi. de/ship/el110. html。

❷ http：//www. gsi. de/~demo/wunderland/englisch/Inhalt. html。

## 111.3　生物作用和危险性

铹是一种人造元素，不存在于自然界中。

铹没有生物作用。

铹不是生物圈中的天然元素，所以通常不存在危险。但是若某地积聚了足够的铹，它就会导致放射性危害。

## 111.4　化学性质

因铹的产量很少，所以它与空气、水、卤素、酸或碱的反应尚未为人所知。据估计，铹在空气中的反应活性应与元素周期表中同族的、上一个周期的金及上两个周期的银相似。

德国达姆斯塔特重离子研究实验室的科学家，在 1996 年 2 月 9 日 22 时 37 分发现了第 112 号元素。有关这种元素的更多信息，参见德国重离子研究实验室的网站❶。对这种元素感兴趣的读者，可以查阅《原子和原子核的奇妙世界》一书的网络版，这本书展现了超重离子研究的一角。

霍夫曼教授带领的科研团队在德国达姆斯塔特重离子研究中心发现了第 112 号元素。发现者们建议把新元素命名为"copernicium"（镉），元素符号为 Cn，以纪念科学家、天文学家哥白尼（1473—1543）。因为哥白尼发现了地球围绕着太阳公转，并且奠定了现代的世界观。1996 年 GSI 的科研团队发现了第 112 号元素。国际理论和应用化学会（IUPAC）正式确认了这个发现，并正式确认新元素的名称为"copernicium"。

---

❶ http://www-gsi-vms.gsi.de/ship/el110.html。

## 112.1　发现史

在 1996 年 2 月 9 日 22 点 37 分，位于德国黑森州达姆斯塔特的重离子研究实验室（GSI）的科学家们，通过用被 GSI 的重离子加速器加速过的高能锌原子轰击铅靶，发现了第 112 号元素。这个原子是当时人类所获得的最重的原子。它的质量数是 277，亦即它的质量是氢原子的 277 倍。

## 112.2　制备方法

人们只通过锌和铅的同位素的核聚变反应，生成了第 112 号元素（鎶）的几个原子.现在尚未得到宏观数量的鎶，而且这几乎永远不可能实现。

$$^{208}Pb + ^{70}Zn \longrightarrow ^{277}Cn + ^{1}n$$

这是因为第 112 号元素鎶的半衰期很短，半衰期只有大约 $240\mu s$。它会放出大量的 $\alpha$ 粒子。

文献摘要[1]：达姆斯塔特重离子研究实验室的 SHIP，明确地制造并探测到了第 112 号元素（暂用名"鎶"，符号 Cn）。科学家们用动能为 343.8 MeV 的 $^{70}Zn$ 照射 $^{208}Pb$，并观察到了 $^{277}Cn$ 的两条衰变途径。$^{277}Cn$ 的半衰期为 $(240 + 430 - 90)\mu s$，衰变时放出 $\alpha$ 粒子。在衰变中，探测到了两种能量不同的 $\alpha$ 粒子，它们的能量分别是 $(11649 \pm 20)keV$ 和 $(11454 \pm 20)keV$。经过三周的照射，测得 $^{277}Cn$ 的反应截面为 $(1.0 + 1.3 - 0.6)$ pbarn。

## 112.3　生物作用和危险性

鎶是一种人造元素，不存在于自然界中。

鎶没有生物作用。

鎶不是生物圈中的天然元素，所以通常不存在危险。但是若某地积聚了足够的鎶，它就会导致放射性危害。

## 112.4　化学性质

因鎶的产量很少，所以它与空气、水、卤素、酸或碱的反应尚未为人所知。据估计，鎶在空气中的反应活性应与元素周期表中同族的、上一个周期的汞及上两个周期的镉相似。

---

[1]　http：//www.gsi.de/forschung/kp/kp2/ship/public/sn112-abstract.html。

科学家们于 2013 年 8 月 12 日的实验中，通过用速度为 10％光速的锌离子撞击一层薄的铋，产生了一个超重离子。这个离子随后连续进行了 6 次 α 衰变，并证实为铱的一种同位素 $^{278}$Nh 的衰变产物。关于铱的更多详情可参见《铱的新证据》。

从 2003 年 7 月 14 日到 8 月 10 日，俄罗斯杜布纳核能联合研究所（拥有带杜布纳充气反作用分离机 DGFRS 的 U400 回旋加速器）与美国加利福尼亚州利弗莫尔的劳伦斯国家实验室进行了联合实验。在这之后的 2004 年 2 月，他们宣布在实验中发现了镆，得到了 4 个该原子，所有的 4 个原子都迅速放出 α 粒子，并衰变成了铱。这个声明尚未得到认可，但是这个实验结果现在已被一本著名的高级学术期刊所收录。

理化学研究所研究中心（RNC）已经获得了明确依据，发现并证明了难以捉摸的铱。在日本埼玉县埼玉市理化学研究所放射性同位素加速器（RIBF）进行的实验中，产生了一个衰变链，其中包含 6 次连续的 α 衰变。通过与衰变产物中公认的、已知的核素之间的关联，这一结果确凿地证明了该元素（铱）的存在。这一开创性的结果发表在《日本物理学会杂志》，使得日本有权命名该元素。

## 113.1　发现史

俄罗斯杜布纳的科学家在 2004 年宣称，在实验中在用钙 48 轰击镅 243 时得到了几个镆和铱的原子。这些实验发生在 2003 年 7 月 14 日到 8 月 10 日之间。在这些实验中用到了带杜布纳充气反作用分离机 DGFRS 的 U400 回旋加速器。实验中得到的衰变图形显示，确实得到了这两种新元素。在衰变链中，铱是镆的 α 衰变产物。

由铱到钔 254 的衰变链：寻找超重元素是一个艰难困苦的过程。这些元素不存在于自然界中，必须在核反应堆或粒子加速器等设备中，通过核聚变或中子吸收反应产生。美国在 1940 年发现了第一种人造元素。自那时起，美国、苏联（后为俄罗斯）和德国竞相合成更多的人造元素。美国人发现了第 93 号至第 103 号元素。苏联人和美国人共同发现了第 104 号至第 106 号元素。德国人发现了第 107 号至第 112 号元素。而最新命名的两种元素，即第 114 号和第 116 号元素，是由苏联和美国科学家联合发现的。

根据最新的发现，副首席科学家森田浩介带领的 RNC 科研小组紧随其后，使得日本成为了第一个命名化学元素的亚洲国家。理化研究所的粒子加速器位于东京附近的和光，森田的团队在那里进行了多年实验，用特制的充气反冲粒子分离器（GARIS）以及半导体光敏探测器（PSD）来确认反应产物，寻找这种元素。后来，这些实验得到了回报：以10％的光速运动的锌离子，在撞击一层薄的铋时，产生了一个超重离子。这个离子随后连续进行了6次α衰变，并证实为𬬻的一种同位素$^{278}$Nh的衰变产物。

森田的团队在2004年和2005年也在实验中探测到了𬬻。早先的实验中只有4次自发衰变，生成$^{262}_{105}$Db。在进一步发生自发衰变中，$^{262}_{105}$Db据说也发生了α衰变，但是并没有得到依据以便确认。因为最终产物并不是当时公认的核素，所以他们并没有获得命名权。然而，在最后的实验中，探测到的衰变链是另一条α衰变途径。实验数据表明，$^{262}_{105}$Db衰变为$^{258}_{103}$Lr，并最终衰变为$^{254}_{101}$Md。从$^{262}_{105}$Db衰变为$^{254}_{101}$Md的反应是已知的，并提供了确凿证据，证明𬬻是衰变链的起点。

森田的团队开创性地发现了6阶α衰变链。结合他们早先的实验结果，这使得他们获得了𬬻的命名权。

森田说："我们在超过9年的时间里，一直在搜寻能令人信服的、证明存在𬬻的数据。现在我们终于成功了，感觉就像卸下了重担。我想感谢所有与这项重大结果有关的研究人员和工作人员。我们坚信终有一天将发现𬬻。我们的下一个目标是第119号元素以及更加遥远的未知领域。"

## 113.2　制备方法

现在IUPAC尚未确认𬬻的发现，但现在已有一本著名的专业评论期刊收录了这个实验结果。现在只得到了4个𬬻的原子，尚未得到宏观数量的𬬻，而且这几乎永远不可能实现。𬬻的原子由镆的原子衰变而来，而后者则是由钙原子和镅原子的核聚变反应生成。生成镆的核反应如下：

$$^{243}_{95}\text{Am} + ^{48}_{20}\text{Ca} \longrightarrow ^{287}_{115}\text{Uup} + 4^1\text{n}$$
$$^{243}_{95}\text{Am} + ^{48}_{20}\text{Ca} \longrightarrow ^{288}_{115}\text{Uup} + 3^1\text{n}$$

在这些最初的实验中，科学家们得到了3个$^{288}$Uup原子和1个$^{287}$Uup原子。这些原子都在1s内放出α粒子，并变成𬬻的同位素（质量数为283或284，含有113个质子和170或171个中子）。这些𬬻的原子继续放出α粒子，并变成第111号元素的原子，其中1个𬬻的原子需要超过1s才衰变。随着α衰变的继续进行，这些原子会变成第105号元素（𬭊）。

$$^{287}_{115}\text{Uup} \longrightarrow ^{283}_{113}\text{Nh} + ^4_2\text{He} \ (46.6\mu s)$$
$$^{283}_{113}\text{Nh} \longrightarrow ^{279}_{111}\text{Rg} + ^4_2\text{He} \ (147\mu s)$$
$$^{288}_{115}\text{Uup} \longrightarrow ^{284}_{113}\text{Nh} + ^4_2\text{He} \ (80.3\mu s)$$
$$^{284}_{113}\text{Nh} \longrightarrow ^{280}_{111}\text{Rg} + ^4_2\text{He} \ (376\mu s)$$
$$^{288}_{115}\text{Uup} \longrightarrow ^{284}_{113}\text{Nh} + ^4_2\text{He} \ (18.6\mu s)$$

$$^{284}_{113}\text{Nh} \longrightarrow ^{279}_{111}\text{Rg} + ^{4}_{2}\text{He} \ (1196\mu s)$$

$$^{288}_{115}\text{Uup} \longrightarrow ^{284}_{113}\text{Nh} + ^{4}_{2}\text{He} \ (280\mu s)$$

$$^{284}_{113}\text{Nh} \longrightarrow ^{279}_{111}\text{Rg} + ^{4}_{2}\text{He} \ (517\mu s)$$

## 113.3   生物作用和危险性

人们只得到了很少的几个钦的原子。它不存在于自然界中。

钦没有生物作用。

钦不是生物圈中的天然元素，所以通常不存在危险。但是若某地积聚了足够的钦，它就会导致放射性危害。

## 113.4   化学性质

因钦的产量很少，所以它与空气、水、卤素、酸或碱的反应尚未为人所知。据估计，钦在空气中的反应活性应与元素周期表中同族的、上一个周期的铊及上两个周期的铟相似。

在 1999 年 1 月底，俄罗斯杜布纳核能联合研究所非正式地宣布，在 1998 年 12 月底的实验中发现了铁。他们显然使用了美国加利福尼亚州利弗莫尔的劳伦斯国家实验室提供的同位素。他们只得到了铁的 1 个原子，这个声明刚刚得到认可。计算结果表明，铁不会形成四氟化物 $FlF_4$，但可以形成可溶于水的二氟化物 $FlF_2$。

## 114.1   发现史

俄罗斯杜布纳的科学家通过钙原子和钚原子的核聚变反应，得到了铁。因为只得到了几个铁（$^{289}_{114}\text{Fl}$）的原子，现在尚未得到宏观数量的铁，而且这几乎永远不可能实现。在 1998 年 12 月底，俄罗斯杜布纳核能联合研究所与美国加利福尼亚州利弗莫尔的劳伦斯国家实验室合作，发现了铁，并于 1999 年 1 月非正式地宣布了这一结果。

## 114.2    制备方法

近来证实发现了铁。因为只得到了 3 个铁的原子，现在尚未得到宏观数量的铁，而且这几乎永远不可能实现。铁是由钙原子和钚原子的核聚变反应生成。生成铁的核反应如下：

$$_{94}^{244}\text{Pu} + _{20}^{48}\text{Ca} \longrightarrow _{114}^{288}\text{Fl} + 4^1\text{n}$$

$$_{94}^{244}\text{Pu} + _{20}^{48}\text{Ca} \longrightarrow _{114}^{289}\text{Fl} + 3^1\text{n}$$

这些原子都会放出 α 粒子，并变成镉的原子。$_{114}^{289}\text{Fl}$ 的半衰期大约是 30s，而 $_{114}^{288}\text{Fl}$ 的半衰期大约是 2s。

铁的另一种同位素 $_{114}^{285}\text{Fl}$ 是最近发现的氫气的衰变产物。在加速器中把加速到 449 MeV 的氫 86（$_{36}^{86}\text{Kr}$）射向铅 208（$_{82}^{208}\text{Pb}$）靶，可以探测到氫和铘。历时 11d 可以得到 3 个氫和铘的原子。这个反应的效率差不多是每 $10^{12}$ 次撞击产生 1 个原子。

$$_{82}^{208}\text{Pb} + _{36}^{86}\text{Kr} \longrightarrow _{118}^{293}\text{Og} + ^1\text{n}$$

每个氫的原子都在 1ms 内放出 α 粒子，并变成铘的原子（质量数为 289，含有 116 个质子和 173 个中子）。这些铘的原子继续放出 α 粒子，并变成铁的原子。随着 α 衰变的继续进行，这些原子会变成第 106 号元素（镐）。

$$_{118}^{293}\text{Og} \longrightarrow _{116}^{289}\text{Lv} + _2^4\text{He}\ (0.12\mu s)$$

$$_{116}^{289}\text{Lv} \longrightarrow _{114}^{285}\text{Fl} + _2^4\text{He}\ (0.60\mu s)$$

$$_{114}^{285}\text{Fl} \longrightarrow _{112}^{281}\text{Cn} + _2^4\text{He}\ (0.58\mu s)$$

$$_{112}^{281}\text{Cn} \longrightarrow _{110}^{277}\text{Ds} + _2^4\text{He}\ (0.89\mu s)$$

$$_{110}^{277}\text{Ds} \longrightarrow _{108}^{273}\text{Hs} + _2^4\text{He}\ (3\mu s)$$

$$_{108}^{273}\text{Hs} \longrightarrow _{106}^{269}\text{Sg} + _2^4\text{He}\ (1200\mu s)$$

## 114.3    生物作用和危险性

铁不存在于自然界中。

人们只得到了很少的几个铁的原子。铁没有生物作用。

铁不是生物圈中的天然元素，所以通常不存在危险。但是若某地积聚了足够的铁，它就会导致放射性危害。

## 114.4    化学性质

因铁的产量很少，所以它与空气、水、卤素、酸或碱的反应尚未为人所知。据估计，铁在空气中的反应活性应与元素周期表中同族的、上一个周期的铅及上两个周期的锡相似。

## 115.1 发现史

2013 年 9 月 10 日的《物理学评论快报》刊登了一篇鲁道夫的文章❶。这篇文章和一些其他的研究表明，$_{20}^{48}$Ca 和 $_{95}^{243}$Am 之间的核聚变反应生成了 $_{115}^{288}$Uup 和 $_{115}^{287}$Uup。随后科学家们在相关的衰变链中一共观察到了 30 次 α 衰变。

俄罗斯杜布纳的科学家在 2004 年宣称，在实验中在用钙 48 轰击镅 243 时得到了几个镆和𬬭的原子。这些实验发生在 2003 年 7 月 14 日到 8 月 10 日之间。在这些实验中用到了带杜布纳充气反作用分离机 DGFRS 的 U400 回旋加速器。实验中得到的衰变图形显示，确实得到了这两种新元素。在衰变链中，𬬭是镆的 α 衰变产物。

在 2004 年 2 月 1 日出版的《物理评论 C》中收录了《用$^{243}$Am 和$^{48}$Ca 合成镆（$^{291-x}$115）的试验》❷。

## 115.2 制备方法

现在 IUPAC 尚未确认发现镆，但是现已有一本著名的专业评论期刊收录了这个实验结果。因为只得到了 4 个镆的原子，尚未得到宏观数量的镆，而且这几乎永远不可能实现。镆可由钙原子和镅原子的核聚变反应生成。

$$_{95}^{243}\text{Am} + _{20}^{48}\text{Ca} \longrightarrow _{115}^{287}\text{Uup} + 4\,^1\text{n}$$

$$_{95}^{243}\text{Am} + _{20}^{48}\text{Ca} \longrightarrow _{115}^{288}\text{Uup} + 3\,^1\text{n}$$

在这些最初的实验中，科学家们得到了 3 个$^{288}$Uup 原子和 1 个$^{287}$Uup 原子。这些原子都在 1s 内放出 α 粒子，并变成𬬭的原子（质量数为 283 或 284，含有 113

---

❶ http://prl.aps.org/abstract/PRL/v111/i11/e112502。

❷ Experiments on the synthesis of element 115 in the reaction $^{243}$Am（$^{48}$Ca, $x$n)$^{291-x}$115, Yu. Ts. Oganessian, V. K. Utyonkoy, Yu. V. Lobanov, F. Sh. Abdullin, A. N. Polyakov, I. V. Shirokovsky, Yu. S. Tsyganov, G. G. Gulbekian, S. L. Bogomolov, A. N. Mezen-tsev, S. Iliev, V. G. Subbotin, A. M. Sukhov, A. A. Voinov, G. V. Buklanov, K. Subotic, V. I. Zagrebaev, M. G. Itkis, J. B. Patin, K. J. Moody, J. F. Wild, M. A. Stoyer, N. J. Stoyer, D. A. Shaughnessy, J. M. Kenneally, and R. W. Lougheed, Phys. Rev. C, 2004, 69, 021601（R)。

个质子和 170 或 171 个中子）。这些𬭳的原子继续放出 α 粒子，并变成第 111 号元素的原子。随着 α 衰变的继续进行，这些原子会变成第 105 号元素（𬭊）。

$$^{287}_{115}\text{Uup} \longrightarrow {}^{283}_{113}\text{Nh} + {}^{4}_{2}\text{He}\ (46.6\mu s)$$

$$^{288}_{115}\text{Uup} \longrightarrow {}^{284}_{113}\text{Nh} + {}^{4}_{2}\text{He}\ (80.3\mu s)$$

$$^{288}_{115}\text{Uup} \longrightarrow {}^{284}_{113}\text{Nh} + {}^{4}_{2}\text{He}\ (18.6\mu s)$$

$$^{288}_{115}\text{Uup} \longrightarrow {}^{284}_{113}\text{Nh} + {}^{4}_{2}\text{He}\ (280\mu s)$$

## 115.3 生物作用和危险性

镆不存在于自然界中。

人们只得到了很少的几个镆的原子。它没有生物作用。

镆不是生物圈中的天然元素，所以通常不存在危险。但是若某地积聚了足够的镆，它就会导致放射性危害。

## 115.4 化学性质

因镆的产量很少，所以它与空气、水、卤素、酸或碱的反应尚未为人所知。据估计，镆在空气中的反应活性应与元素周期表中同族的、上一个周期的铋及在上两个周期的锑相似。

在 $^{248}\text{Cm}$ 和 $^{48}\text{Ca}$ 的反应中找到了𬭳的一种同位素 $^{292}\text{Lv}$。这种同位素的寿命很短，并会衰变成𫓧的一种已知同位素 $^{288}_{114}\text{Fl}$。

## 116.1 发现史

2000 年 12 月 6 日发表的文章中提及到在俄罗斯杜布纳进行的最新实验，文章描述，在实验中 $^{292}\text{Lv}$ 衰变成 $^{292}\text{Fl}$，其中 $^{292}\text{Lv}$ 可由 $^{248}\text{Cm}$ 和 $^{48}\text{Ca}$ 制备。俄罗斯联邦杜布纳核能联合研究所、美国加州利弗莫尔的劳伦斯国家实验室和俄罗斯联邦迪米特茹夫哥罗德的原子反应堆研究所等机构的科学家都参与了此项工作。

$$^{248}_{96}Cm + ^{48}_{20}Ca \longrightarrow ^{292}_{116}Lv + 4^{1}n$$

$^{292}_{116}$Lv 在生成后 47μs 时，便以如下方式衰变成铁（Fl）。

$$^{292}_{116}Lv \longrightarrow ^{288}_{114}Fl + ^{4}_{2}He$$

## 116.2 生物作用和危险性

铊不存在于自然界中。人们只得到了很少的几个铊的原子。它没有生物作用。

铊不是生物圈中的天然元素，所以通常不存在危险。但是若某地积聚了足够的铊，它就会导致放射性危害。

## 116.3 化学性质

因铊的产量很少，所以它与空气、水、卤素、酸或碱的反应尚未为人所知。据估计，铊在空气中的反应活性应与元素周期表中同族的、上一个周期的钋及上两个周期的碲相似。

## 117.1 发现史

2010 年 4 月 5 日出版的《物理学评论快报》刊载了一篇于同年 3 月 15 日发表的论文《合成原子序数为 117 的新化学元素》。

这篇论文是由俄罗斯杜布纳（RU-141980）核能联合研究所、美国田纳西州橡树岭（US-37831）国家实验室、美国内华达州州立大学拉斯维加斯（US-89154）分校、美国田纳西州纳什维尔（US-37235）范德堡大学物理与航天系和俄罗斯迪米托夫格罗德（RU-433510）核反应研究所联合发表的。

科学家们通过杜布纳充气反作用分离机，发现了一个包含 11 种同位素的衰变链。通过测量衰变数据，科学家们认为原子序数超过 111 的同位素的稳定性在逐步提高，验证了"超重核素稳定岛"假说。

$^{293}$Ts 和 $^{294}$Ts 的半衰期分别是 0.014s 和 0.078s。它们会分别连续衰变为 $^{281}$Rg

和 $^{270}$Db。

科学家们最初于 2010 年 4 月披露了有关䧶的资料。

## 117.2    制备方法

2010 年 4 月 5 日出版的《物理学评论快报》刊载了一篇名为《合成原子序数为 117 的新化学元素》的论文。这篇论文声称，科学家们通过用 $^{48}_{20}$Ca 和 $^{249}_{97}$Bk 的核聚变反应发现了 6 个䧶的原子，其中包括 5 个 $^{293}_{117}$Ts 原子和 1 个 $^{294}_{117}$Ts 原子。

$$^{48}_{20}Ca + ^{249}_{97}Bk \longrightarrow ^{297}_{117}Ts\ * \longrightarrow ^{293}_{117}Ts + 4^1n$$

$$^{48}_{20}Ca + ^{249}_{97}Bk \longrightarrow ^{297}_{117}Ts\ * \longrightarrow ^{294}_{117}Ts + 3^1n$$

## 117.3    生物作用和危险性

䧶不存在于自然界中。

人们只得到了很少的几个䧶的原子。它没有生物作用。

䧶不是生物圈中的天然元素，所以通常不存在危险。但是若某地积聚了足够的䧶，它就会导致放射性危害。

## 117.4    化学性质

因䧶的产量很少，所以它与空气、水、卤素、酸或碱的反应尚未为人所知。据估计，䧶在空气中的反应活性应与元素周期表中同族的、上一个周期的砹及上两个周期的碘相似。

## 118.1    发现史

来自俄罗斯核能联合研究所和美国劳伦斯利弗莫尔国家实验室的科学家在俄罗斯杜布纳的弗莱若夫核研究实验室进行了一些实验。有证据表明，在这些实验中产生了鿫（Og）。科学家们在 2002 年春天和 2005 年分别得到了 1 个和 2 个鿫的原子。

# 118.2　制备方法

　　来自俄罗斯核能联合研究所和美国劳伦斯利弗莫尔国家实验室的科学家在俄罗斯杜布纳的弗莱若夫核研究实验室进行了一些实验。有证据表明,在这些实验中产生了鿫（Og）。科学家们在 2002 年春和 2005 年分别得到了 1 个和 2 个鿫的原子。

　　在 2002 年进行的实验中,科学家用 $^{48}_{20}Ca$ 射向 $^{249}_{98}Cf$。这个实验耗时 4 个月,使用了 $2.5 \times 10^{19}$ 个钙原子,据说得到了 1 个鿫的同位素 $^{294}_{118}Og$ 的原子和 3 个中子,$^{294}_{118}Og$ 随后迅速放出 3 个 $\alpha$ 粒子。

$$^{249}_{98}Cf + ^{48}_{20}Ca \longrightarrow ^{294}_{118}Og + 3^1 n$$

$$^{294}_{118}Og \longrightarrow ^{290}_{116}Lv + ^4_2He \ (1.29ms)$$

$$^{290}_{116}Lv \longrightarrow ^{286}_{114}Fl + ^4_2He \ (14.4ms)$$

$$^{286}_{114}Fl \longrightarrow ^{282}_{112}Cn + ^4_2He \ (230ms)$$

　　$^{282}_{112}Cn$ 随后继续发生自发裂变反应（SF）,生成其他核素。这项工作中的另一个重要部分是用 $^{245}Cm$（而不是前述的 $^{249}Cm$）合成𬭧的同位素。

$$^{245}_{98}Cf + ^{48}_{20}Ca \longrightarrow ^{290}_{116}Lv + 3^1 n$$

　　这个实验的结果很清楚地表明,$^{290}_{116}Lv$ 确实是 $^{294}_{118}Og$ 的衰变产物。科学家们在 IUPAC 的 2006 年 8 月中国会议上报道了这项研究成果。随后出版的《物理评论 C》中收录了《用 $^{249}Cf$ 和 $^{245}Cm$ 与 $^{48}Ca$ 合成鿫和𬭧的融合实验》[1],Phys. Rev. C,2006,74:044602[2]。

　　在此之前,在美国加利福尼亚州伯克利的一个研究小组在 1999 年宣布,他们观察到了一些疑似为鿫的物质,并声称可以通过把 449MeV 的氪86（$^{86}_{36}Kr$）直接射向铅 208（$^{208}_{82}Pb$）而得到它和𬭧。反应进行 11d 后,得到了新元素的 3 个原子。鿫的产率大约是 $1/10^{12}$。但他们随后收回了这个声明,这表明后续的报告显然是错误的。有关网站[3]提供了更多细节。

$$^{208}_{82}Pb + ^{86}_{36}Kr \longrightarrow ^{293}_{118}Og + ^1 n$$

　　据说每个鿫的原子都在形成后的 1ms 内放出 $\alpha$ 粒子,并变成𬭧原子（$^{289}_{116}Lv$）。这些𬭧原子继续放出 $\alpha$ 粒子,并变成𫓧原子。随着 $\alpha$ 衰变的继续进行,这些原子会变成𫟼。

---

　　[1]　Yu. Ts. Oganessian, V. K. Utyonkov, Yu. V. Lobanov, F. Sh. Abdullin, A. N. Polyakov, R. N. Sagaidak, I. V. Shirokovsky, Yu. S. Tsyganov, A. A. Voinov, G. G. Gulbekian, S. L. Bogomolov, B. N. Gikal, A. N. Mezentsev, S. Iliev, V. G. Subbotin, A. M. Sukhov, K. Subotic, V. I. Zagrebaev, G. K. Vostokin, M. G. Itkis, K. J. Moody, J. B. Patin, D. A. Shaughnessy, M. A. Stoyer, N. J. Stoyer, P. A. Wilk, J. M. Kenneally, J. H. Land- rum, J. F. Wild, and R. W. Lougheed, "Synthesis of the isotopes of elements 118 and 116 in the $^{249}Cf$ and $^{245}Cm + ^{48}Ca$ fusion reactions。

　　[2]　http：//link. aps. org/abstract/PRC/v74/e044602。

　　[3]　http：//enews. lbl. gov/Science-Articles/Archive/118-retraction. html。

$$^{293}_{118}\text{Og} \longrightarrow {}^{289}_{116}\text{Lv} + {}^{4}_{2}\text{He}\ (0.12\text{ms})$$

$$^{289}_{116}\text{Lv} \longrightarrow {}^{285}_{114}\text{Fl} + {}^{4}_{2}\text{He}\ (0.60\text{ms})$$

$$^{285}_{114}\text{Fl} \longrightarrow {}^{281}_{112}\text{Cn} + {}^{4}_{2}\text{He}\ (0.58\text{ms})$$

$$^{281}_{112}\text{Cn} \longrightarrow {}^{277}_{109}\text{Ds} + {}^{4}_{2}\text{He}\ (0.89\text{ms})$$

$$^{277}_{109}\text{Ds} \longrightarrow {}^{273}_{108}\text{Hs} + {}^{4}_{2}\text{He}\ (3\text{ms})$$

$$^{273}_{108}\text{Hs} \longrightarrow {}^{269}_{106}\text{Sg} + {}^{4}_{2}\text{He}\ (1200\text{ms})$$

# 118.3　生物作用和危险性

氫不存在于自然界中。

人们只得到了很少的几个氫的原子。它没有生物作用。

氫不是生物圈中的天然元素，所以通常不存在危险。但是若某地积聚了足够的氫，它就会导致放射性危害。

# 118.4　化学性质

因为氫的产量很少，所以它与空气、水、卤素、酸或碱的反应尚未为人所知。据估计，氫应与元素周期表中同族的、上一个周期的氡类似，不会与空气发生反应。